高等数学（财经类）

下册

主　编　王艳秋　李林锐
副主编　霍振香　张丽娟

清华大学出版社
北京交通大学出版社
·北京·

内 容 简 介

本书以传统高等数学教学内容为主线，实现数学知识与经济学有关知识的密切结合，加强对学生应用数学方法解决经济问题的应用能力的培养。本书内容包括空间解析几何与向量代数、多元函数微分学、二重积分、微分方程与差分方程、无穷级数。

本书可作为经管类相关专业学生的教材，也可作为对该领域感兴趣的读者的参考用书。

本书封面贴有清华大学出版社防伪标签，无标签者不得销售。
版权所有，侵权必究。侵权举报电话：010-62782989　13501256678　13801310933

图书在版编目（CIP）数据

高等数学：财经类. 下 / 王艳秋，李林锐主编. —北京：北京交通大学出版社：清华大学出版社，2024.4

ISBN 978-7-5121-5091-1

Ⅰ. ① 高… Ⅱ. ① 王… ② 李… Ⅲ. ① 高等数学-高等学校-教材 Ⅳ. ① O13

中国国家版本馆 CIP 数据核字（2023）第 202309 号

高等数学（财经类）·下册
GAODENG SHUXUE (CAIJINGLEI) · XIA CE

责任编辑：	韩素华
出版发行：	清 华 大 学 出 版 社　邮编：100084　电话：010-62776969
	北京交通大学出版社　邮编：100044　电话：010-51686414
印 刷 者：	三河市华骏印务包装有限公司
经　　销：	全国新华书店
开　　本：	185 mm×260 mm　印张：12　字数：307 千字
版 印 次：	2024 年 4 月第 1 版　2024 年 4 月第 1 次印刷
印　　数：	1～1 000 册　定价：39.00 元

本书如有质量问题，请向北京交通大学出版社质监组反映。对您的意见和批评，我们表示欢迎和感谢。
投诉电话：010-51686043，51686008；传真：010-62225406；E-mail：press@bjtu.edu.cn。

前　言

本书是普通高等教育本科经管类相关专业高等数学教材。本书遵循"德育为先、知识为本、能力为重、全面发展、学以致用"的育人理念，主动适应国家、地方与行业的社会经济发展需要，结合经管类专业学生学情，实现数学知识与经济学有关知识的密切结合，以学以致用为基本特色。

编写原则：以传统高等数学教学内容为主线，内容的深广度与经济类、管理类各专业微积分课程的基本要求相当，符合经济类、管理类各专业对数学知识的基本要求，适当渗入现代数学思想，加强对学生应用数学方法解决经济问题的应用能力的培养，以适应新时代对经济、管理等应用型人才的培养要求。本书助力提高高等数学的教学质量，使之成为大学生"普遍具有"的素质、知识和能力基础，逐步培养学生的创新精神和应用数学理论知识解决实际问题的能力，以适应社会发展的需要。

本书由防灾科技学院张丽娟、霍振香、王艳秋、李林锐共同完成。第七章及全书中的经济案例由张丽娟编写，第八章和第十一章由王艳秋编写，第九章由霍振香编写，第十章由李林锐编写，同时，多位同事在本书编写过程中也给予了支持。

在编写过程中，编者所在学校及北京交通大学出版社对本书给予了大力支持和帮助，在此表示衷心感谢。由于编者水平有限，加之时间比较仓促，教材中难免存在不妥之处，敬请专家、同行、广大读者提出宝贵意见和建议。

编　者
2024 年 3 月

目 录

第七章 空间解析几何与向量代数 ································ 191
  第一节 向量及其线性运算 ································ 191
  第二节 数量积与向量积 ································ 199
  第三节 平面及其方程 ································ 203
  第四节 空间直线及其方程 ································ 207
  第五节 曲面及其方程 ································ 214
  第六节 空间曲线 ································ 220
  本章习题 ································ 224

第八章 多元函数微分学 ································ 227
  第一节 多元函数的概念 ································ 227
  第二节 偏导数及其在经济分析中的应用 ································ 233
  第三节 全微分及其应用 ································ 241
  第四节 多元复合函数与隐函数求导法 ································ 245
  第五节 多元函数极值及应用 ································ 254
  本章习题 ································ 259

第九章 二重积分 ································ 261
  第一节 二重积分的概念与性质 ································ 261
  第二节 直角坐标系下二重积分的计算 ································ 266
  第三节 极坐标系下二重积分的计算 ································ 272
  本章习题 ································ 278

第十章 微分方程与差分方程 ································ 280
  第一节 微分方程模型和一些基本概念 ································ 280
  第二节 一阶线性微分方程 ································ 286
  第三节 可降阶的高阶微分方程 ································ 294
  第四节 二阶常系数线性微分方程 ································ 297
  第五节 差分与差分方程的概念 常系数线性差分方程解的结构 ································ 307
  第六节 一阶常系数线性差分方程 ································ 311
  第七节 二阶常系数线性差分方程 ································ 319
  第八节 微分方程和差分方程的简单经济应用 ································ 326
  本章习题 ································ 335

第十一章 无穷级数 ··· 339

- 第一节 常数项级数的概念和性质 ··· 339
- 第二节 正项级数及其审敛法 ··· 344
- 第三节 任意项级数的绝对收敛与条件收敛 ··· 352
- 第四节 幂级数 ··· 356
- 第五节 函数展开成幂级数 ··· 365
- 第六节 函数的幂级数展开式的应用 ··· 370
- 本章习题 ··· 373

参考文献 ··· 375

第七章 空间解析几何与向量代数

17世纪前半叶产生了一门全新的几何学——解析几何. 法国数学家笛卡儿(1596—1650)是解析几何的主要创立者. 解析几何的实质是建立点与实数之间的关系, 从而用代数方法研究几何图形. 之前已经学习过平面解析几何的相关问题, 用类似方法研究三维空间中的几何图形, 并称为空间解析几何. 反过来, 借助解析几何能给代数语言以几何解释, 使人们能直观地掌握代数语言的意义, 并启发人们提出新的结论. 这构成了解析几何的基本问题: ① 已知点的几何轨迹, 如何建立它的代数方程? ② 已给代数方程, 如何确定它的几何轨迹? 本章将以向量为工具介绍空间解析几何的基本内容, 它是学习多元函数微积分的基础.

第一节 向量及其线性运算

平面解析几何通过建立平面上点与实数对 (x,y) 之间的关系, 进而将方程与曲线对应起来, 将"形"与"数"统一起来. 同样, 空间中的"形"和"数"联系的媒介是空间直角坐标系.

一、空间直角坐标系

空间直角坐标系是过空间一定点 O, 引出 3 条互相垂直的数轴 Ox, Oy, Oz [分别为 x 轴 (或横轴), y 轴 (或纵轴), z 轴 (或竖轴)], 按右手规则组成的. 空间被 3 个坐标面分为 8 个卦限, 分别记为 Ⅰ、Ⅱ、Ⅲ、Ⅳ、Ⅴ、Ⅵ、Ⅶ、Ⅷ.

坐标面 在空间直角坐标系中, 任意两个坐标轴可以确定一个平面, 这种平面称为坐标面. x 轴及 y 轴所确定的坐标面叫作 xOy 面, 另两个坐标面分别是 yOz 面和 zOx 面.

卦限 3 个坐标面把空间分成 8 个部分, 每一部分叫作卦限, 含有 3 个正半轴的卦限叫作第一卦限, 它位于 xOy 面的上方. 在 xOy 面的上方, 按逆时针方向排列第二卦限、第三卦限和第四卦限. 在 xOy 面的下方, 与第一卦限对应的是第五卦限, 按逆时针方向排列第六卦限、第七卦限和第八卦限. 8 个卦限分别用字母 Ⅰ、Ⅱ、Ⅲ、Ⅳ、Ⅴ、Ⅵ、Ⅶ、Ⅷ 表示 (见图 7-1).

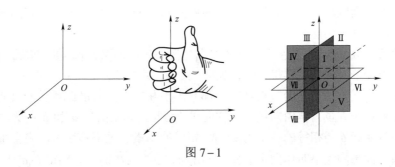

图 7-1

原点 $O(0,0,0)$ 的 3 个坐标为零, 坐标轴上的点两个坐标为零, x 轴上点的坐标为 (x,

$0,0)$，y 轴上点的坐标为 $(0,y,0)$，z 轴上点的坐标为 $(0,0,z)$，xOy 面上点的坐标为 $(x,y,0)$，yOz 面上点的坐标为 $(0,y,z)$，xOz 面上点的坐标为 $(x,0,z)$.

设 $M_1(x_1,y_1,z_1)$，$M_2(x_2,y_2,z_2)$ 为空间两点（见图 7-2），$d=|M_1M_2|$，在直角 $\triangle M_1NM_2$ 及直角 $\triangle M_1PN$ 中，使用勾股定理知 $d^2=|M_1P|^2+|PN|^2+|NM_2|^2$，因为 $|M_1P|=|x_2-x_1|$，$|PN|=|y_2-y_1|$，$|NM_2|=|z_2-z_1|$，所以 $d=\sqrt{|M_1P|^2+|PN|^2+|NM_2|^2}$，得空间两点间距离公式

$$|M_1M_2|=\sqrt{(x_2-x_1)^2+(y_2-y_1)^2+(z_2-z_1)^2}.$$

特殊地，若两点分别为 $M(x,y,z)$，$O(0,0,0)$，则 $d=|OM|=\sqrt{x^2+y^2+z^2}$.

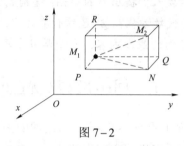

图 7-2

例 7-1 给定空间直角坐标系，在 x 轴上找一点 P，使它与点 $P_0(4,1,2)$ 的距离为 $\sqrt{30}$.

解 设点 P 的坐标是 $(x,0,0)$，由题意 $|P_0P|=\sqrt{30}$. 即 $\sqrt{(x-4)^2+1^2+2^2}=\sqrt{30}$，所以 $(x-4)^2=25$. 解得 $x=9$ 或 $x=-1$.

例 7-2 在 yOz 面上，求与 3 点 $A(3,1,2)$、$B(4,-2,-2)$ 和 $C(0,5,1)$ 等距离的点.

解 设点 $P(0,y,z)$ 与 A、B、C 3 点等距离，则 $|PA|^2=|PB|^2=|PC|^2$，即

$$\begin{cases}3^2+(1-y)^2+(2-z)^2=4^2+(-2-y)^2+(-2-z)^2\\(5-y)^2+(1-z)^2=4^2+(-2-y)^2+(-2-z)^2\end{cases},$$

解方程组得 $y=1$，$z=-2$，故所求点为 $(0,1,-2)$.

二、向量概念

向量 在研究力学、物理学及其他应用科学时，常会遇到这样一类量：它们既有大小，又有方向. 例如，力、力矩、位移、速度、加速度等，这类量叫作向量. 在数学上用一条有方向的线段（称为有向线段）表示向量，有向线段的长度表示向量的大小，有向线段的方向表示向量的方向.

向量的符号 以 A 为起点、B 为终点的有向线段表示的向量记作 $\overrightarrow{AB}$. 向量可用黑体字母表示，也可用上加箭头书写体字母表示，如 $\boldsymbol{a}$、$\boldsymbol{r}$、$\boldsymbol{v}$、$\boldsymbol{F}$ 或 $\vec{a}$、$\vec{r}$、$\vec{v}$、$\vec{F}$.

自由向量 由于一切向量的共性是它们都有大小和方向，所以在数学上只研究与起点无关的向量，并称这种向量为自由向量，简称向量. 因此，如果向量 $\boldsymbol{a}$ 和 $\boldsymbol{b}$ 的大小相等且方向相同，则说向量 $\boldsymbol{a}$ 和 $\boldsymbol{b}$ 是相等的，记为 $\boldsymbol{a}=\boldsymbol{b}$. 相等的向量经过平移后可以完全重合.

向量的模 向量的大小叫作向量的模，向量 $\boldsymbol{a}$、$\vec{a}$、$\overrightarrow{AB}$ 的模分别记为 $|\boldsymbol{a}|$、$|\vec{a}|$、$|\overrightarrow{AB}|$.

单位向量 模等于 1 的向量叫作单位向量.

零向量 模等于 0 的向量叫作零向量,记作 **0** 或 $\vec{0}$. 零向量的起点与终点重合,它的方向可以看作是任意的.

向量的平行 如果两个非零向量的方向相同或相反,就称这两个向量平行. 向量 **a** 与 **b** 平行,记作 **a** // **b**. 零向量与任何向量都平行. 当两个平行向量的起点放在同一点时,它们的终点和公共的起点在一条直线上. 因此,两向量平行又称两向量共线.

向量的共面 设有 k($k \geqslant 3$)个向量,当把它们的起点放在同一点时,如果 k 个终点和公共起点在一个平面上,就称这 k 个向量共面.

例 7-3 下列说法正确的有( ).

A. 单位向量的长度为 1
B. 两向量平行,则其相等
C. 零向量的方向是任意的
D. 若 $|a|=0$,则 **a** 一定是零向量

答案 ACD

三、向量的线性运算

1. 向量的加法

向量的加法:设有两个向量 **a** 与 **b**,平移向量使 **b** 的起点与 **a** 的终点重合,此时从 **a** 的起点到 **b** 的终点的向量 **c** 称为向量 **a** 与 **b** 的和,记作 **a**+**b**,即 **c**=**a**+**b**.

三角形法则:上述作出两向量之和的方法叫作向量加法的三角形法则.

平行四边形法则:当向量 **a** 与 **b** 不平行时,平移向量使 **a** 与 **b** 的起点重合,以 **a**、**b** 为邻边作一平行四边形,从公共起点到对角的向量等于向量 **a** 与 **b** 的和 **a**+**b**(见图 7-3).

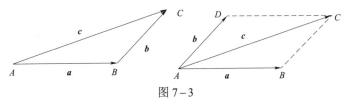

图 7-3

向量的加法的运算规律:

(1)交换律 **a** + **b** = **b** + **a**;

(2)结合律 (**a** + **b**) + **c** = **a** + (**b** + **c**).

由于向量的加法符合交换律与结合律,故 n 个向量 $a_1, a_2, \cdots, a_n$($n \geqslant 3$)相加可写成 $a_1+a_2+\cdots+a_n$,并按向量相加的三角形法则,可得 n 个向量相加的法则如下:使前一向量的终点作为下一向量的起点,相继作向量 $a_1, a_2, \cdots, a_n$,再以第一向量的起点为起点,最后一向量的终点为终点作一向量,这个向量即为所求向量的和.

负向量 设 **a** 为一向量,与 **a** 的模相同而方向相反的向量叫作 **a** 的负向量,记为 −**a**.

向量的减法 我们规定两个向量 **b** 与 **a** 的差为 **b**−**a**=**b**+(−**a**). 即把向量 −**a** 加到向量 **b** 上,便得 **b** 与 **a** 的差为 **b**−**a**(见图 7-4).

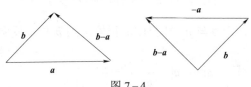

图 7-4

特别地，当 $b=a$ 时，有 $a-a=a+(-a)=0$.

三角不等式：由三角形两边之和大于第三边的原理，有

$$|a+b|\leqslant|a|+|b| \text{ 及 } |a-b|\leqslant|a|+|b|,$$

其中等号在 b 与 a 同向或反向时成立.

2. 向量与数的乘法

向量 a 与实数 λ 的乘积记作 λa，规定 λa 是一个向量，它的模 $|\lambda a|=|\lambda||a|$，它的方向为当 $\lambda>0$ 时与 a 相同，当 $\lambda<0$ 时与 a 相反. 当 $\lambda=0$ 时，$|\lambda a|=0$，即 λa 为零向量，这时它的方向可以是任意的. 特别地，当 $\lambda=\pm 1$ 时，有 $1a=a$，$(-1)a=-a$.

运算规律：

（1）结合律 $\lambda(\mu a)=\mu(\lambda a)=(\lambda\mu)a$；

（2）分配律 $(\lambda+\mu)a=\lambda a+\mu a$；$\lambda(a+b)=\lambda a+\lambda b$.

例 7-4 如图 7-5 所示，在 $\square ABCD$ 中，设 $\overrightarrow{AB}=a$，$\overrightarrow{AD}=b$. 试用 a 和 b 表示向量 $\overrightarrow{MA}$、$\overrightarrow{MB}$、$\overrightarrow{MC}$、$\overrightarrow{MD}$，其中 M 是平行四边形对角线的交点.

解 由于平行四边形的对角线互相平分，所以

$$a+b=\overrightarrow{AC}=2\overrightarrow{AM}，\text{即}-(a+b)=2\overrightarrow{MA},$$

于是 $\overrightarrow{MA}=-\dfrac{1}{2}(a+b)$.

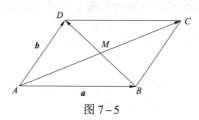

图 7-5

因为 $\overrightarrow{MC}=-\overrightarrow{MA}$，所以 $\overrightarrow{MC}=\dfrac{1}{2}(a+b)$.

又因为 $-a+b=\overrightarrow{BD}=2\overrightarrow{MD}$，所以 $\overrightarrow{MD}=\dfrac{1}{2}(b-a)$.

由于 $\overrightarrow{MB}=-\overrightarrow{MD}$，所以 $\overrightarrow{MB}=\dfrac{1}{2}(a-b)$.

设 $a\neq 0$，则向量 $\dfrac{a}{|a|}$ 是与 a 同方向的单位向量，记为 e_a. 于是 $a=|a|e_a$.

定理 7-1 设向量 $a\neq 0$，那么，向量 b 平行于 a 的充分必要条件是：存在唯一的实数 λ，使 $b=\lambda a$.

证 条件的充分性是显然的，下面证明条件的必要性.

设 $b\parallel a$. 取 $|\lambda|=\dfrac{|b|}{|a|}$，当 b 与 a 同向时 λ 取正值，当 b 与 a 反向时 λ 取负值，即 $b=\lambda a$. 这是因为此时 b 与 λa 同向，且 $|\lambda a|=|\lambda||a|=\dfrac{|b|}{|a|}|a|=|b|$.

再证明实数 λ 的唯一性. 设 $b=\lambda a$, 又设 $b=\mu a$, 两式相减, 便得
$$(\lambda-\mu)a=0, \text{ 即}|\lambda-\mu||a|=0.$$
因为 $|a|\neq 0$, 故 $|\lambda-\mu|=0$, 即 $\lambda=\mu$.

四、向量的坐标表示

给定一个点及一个单位向量就确定了一条数轴. 设点 O 及单位向量 i 确定了数轴 Ox, 对于轴上任一点 P, 对应一个向量 $\overrightarrow{OP}$, 由 $\overrightarrow{OP}//i$, 根据定理 7-1, 必有唯一的实数 x, 使 $\overrightarrow{OP}=xi$ (实数 x 叫作数轴上有向线段 $\overrightarrow{OP}$ 的值), 并知 $\overrightarrow{OP}$ 与实数 x 一一对应. 于是点 $P \leftrightarrow$ 向量 $\overrightarrow{OP}=xi \leftrightarrow$ 实数 x, 从而数轴上的点 P 与实数 x 有一一对应的关系. 据此, 定义实数 x 为数轴上点 P 的坐标. 由此可知, 数轴上点 P 的坐标为 x 的充分必要条件是 $\overrightarrow{OP}=xi$.

任给向量 r, 对应有点 M, 使 $\overrightarrow{OM}=r$. 以 OM 为对角线、3 条坐标轴为棱作长方体（见图 7-6）, 有

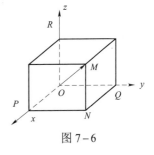

图 7-6

$$r=\overrightarrow{OM}=\overrightarrow{OP}+\overrightarrow{PN}+\overrightarrow{NM}=\overrightarrow{OP}+\overrightarrow{OQ}+\overrightarrow{OR},$$

设 $\overrightarrow{OP}=xi$, $\overrightarrow{OQ}=yj$, $\overrightarrow{OR}=zk$, 则 $r=\overrightarrow{OM}=xi+yj+zk$. 上式称为向量 r 的坐标分解式, xi、yj、zk 称为向量 r 沿 3 个坐标轴方向的分向量.

显然, 给定向量 r, 就确定了点 M 及 $\overrightarrow{OP}=xi$, $\overrightarrow{OQ}=yj$, $\overrightarrow{OR}=zk$, 3 个分向量, 进而确定了 x、y、z 3 个有序数; 反之, 给定 3 个有序数 x、y、z 也就确定了向量 r 与点 M. 于是点 M、向量 r 与 3 个有序数 x、y、z 之间有一一对应的关系 $M \leftrightarrow r=\overrightarrow{OM}=xi+yj+zk \leftrightarrow (x,y,z)$.

定义 7-1 有序数 x、y、z 称为向量 r(在坐标系 $Oxyz$ 中)的坐标, 记作 $r=(x,y,z)$, 有序数 x、y、z 也称为点 M(在坐标系 $Oxyz$ 中)的坐标, 记为 $M(x,y,z)$.

向量 $r=\overrightarrow{OM}$ 称为点 M 关于原点 O 的向径. 上述定义表明, 一个点与该点的向径有相同的坐标. 记号 (x,y,z) 既表示点 M, 又表示向量 $\overrightarrow{OM}$.

坐标面上和坐标轴上的点, 其坐标各有一定的特征. 例如, 点 M 在 yOz 面上, 则 $x=0$; 同样, 在 zOx 面上的点, $y=0$; 在 xOy 面上的点, $z=0$. 如果点 M 在 x 轴上, 则 $y=z=0$; 同样, 点 M 在 y 轴上, 有 $z=x=0$; 点 M 在 z 轴上, 有 $x=y=0$. 如果点 M 为原点, 则 $x=y=z=0$.

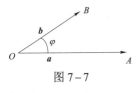

图 7-7

两个向量的夹角 非零向量 a 与 b 所形成的不超过 π 的角 $\varphi (0 \leqslant \varphi \leqslant \pi)$ 称为向量 a 与 b 的夹角（见图 7-7）, 记作 $\widehat{(a,b)}$ 或 $\widehat{(b,a)}$.

当 $\widehat{(a,b)}=\dfrac{\pi}{2}$ 时, 称这两个向量垂直, 记作 $a \perp b$.

五、利用坐标作向量的线性运算

设 $a=(a_x,a_y,a_z)$, $b=(b_x,b_y,b_z)$, 即 $a=a_x i+a_y j+a_z k$, $b=b_x i+b_y j+b_z k$, 则
$$\begin{aligned}a+b&=(a_x i+a_y j+a_z k)+(b_x i+b_y j+b_z k)\\&=(a_x+b_x)i+(a_y+b_y)j+(a_z+b_z)k\\&=(a_x+b_x,a_y+b_y,a_z+b_z).\end{aligned}$$

$$a - b = (a_x\boldsymbol{i} + a_y\boldsymbol{j} + a_z\boldsymbol{k}) - (b_x\boldsymbol{i} + b_y\boldsymbol{j} + b_z\boldsymbol{k})$$
$$= (a_x - b_x)\boldsymbol{i} + (a_y - b_y)\boldsymbol{j} + (a_z - b_z)\boldsymbol{k}$$
$$= (a_x - b_x, a_y - b_y, a_z - b_z).$$
$$\lambda\boldsymbol{a} = \lambda(a_x\boldsymbol{i} + a_y\boldsymbol{j} + a_z\boldsymbol{k})$$
$$= (\lambda a_x)\boldsymbol{i} + (\lambda a_y)\boldsymbol{j} + (\lambda a_z)\boldsymbol{k}$$
$$= (\lambda a_x, \lambda a_y, \lambda a_z).$$

利用向量的坐标判断两个向量平行 设 $\boldsymbol{a} = (a_x, a_y, a_z) \neq \boldsymbol{0}$，$\boldsymbol{b} = (b_x, b_y, b_z)$，向量 $\boldsymbol{b}//\boldsymbol{a} \Leftrightarrow \boldsymbol{b} = \lambda\boldsymbol{a}$，即 $\boldsymbol{b}//\boldsymbol{a} \Leftrightarrow (b_x, b_y, b_z) = \lambda(a_x, a_y, a_z)$，于是 $\dfrac{b_x}{a_x} = \dfrac{b_y}{a_y} = \dfrac{b_z}{a_z}$.

例 7-5 求解以向量为未知元的线性方程组 $\begin{cases} 5\boldsymbol{x} - 3\boldsymbol{y} = \boldsymbol{a} \\ 3\boldsymbol{x} - 2\boldsymbol{y} = \boldsymbol{b} \end{cases}$，其中 $\boldsymbol{a} = (2,1,2)$，$\boldsymbol{b} = (-1,1,-2)$.

解 如同解二元一次线性方程组，可得 $\boldsymbol{x} = 2\boldsymbol{a} - 3\boldsymbol{b}$，$\boldsymbol{y} = 3\boldsymbol{a} - 5\boldsymbol{b}$. 把 $\boldsymbol{a}$，$\boldsymbol{b}$ 的坐标表示式代入，即得 $\boldsymbol{x} = 2(2,1,2) - 3(-1,1,-2) = (7,-1,10)$，$\boldsymbol{y} = 3(2,1,2) - 5(-1,1,-2) = (11,-2,16)$.

例 7-6 已知两点 $A(x_1, y_1, z_1)$ 和 $B(x_2, y_2, z_2)$ 及实数 $\lambda \neq -1$，在直线 AB 上求一点 M，使 $\overrightarrow{AM} = \lambda \overrightarrow{MB}$.

解 由于 $\overrightarrow{AM} = \overrightarrow{OM} - \overrightarrow{OA}$，$\overrightarrow{MB} = \overrightarrow{OB} - \overrightarrow{OM}$，因此 $\overrightarrow{OM} - \overrightarrow{OA} = \lambda(\overrightarrow{OB} - \overrightarrow{OM})$，从而

$$\overrightarrow{OM} = \frac{1}{1+\lambda}(\overrightarrow{OA} + \lambda\overrightarrow{OB}) = \left(\frac{x_1 + \lambda x_2}{1+\lambda}, \frac{y_1 + \lambda y_2}{1+\lambda}, \frac{z_1 + \lambda z_2}{1+\lambda}\right)$$

这就是点 M 的坐标.

另解 设所求点为 $M(x, y, z)$，则 $\overrightarrow{AM} = (x - x_1, y - y_1, z - z_1)$，$\overrightarrow{MB} = (x_2 - x, y_2 - y, z_2 - z)$. 依题意有 $\overrightarrow{AM} = \lambda\overrightarrow{MB}$，即

$$(x - x_1, y - y_1, z - z_1) = \lambda(x_2 - x, y_2 - y, z_2 - z),$$
$$x - x_1 = \lambda(x_2 - x), \quad y - y_1 = \lambda(y_2 - y), \quad z - z_1 = \lambda(z_2 - z),$$
$$x = \frac{x_1 + \lambda x_2}{1+\lambda}, \quad y = \frac{y_1 + \lambda y_2}{1+\lambda}, \quad z = \frac{z_1 + \lambda z_2}{1+\lambda}.$$

点 M 叫作有向线段 $\overrightarrow{AB}$ 的定比分点. 当 $\lambda = 1$ 时，点 M 为有向线段 $\overrightarrow{AB}$ 的中点，其坐标为

$$x = \frac{x_1 + x_2}{2}, \quad y = \frac{y_1 + y_2}{2}, \quad z = \frac{z_1 + z_2}{2}.$$

六、向量的模、方向角、投影

1. 向量的模与两点间的距离公式

设向量 $\boldsymbol{r} = (x, y, z)$，作 $\overrightarrow{OM} = \boldsymbol{r}$，则 $\boldsymbol{r} = \overrightarrow{OM} = \overrightarrow{OP} + \overrightarrow{OQ} + \overrightarrow{OR}$，按勾股定理可得 $|\boldsymbol{r}| = |OM| = \sqrt{|OP|^2 + |OQ|^2 + |OR|^2}$，而 $\overrightarrow{OP} = x\boldsymbol{i}$，$\overrightarrow{OQ} = y\boldsymbol{j}$，$\overrightarrow{OR} = z\boldsymbol{k}$，有

$$|OP| = |x|, \quad |OQ| = |y|, \quad |OR| = |z|,$$

于是得向量模的坐标表示式
$$|r|=\sqrt{x^2+y^2+z^2}.$$

设有点 $A(x_1,y_1,z_1)$、$B(x_2,y_2,z_2)$，则
$$\overrightarrow{AB}=\overrightarrow{OB}-\overrightarrow{OA}=(x_2,y_2,z_2)-(x_1,y_1,z_1)=(x_2-x_1,y_2-y_1,z_2-z_1),$$

于是点 A 与点 B 间的距离为
$$|AB|=|\overrightarrow{AB}|=\sqrt{(x_2-x_1)^2+(y_2-y_1)^2+(z_2-z_1)^2}.$$

例 7-7　求证：以 $M_1(4,3,1)$、$M_2(7,1,2)$、$M_3(5,2,3)$ 3 点为顶点的三角形是一个等腰三角形．

解　因为
$$|M_1M_2|^2=(7-4)^2+(1-3)^2+(2-1)^2=14,$$
$$|M_2M_3|^2=(5-7)^2+(2-1)^2+(3-2)^2=6,$$
$$|M_1M_3|^2=(5-4)^2+(2-3)^2+(3-1)^2=6,$$

所以 $|M_2M_3|=|M_1M_3|$，即 $\triangle M_1M_2M_3$ 为等腰三角形．

例 7-8　在 z 轴上求与两点 $A(-4,1,7)$ 和 $B(3,5,-2)$ 等距离的点．

解　设所求的点为 $M(0,0,z)$，依题意有 $|MA|^2=|MB|^2$，即
$$(0+4)^2+(0-1)^2+(z-7)^2=(3-0)^2+(5-0)^2+(-2-z)^2.$$

解得 $z=\dfrac{14}{9}$，所以，所求的点为 $M\left(0,0,\dfrac{14}{9}\right)$．

例 7-9　已知两点 $A(4,0,5)$ 和 $B(7,1,3)$，求与 $\overrightarrow{AB}$ 方向相同的单位向量 e．

解　因为 $\overrightarrow{AB}=(7,1,3)-(4,0,5)=(3,1,-2)$，
$$|\overrightarrow{AB}|=\sqrt{3^2+1^2+(-2)^2}=\sqrt{14},$$

所以
$$e=\frac{\overrightarrow{AB}}{|\overrightarrow{AB}|}=\frac{1}{\sqrt{14}}(3,1,-2).$$

2. 方向角与方向余弦

非零向量 r 与 3 条坐标轴的夹角 α、β、γ 称为向量 r 的方向角（见图 7-8）．

向量的方向余弦　设 $r=(x,y,z)$，则
$$x=|r|\cos\alpha,\ y=|r|\cos\beta,\ z=|r|\cos\gamma.$$

$\cos\alpha$、$\cos\beta$、$\cos\gamma$ 称为向量 r 的方向余弦．
$$\cos\alpha=\frac{x}{|r|},\ \cos\beta=\frac{y}{|r|},\ \cos\gamma=\frac{z}{|r|}.$$

从而 $(\cos\alpha,\cos\beta,\cos\gamma)=\dfrac{1}{|r|}r=e_r$．

上式表明，以向量 r 的方向余弦为坐标的向量就是与 r 同方向的单位向量 e_r．因此

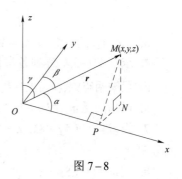

图 7-8

$$\cos^2\alpha + \cos^2\beta + \cos^2\gamma = 1.$$

例 7–10 设已知两点 $A(2, 2, \sqrt{2})$ 和 $B(1,3,0)$，计算向量 $\overrightarrow{AB}$ 的模、方向余弦和方向角.

解
$$\overrightarrow{AB} = (1-2, 3-2, 0-\sqrt{2}) = (-1, 1, -\sqrt{2}),$$

$$|\overrightarrow{AB}| = \sqrt{(-1)^2 + 1^2 + (-\sqrt{2})^2} = 2,$$

$$\cos\alpha = -\frac{1}{2}, \quad \cos\beta = \frac{1}{2}, \quad \cos\gamma = -\frac{\sqrt{2}}{2}, \quad \alpha = \frac{2\pi}{3}, \quad \beta = \frac{\pi}{3}, \quad \gamma = \frac{3\pi}{4}.$$

例 7–11 设向量的方向余弦分别满足（1）$\cos\alpha = 0$；（2）$\cos\beta = 1$，（3）$\cos\alpha = \cos\beta = 0$，问这些向量与坐标轴或坐标面的关系如何？

解 （1）由 $\cos\alpha = 0$ 知 $\alpha = \frac{\pi}{2}$，故向量与 x 轴垂直，平行于 yOz 面.

（2）由 $\cos\beta = 1$ 知 $\beta = 0$，故向量与 y 轴同向，垂直于 xOz 面.

（3）由 $\cos\alpha = \cos\beta = 0$ 知 $\alpha = \beta = \frac{\pi}{2}$，故向量垂直于 x 轴和 y 轴，即向量与 z 轴平行.

3. 向量在轴上的投影

定义 7–2 设点 O 及单位向量 e，确定 u 轴. 任给向量 r，作 $\overrightarrow{OM} = r$，再过点 M 作与 u 轴垂直的平面交 u 轴于点 M'（点 M' 叫作点 M 在 u 轴上的投影），则向量 $\overrightarrow{OM'}$ 称为向量 r 在 u 轴上的分向量. 设 $\overrightarrow{OM'} = \lambda e$，则实数 λ 称为向量 r 在 u 轴上的投影，记作 $\text{Prj}_u r$ 或 $(r)_u$.

按此定义，向量 a 在直角坐标系 $Oxyz$ 中的坐标 a_x, a_y, a_z 就是 a 在 3 条坐标轴上的投影，即 $a_x = \text{Prj}_x a$，$a_y = \text{Prj}_y a$，$a_z = \text{Prj}_z a$.

投影的性质

性质 7–1 $(a)_u = |a|\cos\varphi$（$\text{Prj}_u a = |a|\cos\varphi$），其中 φ 为向量 a 与 u 轴的夹角；

性质 7–2 $(a+b)_u = (a)_u + (b)_u$（$\text{Prj}_u(a+b) = \text{Prj}_u a + \text{Prj}_u b$）；

性质 7–3 $(\lambda a)_u = \lambda (a)_u$（$\text{Prj}_u(\lambda a) = \lambda \text{Prj}_u a$）.

习　题　7–1

1. 设 $u = a - b + 2c$，$v = -a + 3b - c$. 试用 a、b、c 表示 $2u - 3v$.

2. 试用向量证明：三角形两边中点的连线平行且等于底边的一半.

3. 求平行于向量 $a = 4i - 3k$ 的单位向量.

4. 求点 $M(-3,4,5)$ 到各坐标轴的距离.

5. 已知两点 $M_1(4,\sqrt{2},1)$ 和 $M_2(3,0,2)$，计算向量 $\overrightarrow{M_1M_2}$ 的模、方向余弦和方向角.

6. 已知向量 $a = 4i - 4j + 7k$ 的终点在点 $B(2,-1,7)$，求该向量起点 A 的坐标.

7. 设 $m = 3i + 5j + 8k$，$n = 2i - 4j - 7k$ 和 $p = 5i + j - 4k$. 求向量 $a = 4m + 3n - p$ 在 y 轴上的分向量.

8. 设 $a = (1,4,5)$，$b = (1,1,2)$，求 λ，使 $a + \lambda b$ 垂直于 $a - \lambda b$.

9. 设质量为 200 kg 的物体从点 $M_1(2,5,6)$ 沿直线移动到点 $M_2(1,2,3)$，计算重力所做的功（长度单位为 m，重力方向为 z 轴负方向）.

第二节　数量积与向量积

一、数量积

1. 数量积定义

设一物体在常力 $\boldsymbol{F}$ 作用下沿直线从点 M_1 移动到点 M_2. 以 $\boldsymbol{s}$ 表示位移 $\overrightarrow{M_1M_2}$，由物理学知道，力 $\boldsymbol{F}$ 所做的功为

$$W = |\boldsymbol{F}||\boldsymbol{s}|\cos\theta,$$

其中 θ 为 $\boldsymbol{F}$ 与 $\boldsymbol{s}$ 的夹角.

定义 7-3　对于两个向量 $\boldsymbol{a}$ 和 $\boldsymbol{b}$，它们的模 $|\boldsymbol{a}|$、$|\boldsymbol{b}|$ 与它们的夹角 θ 的余弦的乘积称为向量 $\boldsymbol{a}$ 和 $\boldsymbol{b}$ 的数量积，记作 $\boldsymbol{a} \cdot \boldsymbol{b}$，即

$$\boldsymbol{a} \cdot \boldsymbol{b} = |\boldsymbol{a}||\boldsymbol{b}|\cos\theta.$$

注　由于 $|\boldsymbol{b}|\cos\theta = |\boldsymbol{b}|\cos(\widehat{\boldsymbol{a},\boldsymbol{b}})$，当 $\boldsymbol{a} \neq \boldsymbol{0}$ 时，$|\boldsymbol{b}|\cos(\widehat{\boldsymbol{a},\boldsymbol{b}})$ 是向量 $\boldsymbol{b}$ 在向量 $\boldsymbol{a}$ 的方向上的投影，于是 $\boldsymbol{a} \cdot \boldsymbol{b} = |\boldsymbol{a}|\text{Prj}_{\boldsymbol{a}}\boldsymbol{b}$. 同理，当 $\boldsymbol{b} \neq \boldsymbol{0}$ 时，$\boldsymbol{a} \cdot \boldsymbol{b} = |\boldsymbol{b}|\text{Prj}_{\boldsymbol{b}}\boldsymbol{a}$.

2. 数量积的性质

（1）$\boldsymbol{a} \cdot \boldsymbol{a} = |\boldsymbol{a}|^2$.

（2）对于两个非零向量 $\boldsymbol{a}$、$\boldsymbol{b}$，如果 $\boldsymbol{a} \cdot \boldsymbol{b} = 0$，则 $\boldsymbol{a} \perp \boldsymbol{b}$. 反之，如果 $\boldsymbol{a} \perp \boldsymbol{b}$，则 $\boldsymbol{a} \cdot \boldsymbol{b} = 0$.
如果认为零向量与任何向量都垂直，则对于任意两个向量 $\boldsymbol{a}$、$\boldsymbol{b}$，$\boldsymbol{a} \perp \boldsymbol{b} \Leftrightarrow \boldsymbol{a} \cdot \boldsymbol{b} = 0$.

3. 数量积的运算律

（1）交换律：$\boldsymbol{a} \cdot \boldsymbol{b} = \boldsymbol{b} \cdot \boldsymbol{a}$；

（2）分配律：$(\boldsymbol{a}+\boldsymbol{b}) \cdot \boldsymbol{c} = \boldsymbol{a} \cdot \boldsymbol{c} + \boldsymbol{b} \cdot \boldsymbol{c}$；

（3）$(\lambda\boldsymbol{a}) \cdot \boldsymbol{b} = \boldsymbol{a} \cdot (\lambda\boldsymbol{b}) = \lambda(\boldsymbol{a} \cdot \boldsymbol{b})$，$(\lambda\boldsymbol{a}) \cdot (\mu\boldsymbol{b}) = \lambda\mu(\boldsymbol{a} \cdot \boldsymbol{b})$，$\lambda$、$\mu$ 为常数.

证　(2) 因为当 $\boldsymbol{c} = \boldsymbol{0}$ 时，该式显然成立，当 $\boldsymbol{c} \neq \boldsymbol{0}$ 时，有

$$\begin{aligned}(\boldsymbol{a}+\boldsymbol{b}) \cdot \boldsymbol{c} &= |\boldsymbol{c}|\text{Prj}_{\boldsymbol{c}}(\boldsymbol{a}+\boldsymbol{b}) \\ &= |\boldsymbol{c}|(\text{Prj}_{\boldsymbol{c}}\boldsymbol{a}+\text{Prj}_{\boldsymbol{c}}\boldsymbol{b}) \\ &= |\boldsymbol{c}|\text{Prj}_{\boldsymbol{c}}\boldsymbol{a}+|\boldsymbol{c}|\text{Prj}_{\boldsymbol{c}}\boldsymbol{b} \\ &= \boldsymbol{a} \cdot \boldsymbol{c}+\boldsymbol{b} \cdot \boldsymbol{c}.\end{aligned}$$

例 7-12　试用向量证明三角形的余弦定理.

证　设在 $\triangle ABC$ 中，$\angle BCA = \theta$（见图 7-9），$|BC| = a$，$|CA| = b$，$|AB| = c$，要证

$$c^2 = a^2 + b^2 - 2ab\cos\theta.$$

记 $\overrightarrow{CB} = \boldsymbol{a}$，$\overrightarrow{CA} = \boldsymbol{b}$，$\overrightarrow{AB} = \boldsymbol{c}$，则有 $\boldsymbol{c} = \boldsymbol{a} - \boldsymbol{b}$，从而

$$|\boldsymbol{c}|^2 = \boldsymbol{c} \cdot \boldsymbol{c} = (\boldsymbol{a}-\boldsymbol{b})(\boldsymbol{a}-\boldsymbol{b}) = \boldsymbol{a} \cdot \boldsymbol{a} + \boldsymbol{b} \cdot \boldsymbol{b} - 2\boldsymbol{a} \cdot \boldsymbol{b} = |\boldsymbol{a}|^2 + |\boldsymbol{b}|^2 - 2|\boldsymbol{a}||\boldsymbol{b}|\cos(\widehat{\boldsymbol{a},\boldsymbol{b}}),$$

即

$$c^2 = a^2 + b^2 - 2ab\cos\theta.$$

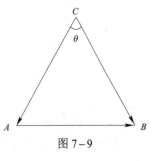

图 7-9

4. 数量积的坐标表示

设 $\boldsymbol{a}=(a_x, a_y, a_z)$，$\boldsymbol{b}=(b_x, b_y, b_z)$，则 $\boldsymbol{a}\cdot\boldsymbol{b}=a_xb_x+a_yb_y+a_zb_z$.

分析 按数量积的运算规律可得

$$\begin{aligned}\boldsymbol{a}\cdot\boldsymbol{b}&=(a_x\boldsymbol{i}+a_y\boldsymbol{j}+a_z\boldsymbol{k})\cdot(b_x\boldsymbol{i}+b_y\boldsymbol{j}+b_z\boldsymbol{k})\\&=a_xb_x\boldsymbol{i}\cdot\boldsymbol{i}+a_xb_y\boldsymbol{i}\cdot\boldsymbol{j}+a_xb_z\boldsymbol{i}\cdot\boldsymbol{k}\\&\quad+a_yb_x\boldsymbol{j}\cdot\boldsymbol{i}+a_yb_y\boldsymbol{j}\cdot\boldsymbol{j}+a_yb_z\boldsymbol{j}\cdot\boldsymbol{k}\\&\quad+a_zb_x\boldsymbol{k}\cdot\boldsymbol{i}+a_zb_y\boldsymbol{k}\cdot\boldsymbol{j}+a_zb_z\boldsymbol{k}\cdot\boldsymbol{k}\\&=a_xb_x+a_yb_y+a_zb_z.\end{aligned}$$

5. 两向量夹角余弦的坐标表示

设 $\boldsymbol{a}$、$\boldsymbol{b}$ 的夹角 θ，则当 $\boldsymbol{a}\neq\boldsymbol{0}$、$\boldsymbol{b}\neq\boldsymbol{0}$ 时，有

$$\cos\theta=\frac{\boldsymbol{a}\cdot\boldsymbol{b}}{|\boldsymbol{a}||\boldsymbol{b}|}=\frac{a_xb_x+a_yb_y+a_zb_z}{\sqrt{a_x^2+a_y^2+a_z^2}\sqrt{b_x^2+b_y^2+b_z^2}}.$$

例 7-13 已知 3 点 $M(1,1,1)$、$A(2,2,1)$ 和 $B(2,1,2)$，求 $\angle AMB$.

解 从 M 到 A 的向量记为 $\boldsymbol{a}$，从 M 到 B 的向量记为 $\boldsymbol{b}$，则 $\angle AMB$ 就是向量 $\boldsymbol{a}$ 与 $\boldsymbol{b}$ 的夹角，且 $\boldsymbol{a}=(1,1,0)$，$\boldsymbol{b}=(1,0,1)$. 因为

$$\boldsymbol{a}\cdot\boldsymbol{b}=1\times1+1\times0+0\times1=1,\ |\boldsymbol{a}|=\sqrt{1^2+1^2+0^2}=\sqrt{2},\ |\boldsymbol{b}|=\sqrt{1^2+0^2+1^2}=\sqrt{2}.$$

所以 $\cos\angle AMB=\dfrac{\boldsymbol{a}\cdot\boldsymbol{b}}{|\boldsymbol{a}||\boldsymbol{b}|}=\dfrac{1}{\sqrt{2}\cdot\sqrt{2}}=\dfrac{1}{2}$，从而 $\angle AMB=\dfrac{\pi}{3}$.

例 7-14 设液体流过平面 S 上面积为 A 的一个区域，液体在该区域上各点处的流速均为 $\boldsymbol{v}$（常向量）. 设 $\boldsymbol{n}$ 为垂直于 S 的单位向量，计算单位时间内经过该区域流向 $\boldsymbol{n}$ 所指一方的液体的质量 P（液体的密度为 ρ）.

解 单位时间内流过该区域的液体组成一个底面积为 A、斜高为 $|\boldsymbol{v}|$ 的斜柱体. 这个柱体的斜高与底面的垂线的夹角就是 $\boldsymbol{v}$ 与 $\boldsymbol{n}$ 的夹角 θ，所以这个柱体的高为 $|\boldsymbol{v}|\cos\theta$，体积为

$$A|\boldsymbol{v}|\cos\theta=A\boldsymbol{v}\cdot\boldsymbol{n}.$$

从而，单位时间内经过该区域流向 $\boldsymbol{n}$ 所指一方的液体的质量为

$$P=\rho A\boldsymbol{v}\cdot\boldsymbol{n}.$$

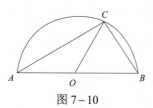

图 7-10

例 7-15 试用向量证明直径所对的圆周角是直角.

证 如图 7-10 所示.

设 AB 是圆 O 的直径，C 点在圆周上，要证 $\angle ACB=\dfrac{\pi}{2}$. 仅证 $\overrightarrow{AC}\cdot\overrightarrow{BC}=0$ 即可. 因为

$$\begin{aligned}\overrightarrow{AC}\cdot\overrightarrow{BC}&=(\overrightarrow{AO}+\overrightarrow{OC})\cdot(\overrightarrow{BO}+\overrightarrow{OC})\\&=\overrightarrow{AO}\cdot\overrightarrow{BO}+\overrightarrow{AO}\cdot\overrightarrow{OC}+\overrightarrow{OC}\cdot\overrightarrow{BO}+\left|\overrightarrow{OC}\right|^2\\&=-\left|\overrightarrow{AO}\right|^2+\overrightarrow{AO}\cdot\overrightarrow{OC}-\overrightarrow{OC}\cdot\overrightarrow{AO}+\left|\overrightarrow{OC}\right|^2=0\end{aligned}$$

所以 $\overrightarrow{AC}\perp\overrightarrow{BC}$，即 $\angle ACB$ 为直角.

例 7-16 设 $\boldsymbol{a}=(1,4,5)$，$\boldsymbol{b}=(1,1,2)$，求 λ，使 $\boldsymbol{a}+\lambda\boldsymbol{b}$ 垂直于 $\boldsymbol{a}-\lambda\boldsymbol{b}$.

解 由于两个向量垂直，所以 $(\boldsymbol{a}+\lambda\boldsymbol{b})\cdot(\boldsymbol{a}-\lambda\boldsymbol{b}) = |\boldsymbol{a}|^2 - \lambda^2|\boldsymbol{b}|^2 = 42 - 6\lambda^2 = 0$，解得 $\lambda = \pm\sqrt{7}$.

二、向量的向量积

1. 向量积的概念

在研究物体转动问题时，不但要考虑物体所受的力，还要分析这些力所产生的力矩. 设 O 为一根杠杆 L 的支点，有一个力 $\boldsymbol{F}$ 作用于杠杆上的 P 点处. $\boldsymbol{F}$ 与 $\overrightarrow{OP}$ 的夹角为 θ. 由力学规定，力 $\boldsymbol{F}$ 对支点 O 的力矩是一向量 $\boldsymbol{M}$（见图 7-11），它的模

$$|\boldsymbol{M}| = |\overrightarrow{OP}||\boldsymbol{F}|\sin\theta,$$

而 $\boldsymbol{M}$ 的方向垂直于 $\overrightarrow{OP}$ 与 $\boldsymbol{F}$ 所决定的平面，$\boldsymbol{M}$ 的指向是按右手规则从 $\overrightarrow{OP}$ 以不超过 $180°$ 的角转向 $\boldsymbol{F}$ 来确定的（见图 7-12）.

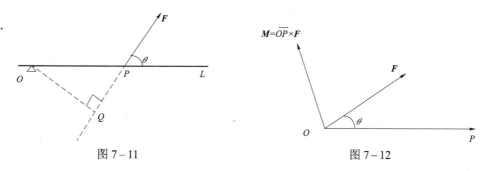

图 7-11　　　　　　　　　图 7-12

定义 7-4 设向量 $\boldsymbol{c}$ 是由两个向量 $\boldsymbol{a}$ 与 $\boldsymbol{b}$ 按下列方式定出：$\boldsymbol{c}$ 的模 $|\boldsymbol{c}| = |\boldsymbol{a}||\boldsymbol{b}|\sin\theta$，其中 θ 为 $\boldsymbol{a}$ 与 $\boldsymbol{b}$ 间的夹角，$\boldsymbol{c}$ 的方向垂直于 $\boldsymbol{a}$ 与 $\boldsymbol{b}$ 所决定的平面，$\boldsymbol{c}$ 的指向按右手规则从 $\boldsymbol{a}$ 转向 $\boldsymbol{b}$ 来确定，那么，向量 $\boldsymbol{c}$ 叫作向量 $\boldsymbol{a}$ 与 $\boldsymbol{b}$ 的向量积，记作 $\boldsymbol{a}\times\boldsymbol{b}$，即

$$\boldsymbol{c} = \boldsymbol{a}\times\boldsymbol{b}.$$

根据向量积的定义，力矩 $\boldsymbol{M}$ 等于 $\overrightarrow{OP}$ 与 $\boldsymbol{F}$ 的向量积，即

$$\boldsymbol{M} = \overrightarrow{OP}\times\boldsymbol{F}.$$

2. 向量积的性质

（1）$\boldsymbol{a}\times\boldsymbol{a} = \boldsymbol{0}$；

（2）对于两个非零向量 $\boldsymbol{a}$、$\boldsymbol{b}$，如果 $\boldsymbol{a}\times\boldsymbol{b} = \boldsymbol{0}$，则 $\boldsymbol{a}//\boldsymbol{b}$；反之，如果 $\boldsymbol{a}//\boldsymbol{b}$，则 $\boldsymbol{a}\times\boldsymbol{b} = \boldsymbol{0}$. 如果认为零向量与任何向量都平行，则 $\boldsymbol{a}//\boldsymbol{b} \Leftrightarrow \boldsymbol{a}\times\boldsymbol{b} = \boldsymbol{0}$.

3. 向量积的运算律

（1）反交换律：$\boldsymbol{a}\times\boldsymbol{b} = -\boldsymbol{b}\times\boldsymbol{a}$；

（2）分配律：$(\boldsymbol{a}+\boldsymbol{b})\times\boldsymbol{c} = \boldsymbol{a}\times\boldsymbol{c} + \boldsymbol{b}\times\boldsymbol{c}$；

（3）结合律：$(\lambda\boldsymbol{a})\times\boldsymbol{b} = \boldsymbol{a}\times(\lambda\boldsymbol{b}) = \lambda(\boldsymbol{a}\times\boldsymbol{b})$（$\lambda$ 为实数）.

4. 向量积的坐标表示

设 $\boldsymbol{a} = a_x\boldsymbol{i} + a_y\boldsymbol{j} + a_z\boldsymbol{k}$，$\boldsymbol{b} = b_x\boldsymbol{i} + b_y\boldsymbol{j} + b_z\boldsymbol{k}$. 按向量积的运算规律可得

$$\begin{aligned}\boldsymbol{a}\times\boldsymbol{b} &= (a_x\boldsymbol{i} + a_y\boldsymbol{j} + a_z\boldsymbol{k})\times(b_x\boldsymbol{i} + b_y\boldsymbol{j} + b_z\boldsymbol{k}) \\ &= a_xb_x\boldsymbol{i}\times\boldsymbol{i} + a_xb_y\boldsymbol{i}\times\boldsymbol{j} + a_xb_z\boldsymbol{i}\times\boldsymbol{k}\end{aligned}$$

$$+a_y b_x \boldsymbol{j}\times\boldsymbol{i} + a_y b_y \boldsymbol{j}\times\boldsymbol{j} + a_y b_z \boldsymbol{j}\times\boldsymbol{k}$$
$$+a_z b_x \boldsymbol{k}\times\boldsymbol{i} + a_z b_y \boldsymbol{k}\times\boldsymbol{j} + a_z b_z \boldsymbol{k}\times\boldsymbol{k}.$$

由于 $\boldsymbol{i}\times\boldsymbol{i} = \boldsymbol{j}\times\boldsymbol{j} = \boldsymbol{k}\times\boldsymbol{k} = \boldsymbol{0}$, $\boldsymbol{i}\times\boldsymbol{j} = \boldsymbol{k}$, $\boldsymbol{j}\times\boldsymbol{k} = \boldsymbol{i}$, $\boldsymbol{k}\times\boldsymbol{i} = \boldsymbol{j}$, 所以

$$\boldsymbol{a}\times\boldsymbol{b} = (a_y b_z - a_z b_y)\boldsymbol{i} + (a_z b_x - a_x b_z)\boldsymbol{j} + (a_x b_y - a_y b_x)\boldsymbol{k}.$$

为了帮助记忆, 利用三阶行列式符号, 上式可写成

$$\boldsymbol{a}\times\boldsymbol{b} = \begin{vmatrix} \boldsymbol{i} & \boldsymbol{j} & \boldsymbol{k} \\ a_x & a_y & a_z \\ b_x & b_y & b_z \end{vmatrix} = a_y b_z \boldsymbol{i} + a_z b_x \boldsymbol{j} + a_x b_y \boldsymbol{k} - a_y b_x \boldsymbol{k} - a_x b_z \boldsymbol{j} - a_z b_y \boldsymbol{i}$$

$$= (a_y b_z - a_z b_y)\boldsymbol{i} + (a_z b_x - a_x b_z)\boldsymbol{j} + (a_x b_y - a_y b_x)\boldsymbol{k}.$$

例 7-17 设 $\boldsymbol{a}=(2,1,-1)$, $\boldsymbol{b}=(1,-1,2)$, 计算 $\boldsymbol{a}\times\boldsymbol{b}$.

解 $\boldsymbol{a}\times\boldsymbol{b} = \begin{vmatrix} \boldsymbol{i} & \boldsymbol{j} & \boldsymbol{k} \\ 2 & 1 & -1 \\ 1 & -1 & 2 \end{vmatrix} = \boldsymbol{i} - 5\boldsymbol{j} - 3\boldsymbol{k}$.

例 7-18 已知 $\triangle ABC$ 的顶点分别是 $A(1,2,3)$、$B(3,4,5)$、$C(2,4,7)$, 求 $\triangle ABC$ 的面积.

解 根据向量积的定义, 可知 $\triangle ABC$ 的面积

$$S_{\triangle ABC} = \frac{1}{2}|\overrightarrow{AB}||\overrightarrow{AC}|\sin\angle A = \frac{1}{2}|\overrightarrow{AB}\times\overrightarrow{AC}|.$$

由于 $\overrightarrow{AB}=(2,2,2)$, $\overrightarrow{AC}=(1,2,4)$, 因此

$$\overrightarrow{AB}\times\overrightarrow{AC} = \begin{vmatrix} \boldsymbol{i} & \boldsymbol{j} & \boldsymbol{k} \\ 2 & 2 & 2 \\ 1 & 2 & 4 \end{vmatrix} = 4\boldsymbol{i} - 6\boldsymbol{j} + 2\boldsymbol{k}.$$

于是 $S_{\triangle ABC} = \frac{1}{2}|4\boldsymbol{i} - 6\boldsymbol{j} + 2\boldsymbol{k}| = \frac{1}{2}\sqrt{4^2 + (-6)^2 + 2^2} = \sqrt{14}$.

例 7-19 设 $|\boldsymbol{a}|=4$, $|\boldsymbol{b}|=3$, $(\widehat{\boldsymbol{a},\boldsymbol{b}}) = \frac{\pi}{6}$, 求以 $\boldsymbol{a}+2\boldsymbol{b}$ 和 $\boldsymbol{a}-3\boldsymbol{b}$ 为邻边的平行四边形面积.

解 $S_\Box = |(\boldsymbol{a}+2\boldsymbol{b})\times(\boldsymbol{a}-3\boldsymbol{b})| = |-3(\boldsymbol{a}\times\boldsymbol{b}) + 2(\boldsymbol{b}\times\boldsymbol{a})| = |5(\boldsymbol{b}\times\boldsymbol{a})|$

$$= 5|(\boldsymbol{b}\times\boldsymbol{a})| = 5|\boldsymbol{b}||\boldsymbol{a}|\sin\frac{\pi}{6} = 30.$$

例 7-20 已知 $M_1(1,-1,2)$、$M_2(3,3,1)$ 和 $M_3(3,1,3)$, 求与 $\overrightarrow{M_1M_2}$、$\overrightarrow{M_2M_3}$ 同时垂直的单位向量.

解 由于 $\overrightarrow{M_1M_2}\times\overrightarrow{M_2M_3} = (2,4,-1)\times(0,-2,2) = 2(3,-2,-2)$, 故与 $\overrightarrow{M_1M_2}$、$\overrightarrow{M_2M_3}$ 同时垂直的单位向量为 $\pm\frac{1}{\sqrt{17}}(3\boldsymbol{i} - 2\boldsymbol{j} - 2\boldsymbol{k})$.

例 7-21 已知三角形 3 个顶点坐标分别为 $A(0,1,-1)$, $B(2,-1,-4)$, $C(4,1,5)$, 求 $\triangle ABC$ 的面积.

解 $S_{\triangle ABC} = \frac{1}{2}|\overrightarrow{AB} \times \overrightarrow{AC}| = \frac{1}{2}|(2,-2,-3) \times (4,0,6)| = \frac{1}{2}|4(-3,-6,2)| = 14$.

例 7–22 设刚体以等角速度绕 l 轴旋转,计算刚体上一点 M 的线速度.

解 当刚体绕 l 轴旋转时,可以用在 l 轴上的一个向量 $\boldsymbol{\omega}$ 表示角速度,它的大小等于角速度的大小,它的方向由右手规则定出:即以右手握住 l 轴,当右手的 4 个手指的转向与刚体的旋转方向一致时,大拇指的指向就是 $\boldsymbol{\omega}$ 的方向.

设点 M 到旋转轴 l 的距离为 a,再在 l 轴上任取一点 O 作向量 $\boldsymbol{r} = \overrightarrow{OM}$,并以 θ 表示 $\boldsymbol{\omega}$ 与 $\boldsymbol{r}$ 的夹角,那么

$$a = |\boldsymbol{r}| \sin\theta.$$

设线速度为 $\boldsymbol{v}$,那么由物理学上线速度与角速度间的关系可知,$\boldsymbol{v}$ 的大小为

$$|\boldsymbol{v}| = |\boldsymbol{\omega}|a = |\boldsymbol{\omega}||\boldsymbol{r}|\sin\theta$$

$\boldsymbol{v}$ 的方向垂直于通过 M 点与 l 轴的平面,即 $\boldsymbol{v}$ 垂直于 $\boldsymbol{\omega}$ 与 $\boldsymbol{r}$,又 $\boldsymbol{v}$ 的指向是使 $\boldsymbol{\omega}$、$\boldsymbol{r}$、$\boldsymbol{v}$ 符合右手规则,因此有

$$\boldsymbol{v} = \boldsymbol{\omega} \times \boldsymbol{r}.$$

习 题 7–2

1. 设 $\boldsymbol{a} = 3\boldsymbol{i} - \boldsymbol{j} - 2\boldsymbol{k}$, $\boldsymbol{b} = \boldsymbol{i} + 2\boldsymbol{j} - \boldsymbol{k}$,求:
(1) $\boldsymbol{a} \cdot \boldsymbol{b}$ 及 $\boldsymbol{a} \times \boldsymbol{b}$;(2) $\boldsymbol{a}$ 与 $\boldsymbol{b}$ 的夹角的余弦.

2. 设 $\boldsymbol{a}$ 与 $\boldsymbol{b}$ 互相垂直,且 $|\boldsymbol{a}| = 3, |\boldsymbol{b}| = 4$,求:
(1) $|(\boldsymbol{a} + \boldsymbol{b}) \times (\boldsymbol{a} - \boldsymbol{b})|$;(2) $|(3\boldsymbol{a} + \boldsymbol{b}) \times (\boldsymbol{a} - 2\boldsymbol{b})|$.

3. 已知向量 $\boldsymbol{a} = 2\boldsymbol{i} - 3\boldsymbol{j} + \boldsymbol{k}$, $\boldsymbol{b} = \boldsymbol{i} - \boldsymbol{j} + 3\boldsymbol{k}$ 和 $\boldsymbol{c} = \boldsymbol{i} - 2\boldsymbol{j}$,计算:
(1) $(\boldsymbol{a} \cdot \boldsymbol{b})\boldsymbol{c} - (\boldsymbol{a} \cdot \boldsymbol{c})\boldsymbol{b}$;(2) $(\boldsymbol{a} + \boldsymbol{b}) \times (\boldsymbol{b} + \boldsymbol{c})$;(3) $(\boldsymbol{a} \times \boldsymbol{b}) \cdot \boldsymbol{c}$.

第三节 平面及其方程

一、平面的点法式方程

法向量 给定平面 Π,则与 Π 垂直的直线称为平面的法线,与法线平行的非零向量称为平面的**法向量**.

如果已知平面 Π 上一点 $M_0(x_0, y_0, z_0)$ 和它的一个法向量 $\boldsymbol{n} = (A, B, C)$,那么平面 Π 的位置就完全确定了.

设 $M(x, y, z)$ 是平面 Π 上的任意一点(见图 7–13). 那么向量 $\overrightarrow{M_0M}$ 必与平面 Π 的法向量 $\boldsymbol{n}$ 垂直,则它们的数量积等于零.

$$\boldsymbol{n} \cdot \overrightarrow{M_0M} = 0.$$

由于 $\boldsymbol{n} = (A, B, C)$,$\overrightarrow{M_0M} = (x - x_0, y - y_0, z - z_0)$,所以有

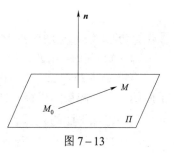

图 7–13

$$A(x-x_0)+B(y-y_0)+C(z-z_0)=0.$$

该方程叫作**平面的点法式方程**. 这就是平面 Π 上任意一点 M 的坐标 (x,y,z) 所满足的方程.

反过来，如果 $M(x,y,z)$ 不在平面 Π 上，那么向量 $\overrightarrow{M_0M}$ 与法向量 $\boldsymbol{n}$ 不垂直，从而 $\boldsymbol{n}\cdot\overrightarrow{M_0M}\neq 0$，即不在平面 Π 上的点 M 的坐标 (x,y,z) 不满足方程.

例 7-23 求过点 $(2,-3,0)$ 且以 $\boldsymbol{n}=(1,-2,3)$ 为法向量的平面的方程.

解 根据平面的点法式方程，得所求平面的方程为 $(x-2)-2(y+3)+3z=0$，即
$$x-2y+3z-8=0.$$

例 7-24 求过 3 点 $M_1(2,-1,4)$、$M_2(-1,3,-2)$ 和 $M_3(0,2,3)$ 的平面的方程.

解 可以用 $\overrightarrow{M_1M_2}\times\overrightarrow{M_1M_3}$ 作为平面的法向量 $\boldsymbol{n}$.

因为 $\overrightarrow{M_1M_2}=(-3,4,-6)$，$\overrightarrow{M_1M_3}=(-2,3,-1)$，所以

$$\boldsymbol{n}=\overrightarrow{M_1M_2}\times\overrightarrow{M_1M_3}=\begin{vmatrix}\boldsymbol{i}&\boldsymbol{j}&\boldsymbol{k}\\-3&4&-6\\-2&3&-1\end{vmatrix}=14\boldsymbol{i}+9\boldsymbol{j}-\boldsymbol{k}.$$

根据平面的点法式方程，得所求平面的方程为
$$14(x-2)+9(y+1)-(z-4)=0,\quad 即\ 14x+9y-z-15=0.$$

二、平面的一般方程

由上述讨论可知，过点 $M_0(x_0,y_0,z_0)$ 且以 $\boldsymbol{n}=(A,B,C)$ 为法向量的平面点法式方程为
$$A(x-x_0)+B(y-y_0)+C(z-z_0)=0,$$
令 $D=-Ax_0-By_0-Cz_0$，整理得
$$Ax+By+Cz+D=0.$$
所以，任一平面都可以用三元一次方程来表示.

反过来，设有三元一次方程
$$Ax+By+Cz+D=0. \tag{1}$$
任取满足该方程的一组数 x_0,y_0,z_0，则
$$Ax_0+By_0+Cz_0+D=0. \tag{2}$$
方程（1）减去方程（2）得
$$A(x-x_0)+B(y-y_0)+C(z-z_0)=0. \tag{3}$$
显然，方程（3）是通过点 $M_0(x_0,y_0,z_0)$ 且以 $\boldsymbol{n}=(A,B,C)$ 为法向量的平面方程. 又方程（1）与方程（3）同解. 由此可知，任一三元一次方程表示一个平面.

方程 $Ax+By+Cz+D=0$ 称为**平面的一般方程**，其中 x、y、z 的系数 A、B、C 就是该平面的一个法向量的坐标，即 $\boldsymbol{n}=(A,B,C)$.

几种特殊平面的方程如下：

（1）当 $D=0$ 时，方程 $Ax+By+Cz=0$ 表示通过坐标原点的平面.

（2）当 $A=0$ 时，方程 $By+Cz+D=0$，其法向量 $\boldsymbol{n}=(0,B,C)$ 垂直于 x 轴，所以该方程表示平行于 x 轴的平面. 同样，方程 $Ax+Cz+D=0$ 和 $Ax+By+D=0$ 分别表示平行于 y 轴和 z 轴的平面.

（3）当 $A=B=0$ 时，方程 $Cz+D=0$ 或 $z=-\dfrac{D}{C}$，其法向量 $\boldsymbol{n}=(0,0,C)$ 同时垂直于 x 轴和 y 轴，所以该方程表示平行于 xOy 面的平面. 同样，方程 $Ax+D=0$ 和 $By+D=0$ 分别表示平行于 yOz 面和 xOz 面的平面.

例 7-25 求通过 x 轴和点 $(4,-3,-1)$ 的平面的方程.

解 平面通过 x 轴，一方面表明它的法线向量垂直于 x 轴，即 $A=0$，另一方面表明它必通过原点，即 $D=0$. 因此，可设该平面的方程为 $By+Cz=0$. 又因为该平面通过点 $(4,-3,-1)$，所以有 $-3B-C=0$ 或 $C=-3B$. 将其代入所设方程并除以 B（$B\neq 0$），便得所求的平面方程为 $y-3z=0$.

例 7-26 设一平面与 x、y、z 轴的交点依次为 $P(a,0,0)$、$Q(0,b,0)$、$R(0,0,c)$ 3 点（见图 7-14），求该平面的方程（其中 $a\neq 0$，$b\neq 0$，$c\neq 0$）.

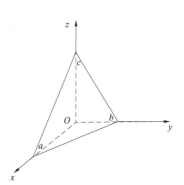

图 7-14

解 设所求平面的方程为 $Ax+By+Cz+D=0$. 因为点 $P(a,0,0)$、$Q(0,b,0)$、$R(0,0,c)$ 都在该平面上，所以点 P、Q、R 的坐标都满足所设方程，即有 $\begin{cases} aA+D=0 \\ bB+D=0 \\ cC+D=0 \end{cases}$，由此得

$$A=-\dfrac{D}{a},\quad B=-\dfrac{D}{b},\quad C=-\dfrac{D}{c}.$$

将其代入所设方程，得 $-\dfrac{D}{a}x-\dfrac{D}{b}y-\dfrac{D}{c}z+D=0$，即 $\dfrac{x}{a}+\dfrac{y}{b}+\dfrac{z}{c}=1$.

上述方程叫作**平面的截距式方程**，而 a、b、c 依次叫作平面在 x、y、z 轴上的截距.

三、两平面的夹角

两个平面法向量的夹角称为平面的夹角，并规定它们的夹角 θ 满足 $0\leqslant\theta\leqslant\dfrac{\pi}{2}$（见图 7-15）. 设平面 Π_1、Π_2 的法向量依次为 $\boldsymbol{n}_1=(A_1,B_1,C_1)$ 和 $\boldsymbol{n}_2=(A_2,B_2,C_2)$，那么平面 Π_1 与 Π_2 的夹角余弦 $\cos\theta=|\widehat{\cos(\boldsymbol{n}_1,\boldsymbol{n}_2)}|$ 为

$$\cos\theta=\dfrac{|A_1A_2+B_1B_2+C_1C_2|}{\sqrt{A_1^2+B_1^2+C_1^2}\cdot\sqrt{A_2^2+B_2^2+C_2^2}}.$$

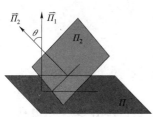

图 7-15

从两向量垂直、平行的充分必要条件可得结论：

（1）平面 Π_1、Π_2 互相垂直的充分必要条件是：$A_1A_2+B_1B_2+C_1C_2=0$；

（2）平面 Π_1、Π_2 互相平行或重合的充分必要条件是：$\dfrac{A_1}{A_2}=\dfrac{B_1}{B_2}=\dfrac{C_1}{C_2}$.

例 7-27 求两平面 $x-y+2z-6=0$ 和 $2x+y+z-5=0$ 的夹角.

解 $\boldsymbol{n}_1=(A_1,B_1,C_1)=(1,-1,2)$, $\boldsymbol{n}_2=(A_2,B_2,C_2)=(2,1,1)$,

$$\cos\theta=\dfrac{|A_1A_2+B_1B_2+C_1C_2|}{\sqrt{A_1^2+B_1^2+C_1^2}\cdot\sqrt{A_2^2+B_2^2+C_2^2}}=\dfrac{|1\times 2+(-1)\times 1+2\times 1|}{\sqrt{1^2+(-1)^2+2^2}\cdot\sqrt{2^2+1^2+1^2}}=\dfrac{1}{2},$$

所以所求夹角 $\theta=\dfrac{\pi}{3}$.

四、点到平面的距离

设 $P_0(x_0,y_0,z_0)$ 是平面 $\Pi:Ax+By+Cz+D=0$ 外一点（见图 7-16），则点 P_0 到平面 Π 的距离为

$$d=|\overrightarrow{P_1P_0}\cdot\boldsymbol{e}_n|$$

$$=\dfrac{|A(x_0-x_1)+B(y_0-y_1)+C(z_0-z_1)|}{\sqrt{A^2+B^2+C^2}}$$

$$=\dfrac{|Ax_0+By_0+Cz_0-(Ax_1+By_1+Cz_1)|}{\sqrt{A^2+B^2+C^2}}$$

$$=\dfrac{|Ax_0+By_0+Cz_0+D|}{\sqrt{A^2+B^2+C^2}}.$$

其中 $\boldsymbol{e}_n=\dfrac{1}{\sqrt{A^2+B^2+C^2}}(A,B,C)$，$\overrightarrow{P_1P_0}=(x_0-x_1,y_0-y_1,z_0-z_1)$.

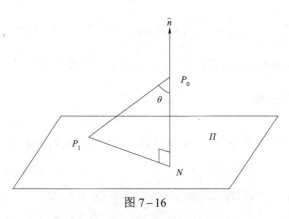

图 7-16

例 7-28 求点 (2, 1, 1) 到平面 $x+y-z+1=0$ 的距离.

解 $d=\dfrac{|Ax_0+By_0+Cz_0+D|}{\sqrt{A^2+B^2+C^2}}=\dfrac{|1\times 2+1\times 1+(-1)\times 1+1|}{\sqrt{1^2+1^2+(-1)^2}}=\dfrac{3}{\sqrt{3}}=\sqrt{3}$.

例 7-29 一平面通过两点 $M_1(1,1,1)$ 和 $M_2(0,1,-1)$ 且垂直于平面 $x+y+z=0$，求它的方程.

解 从点 M_1 到点 M_2 的向量为 $\boldsymbol{n}_1=(-1,0,-2)$，平面 $x+y+z=0$ 的法向量为 $\boldsymbol{n}_2=(1,1,1)$. 所求

平面的法向量 **n** 可取为 $\mathbf{n}_1 \times \mathbf{n}_2$. 因为

$$\mathbf{n} = \mathbf{n}_1 \times \mathbf{n}_2 = \begin{vmatrix} \mathbf{i} & \mathbf{j} & \mathbf{k} \\ -1 & 0 & -2 \\ 1 & 1 & 1 \end{vmatrix} = 2\mathbf{i} - \mathbf{j} - \mathbf{k},$$

所以所求平面方程为 $2(x-1)-(y-1)-(z-1)=0$，即 $2x-y-z=0$.

● **小结：**

1. 平面的点法式方程.

平面 Π 上一点 $M_0(x_0,y_0,z_0)$，法向量 $\mathbf{n}=(A,B,C)$，则平面点法式方程为：$A(x-x_0)+B(y-y_0)+C(z-z_0)=0$.

2. 平面的一般方程 $Ax+By+Cz+D=0$，其中 $\mathbf{n}=(A,B,C)$.

3. 两平面的夹角，即两平面的法向量的夹角（通常指锐角）.

平面 Π_1 和 Π_2 垂直相当于 $A_1A_2+B_1B_2+C_1C_2=0$；

平面 Π_1 和 Π_2 平行或重合相当于 $\dfrac{A_1}{A_2}=\dfrac{B_1}{B_2}=\dfrac{C_1}{C_2}$.

4. 点到平面的距离 $d=\dfrac{|Ax_0+By_0+Cz_0+D|}{\sqrt{A^2+B^2+C^2}}$.

习 题 7-3

1. 一平面通过两点 $M_1(1, 2, -1)$ 和 $M_2(0, 1, 1)$ 且垂直于平面 $x+y+z=0$，求它的方程.

2. 求两平面 $x-2y+z-6=0$ 和 $x+2y+z-5=0$ 的夹角.

3. 求过 3 点 $M_1(1, -1, 5)$、$M_2(-1, 2, -2)$ 和 $M_3(0, 1, 4)$ 的平面的方程.

4. 求通过 y 轴和点 $(2, -3, -1)$ 的平面的方程.

5. 指出下列各平面的特殊位置，并画出各平面.

（1）$x=0$； （2）$3y-1=0$； （3）$2x-3y+6=0$；

（4）$x-\sqrt{3}y=0$； （5）$y+z=1$； （6）$x-2z=0$.

第四节 空间直线及其方程

一、空间直线的一般方程

空间直线 L 可以看作是两个平面的交线. 设两个相交平面 Π_1 和 Π_2 的方程分别为 $A_1x+B_1y+C_1z+D_1=0$ 和 $A_2x+B_2y+C_2z+D_2=0$，那么方程组

$$\begin{cases} A_1x+B_1y+C_1z+D_1=0 \\ A_2x+B_2y+C_2z+D_2=0 \end{cases} \tag{1}$$

叫作**空间直线的一般方程**.

反过来，如果点 M 不在直线 L 上，那么它不可能同时在平面 Π_1 和 Π_2 上，所以它的坐标不满足方程组（1）. 因此，直线 L 可以用方程组（1）来表示. 方程组（1）叫作**空间直线的一般方程**.

通过空间一直线 L 的平面有无限多个，只要在这无限多个平面中任意选取两个，把它们的方程联立起来，所得的方程组就表示空间直线 L.

二、空间直线的对称式方程与参数方程

给定一条直线 L，则与 L 平行的任意一个非零向量叫作这条直线的**方向向量**. 如果已知直线 L 上一点 $M_0(x_0, y_0, z_0)$ 和它的一个方向向量 $s = (m, n, p)$，那么直线 L 的位置就完全确定了.

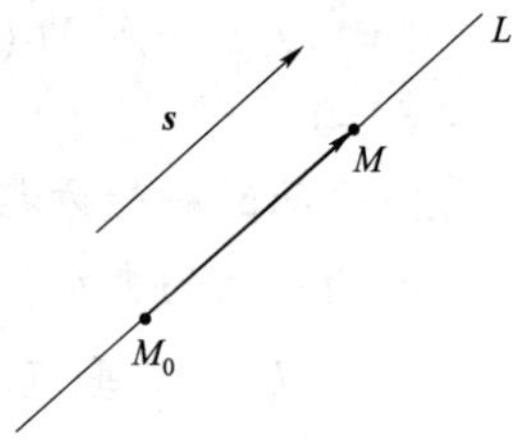

设点 $M(x, y, z)$ 是直线 L 上的任意一点（见图 7-17），那么向量 $\overrightarrow{M_0 M}$ 与 L 的方向向量 s 平行，所以两向量的坐标对应成比例. 由于

$$\overrightarrow{M_0 M} = (x - x_0, y - y_0, z - z_0), \quad s = (m, n, p),$$

图 7-17

从而有 $\dfrac{x - x_0}{m} = \dfrac{y - y_0}{n} = \dfrac{z - z_0}{p}$，它叫作**直线的对称式或点向式方程**.

反过来，如果点 M 不在直线 L 上，那么 $\overrightarrow{M_0 M}$ 与 s 不平行，两向量的坐标对应不成比例. 因此，上述方程组就是直线 L 的方程，其中 m, n, p 叫作直线的一组方向数.

特别地，如果方向数 m, n, p 中有一个为零，例如，$m = 0$，则直线方程等价于

$$\begin{cases} x - x_0 = 0 \\ \dfrac{y - y_0}{n} = \dfrac{z - z_0}{p} \end{cases}.$$

如果方向数 m, n, p 中有两个为零，例如，$m = 0, n = 0$，则直线方程为

$$\begin{cases} x - x_0 = 0 \\ y - y_0 = 0 \end{cases}.$$

若在直线的对称式方程中，令 $\dfrac{x - x_0}{m} = \dfrac{y - y_0}{n} = \dfrac{z - z_0}{p} = t$（参数），则 $\begin{cases} x = x_0 + mt \\ y = y_0 + nt \\ z = z_0 + pt \end{cases}$ 叫作**直线的参数方程**.

例 7-30 用对称式方程及参数方程表示直线 $\begin{cases} x + y + z = -1 \\ 2x - y + 3z = 4 \end{cases}$.

解 先求直线上的一点，取 $x = 1$，有 $\begin{cases} y + z = -2 \\ -y + 3z = 2 \end{cases}$.

解此方程组，得 $y = -2, z = 0$，即 $(1, -2, 0)$ 就是直线上的一点.

再求这条直线的方向向量 s. 以平面 $x + y + z = -1$ 和 $2x - y + 3z = 4$ 的法向量的向量积作为直线的方向向量 s.

$$s = (i+j+k) \times (2i-j+3k) = \begin{vmatrix} i & j & k \\ 1 & 1 & 1 \\ 2 & -1 & 3 \end{vmatrix} = 4i - j - 3k.$$

因此，所给直线的对称式方程为 $\dfrac{x-1}{4} = \dfrac{y+2}{-1} = \dfrac{z}{-3}$.

令 $\dfrac{x-1}{4} = \dfrac{y+2}{-1} = \dfrac{z}{-3} = t$，得所给直线的参数方程为 $\begin{cases} x = 1+4t \\ y = -2-t \\ z = -3t \end{cases}$.

三、两直线的夹角

定义 7-5 两直线的方向向量的夹角（通常指锐角）叫作两直线的夹角.

设直线 L_1 和 L_2 的方向向量分别为 $s_1 = (m_1, n_1, p_1)$ 和 $s_2 = (m_2, n_2, p_2)$，那么 L_1 和 L_2 的夹角 φ 就是 $\widehat{(s_1, s_2)}$ 和 $\widehat{(-s_1, s_2)} = \pi - \widehat{(s_1, s_2)}$ 两者中的锐角，因此 $\cos\varphi = |\cos\widehat{(s_1, s_2)}|$. 根据两向量的夹角的余弦公式，直线 L_1 和 L_2 的夹角 φ 可由

$$\cos\varphi = |\cos\widehat{(s_1, s_2)}| = \frac{|m_1 m_2 + n_1 n_2 + p_1 p_2|}{\sqrt{m_1^2 + n_1^2 + p_1^2} \cdot \sqrt{m_2^2 + n_2^2 + p_2^2}}$$

来确定.

从两向量垂直、平行的充分必要条件可立即推得下列结论：

设有两直线 $L_1: \dfrac{x-x_1}{m_1} = \dfrac{y-y_1}{n_1} = \dfrac{z-z_1}{p_1}$，$L_2: \dfrac{x-x_2}{m_2} = \dfrac{y-y_2}{n_2} = \dfrac{z-z_2}{p_2}$，则

$$L_1 \perp L_2 \Leftrightarrow m_1 m_2 + n_1 n_2 + p_1 p_2 = 0;$$

$$L_1 /\!/ L_2 \Leftrightarrow \frac{m_1}{m_2} = \frac{n_1}{n_2} = \frac{p_1}{p_2}.$$

例 7-31 求直线 $L_1: \dfrac{x-1}{1} = \dfrac{y}{-4} = \dfrac{z+3}{1}$ 和 $L_2: \dfrac{x}{2} = \dfrac{y+2}{-2} = \dfrac{z}{-1}$ 的夹角.

解 两直线的方向向量分别为 $s_1 = (1, -4, 1)$ 和 $s_2 = (2, -2, -1)$. 设两直线的夹角为 φ，则

$$\cos\varphi = \frac{|1 \times 2 + (-4) \times (-2) + 1 \times (-1)|}{\sqrt{1^2 + (-4)^2 + 1^2} \cdot \sqrt{2^2 + (-2)^2 + (-1)^2}} = \frac{1}{\sqrt{2}} = \frac{\sqrt{2}}{2},$$

所以 $\varphi = \dfrac{\pi}{4}$.

例 7-32 设 M_0 是直线 $L: \dfrac{x-x_0}{m} = \dfrac{y-y_0}{n} = \dfrac{z-z_0}{p}$ 外的一点，$M(x_1, y_1, z_1)$ 是直线 L 上的一点，且直线的方向向量为 $s = (m, n, p)$，证明：点 M_0 到直线 L 的距离为 $d = \dfrac{|\overrightarrow{M_0 M} \times s|}{|s|}$.

证 如图 7-18 所示，设点 M_0 到直线 L 的距离为 d. 由向量积的几何意义知 $|\overrightarrow{M_0 M} \times s|$ 表

示以 $\overrightarrow{M_0M}$、s 为邻边的平行四边形的面积. 而 $\dfrac{|\overrightarrow{M_0M} \times s|}{|s|}$ 表示以 $|s|$ 为边长的该平行四边形的高, 即点 M_0 到直线 L 的距离, 于是 $d = \dfrac{|\overrightarrow{M_0M} \times s|}{|s|}$.

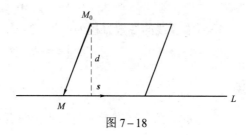

图 7-18

例 7-33 用对称式方程及参数方程表示直线
$$\begin{cases} x - y + 2z + 1 = 0 \\ 2x + z + 2 = 0 \end{cases}.$$

解 取直线的方向向量 $s = n_1 \times n_2 = (1,-1,2) \times (2,0,1) = (-1,3,2)$, 又求出直线上一点 $(-1,0,0)$, 故直线的对称式方程为: $\dfrac{x+1}{-1} = \dfrac{y}{3} = \dfrac{z}{2}$, 参数方程为: $x = -1-t, y = 3t, z = 2t$.

例 7-34 求直线 $x + 2 = \dfrac{y-1}{-4} = z + 1$ 与直线 $\dfrac{x-2}{5} = \dfrac{y+1}{-2} = \dfrac{z-1}{-1}$ 的夹角.

解 由于两条直线的方向向量分别为 $s_1 = (1,-4,1)$, $s_2 = (5,-2,-1)$, 故它们的夹角余弦 $\cos\varphi = \dfrac{|s_1 \cdot s_2|}{|s_1||s_2|} = \dfrac{12}{\sqrt{18} \cdot \sqrt{30}} = \dfrac{2}{\sqrt{15}}$, 从而夹角 $\varphi = \arccos\dfrac{2}{\sqrt{15}}$.

四、直线与平面的位置关系

定义 7-6 当直线与平面不垂直时, 直线和它在平面上的投影直线的夹角 φ 称为直线与平面的夹角 (见图 7-19). 当直线与平面垂直时, 规定直线与平面的夹角为 $\dfrac{\pi}{2}$.

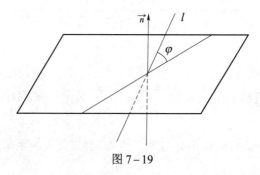

图 7-19

设直线的方向向量为 $s=(m,n,p)$, 平面的法向量为 $n=(A,B,C)$, 直线与平面的夹角为 φ,

那么 $\varphi = \left|\dfrac{\pi}{2} - \widehat{(s, n)}\right|$，因此 $\sin\varphi = |\cos\widehat{(s, n)}|$．按两向量夹角余弦的坐标表示式，有

$$\sin\varphi = \dfrac{|Am + Bn + Cp|}{\sqrt{A^2 + B^2 + C^2} \cdot \sqrt{m^2 + n^2 + p^2}}.$$

因为直线与平面垂直相当于直线的方向向量与平面的法向量平行，所以，直线与平面垂直相当于 $\dfrac{A}{m} = \dfrac{B}{n} = \dfrac{C}{p}$．

因为直线与平面平行或直线在平面上相当于直线的方向向量与平面的法向量垂直，所以直线与平面平行或直线在平面上相当于 $Am + Bn + Cp = 0$．

设直线 L 的方向向量为 (m,n,p)，平面 Π 的法线向量为 (A,B,C)，则

$$L \perp \Pi \Leftrightarrow \dfrac{A}{m} = \dfrac{B}{n} = \dfrac{C}{p};$$

$$L /\!/ \Pi \Leftrightarrow Am + Bn + Cp = 0.$$

例 7–35 求过点 $(1, -2, 4)$ 且与平面 $2x - 3y + z - 4 = 0$ 垂直的直线的方程．

解 平面的法向量 $(2, -3, 1)$ 可以作为所求直线的方向向量．由此可得所求直线的方程为

$$\dfrac{x-1}{2} = \dfrac{y+2}{-3} = \dfrac{z-4}{1}.$$

例 7–36 设有直线 $\dfrac{x+3}{-2} = \dfrac{y+4}{-7} = \dfrac{z}{2}$ 及平面 $4x - 2y - 3z = -4$，则直线与平面的位置关系为（　　）．

A. 平行　　　B. 直线在平面内　　　C. 垂直相交　　　D. 相交但不垂直

答案：B

例 7–37 直线 $L: \dfrac{x+2}{3} = \dfrac{y-2}{1} = \dfrac{z+1}{2}$ 和平面 $\Pi: 2x + 3y + 3z - 8 = 0$，则直线与平面的位置关系为（　　）．

A. 平行　　　B. 直线在平面内　　　C. 垂直相交　　　D. 相交但不垂直

答案：D

例 7–38 求与两平面 $x - 4z = 3$ 和 $2x - y - 5z = 1$ 的交线平行且过点 $(-3, 2, 5)$ 的直线的方程．

解 两平面交线的方向向量就是所求直线的方向向量 s，因为

$$s = (i - 4k) \times (2i - j - 5k) = \begin{vmatrix} i & j & k \\ 1 & 0 & -4 \\ 2 & -1 & -5 \end{vmatrix} = -(4i + 3j + k),$$

所以所求直线的方程为 $\dfrac{x+3}{4} = \dfrac{y-2}{3} = \dfrac{z-5}{1}$．

例 7–39 求直线 $\dfrac{x-2}{1} = \dfrac{y-3}{1} = \dfrac{z-4}{2}$ 与平面 $2x + y + z - 6 = 0$ 的交点．

解 所给直线的参数方程为 $x = 2+t, y = 3+t, z = 4+2t$，代入平面方程中，得 $2(2+t) + (3+t) + (4+2t) - 6 = 0$．解得 $t = -1$．将 $t = -1$ 代入直线的参数方程，得所求交点的坐标为 $x = 1, y = 2, z = 2$．

五、平面束

设直线 L 的一般方程为 $\begin{cases} A_1x + B_1y + C_1z + D_1 = 0 \\ A_2x + B_2y + C_2z + D_2 = 0 \end{cases}$，其中系数 A_1、B_1、C_1 与 A_2、B_2、C_2 不成比例. 考虑三元一次方程：
$$A_1x+B_1y+C_1z+D_1+\lambda(A_2x+B_2y+C_2z+D_2)=0,$$
即 $(A_1+\lambda A_2)x+(B_1+\lambda B_2)y+(C_1+\lambda C_2)z+D_1+\lambda D_2=0$，其中 λ 为任意常数. 因为系数 A_1、B_1、C_1 与 A_2、B_2、C_2 不成比例，所以对于任何一个 λ 值，上述方程的系数不全为零，从而它表示一个平面. 对于不同的 λ 值，所对应的平面也不同，而且这些平面都通过直线 L，也就是说，这个方程表示通过直线 L 的一族平面. 另外，任何通过直线 L 的平面也一定包含在上述通过 L 的平面族中. 通过定直线的所有平面的全体称为平面束.

例 7-40 求直线 $\begin{cases} x+y-z-1=0 \\ x-y+z+1=0 \end{cases}$ 在平面 $x+y+z=0$ 上的投影直线的方程.

解 设过直线 $\begin{cases} x+y-z-1=0 \\ x-y+z+1=0 \end{cases}$ 的平面束的方程为
$$(x+y-z-1)+\lambda(x-y+z+1)=0,$$
即 $(1+\lambda)x+(1-\lambda)y+(-1+\lambda)z+(-1+\lambda)=0$，其中 λ 为待定的常数. 该平面与平面 $x+y+z=0$ 垂直的条件是 $(1+\lambda)\cdot 1+(1-\lambda)\cdot 1+(-1+\lambda)\cdot 1=0$，即 $\lambda=-1$. 将 $\lambda=-1$ 代入平面束方程，得投影平面的方程为 $2y-2z-2=0$，即 $y-z-1=0$. 所以投影直线的方程为 $\begin{cases} y-z-1=0 \\ x+y+z=0 \end{cases}$.

例 7-41 求过点 $(2,1,2)$ 且与直线 $\dfrac{x-2}{1}=\dfrac{y-3}{1}=\dfrac{z-4}{2}$ 垂直相交的直线的方程.

解 过已知点与已知直线相垂直的平面的方程为
$$(x-2)+(y-1)+2(z-2)=0, \text{ 即 } x+y+2z=7.$$
此平面与已知直线的交点为 $(1,2,2)$，所求直线的方向向量为 $\boldsymbol{s}=(1,2,2)-(2,1,2)=(-1,1,0)$，所求直线的方程为 $\dfrac{x-2}{-1}=\dfrac{y-1}{1}=\dfrac{z-2}{0}$，即 $\begin{cases} \dfrac{x-2}{-1}=\dfrac{y-1}{1} \\ z-2=0 \end{cases}$.

例 7-42 求与两直线 $\dfrac{x-1}{2}=y+2=z$ 及 $\begin{cases} x=1+t \\ y=-1-t \\ z=0 \end{cases}$ 平行，且过点 $(1,0,-1)$ 的平面方程.

解 两条直线的方向向量分别为 $\boldsymbol{s}_1=(2,1,1)$，$\boldsymbol{s}_2=(1,-1,0)$，又所求平面与两条直线都平行，故取平面的法向量
$$\boldsymbol{n}=\boldsymbol{s}_1\times\boldsymbol{s}_2=\begin{vmatrix} \boldsymbol{i} & \boldsymbol{j} & \boldsymbol{k} \\ 2 & 1 & 1 \\ 1 & -1 & 0 \end{vmatrix}=(1,1,-3),$$
从而所求平面方程为：$(x-1)+(y-0)-3(z+1)=0$，即 $x+y-3z-4=0$.

例 7-43 求过点 $P(3,1,-2)$ 且通过直线 $\dfrac{x-4}{5}=\dfrac{y+3}{2}=\dfrac{z}{1}$ 的平面方程.

解 由于已知点 $P(3,1,-2)$ 及直线上点 $Q(4,-3,0)$ 均在平面上,又直线的方向向量 $s=(5,2,1)$,故取平面的法向量为

$$n = s \times \overrightarrow{PQ} = \begin{vmatrix} i & j & k \\ 5 & 2 & 1 \\ 1 & -4 & 2 \end{vmatrix} = (8,-9,-22).$$

因而,所求平面方程为 $8(x-3)-9(y-1)-22(z+2)=0$,即 $8x-9y-22z-59=0$.

例 7-44 已知平面 $nx-y-z+5=0$,问当 n 为何值时,平面与直线 $x-4=\dfrac{y+3}{-2}=\dfrac{z}{4}$ 平行?

解 平面法向量 $n=(n,-1,-1)$,直线方向向量 $s=(1,-2,4)$,由于直线与平面垂直,则 $n \cdot s = 0$,即 $(n,-1,-1) \cdot (1,-2,4) = n-2 = 0 \Rightarrow n = 2$.

习 题 7-4

1. 设有直线 $L:\begin{cases} x+3y+2z+1=0 \\ 2x-y-10z+3=0 \end{cases}$ 及平面 $\Pi:4x-2y+z-2=0$,则（   ）.

A. $L /\!/ \Pi$ B. $L \subset \Pi$ C. $L \perp \Pi$ D. L 与 Π 斜交

2. 已知两直线 $L_1:\begin{cases} x+y-z-1=0 \\ 2x+z-3=0 \end{cases}$ 和 $L_2:x=y=z-1$,求过 L_1 且平行于 L_2 的平面方程.

3. 求下列直线方程.

（1）过点 $(4,-1,3)$ 且平行于向量 $s=(2,1,5)$ 的直线方程.

（2）过点 $(-1,0,2)$ 且垂直于平面 $2x-y+3z-6=0$ 的直线方程.

（3）过点 $(2,-3,5)$ 和 $(2,-1,4)$ 的直线方程.

4. 用对称式方程及参数方程表示直线

$$\begin{cases} x-y+2z+1=0 \\ 2x+z+2=0 \end{cases}.$$

5. 求直线 $x+2=\dfrac{y-1}{-4}=z+1$ 与直线 $\dfrac{x-2}{5}=\dfrac{y+1}{-2}=\dfrac{z-1}{-1}$ 的夹角.

6. 求点 $(-1,2,0)$ 在平面 $x+2y-z+1=0$ 上的投影.

7. 求坐标原点关于平面 $6x+2y-9z+121=0$ 的对称点.

8. 求过点 $(3,1,-2)$ 且通过直线 $\dfrac{x-4}{5}=\dfrac{y+3}{2}=\dfrac{z}{1}$ 的平面方程.

9. 求直线 $\dfrac{x+1}{2}=\dfrac{y-2}{-1}=\dfrac{z+1}{3}$ 与平面 $x+2y-z+2=0$ 的交点坐标.

10. 求直线 $L:\begin{cases} 2x-4y+z=0 \\ 3x-y-2z-9=0 \end{cases}$ 在平面 $\Pi:4x-y+z=1$ 上的投影直线的方程.

11. 求点 $P(3,-1,2)$ 到直线 $\begin{cases} x+y-z+1=0 \\ 2x-y+z-4=0 \end{cases}$ 的距离.

12. 求过点 $(2,1,3)$ 且与直线 $\dfrac{x+1}{3}=\dfrac{y-1}{2}=\dfrac{z}{-1}$ 垂直相交的直线方程.

第五节 曲面及其方程

一、曲面方程的概念

在空间解析几何中，任何曲面都可以看作点的几何轨迹. 在这样的意义下，如果曲面 S 与三元方程 $F(x,y,z)=0$ 有下述关系：

（1）曲面 S 上任一点的坐标都满足方程 $F(x,y,z)=0$；

（2）不在曲面 S 上的点的坐标都不满足方程 $F(x,y,z)=0$.

那么，方程 $F(x,y,z)=0$ 就叫作曲面 S 的方程，而曲面 S 就叫作方程 $F(x,y,z)=0$ 的图形（见图 7-20）.

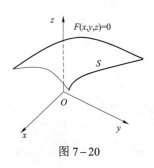

图 7-20

例 7-45 设有点 $A(1,2,3)$ 和 $B(2,-1,4)$，求线段 AB 的垂直平分面的方程.

解 由题意可知，所求的平面就是与 A 和 B 等距离的点的几何轨迹. 设 $M(x,y,z)$ 为所求平面上的任一点，则有 $|AM|=|BM|$，即

$$\sqrt{(x-1)^2+(y-2)^2+(z-3)^2}=\sqrt{(x-2)^2+(y+1)^2+(z-4)^2}.$$

等式两边平方，然后化简得 $2x-6y+2z-7=0$. 这就是所求平面上的点的坐标所满足的方程，而不在此平面上的点的坐标都不满足这个方程，所以这个方程就是所求平面的方程.

研究曲面的两个基本问题：

（1）当已知一曲面作为点的几何轨迹时，建立该曲面的方程；

（2）当已知坐标 x、y 和 z 间的一个方程时，研究该方程所表示的曲面的形状.

二、几种特殊的曲面

1. 球面

例 7-46 建立球心在点 $M_0(x_0,y_0,z_0)$、半径为 R 的球面的方程.

解 设 $M(x,y,z)$ 是球面上的任一点，那么 $|M_0M|=R$. 即

$$\sqrt{(x-x_0)^2+(y-y_0)^2+(z-z_0)^2}=R,$$

或 $(x-x_0)^2+(y-y_0)^2+(z-z_0)^2=R^2.$

这就是球面上的点的坐标所满足的方程. 而不在球面上的点坐标都不满足这个方程. 所以

$$(x-x_0)^2+(y-y_0)^2+(z-z_0)^2=R^2$$

就是球心在点 $M_0(x_0,y_0,z_0)$、半径为 R 的球面的方程（见图 7-21）.

特殊地，球心在原点 $O(0,0,0)$、半径为 R 的球面方程为

$$x^2+y^2+z^2=R^2.$$

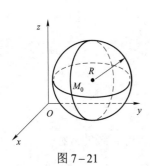

图 7-21

例 7-47 方程 $x^2+y^2+z^2-2x+4y=0$ 表示怎样的曲面?

解 通过配方,原方程可以改写成 $(x-1)^2+(y+2)^2+z^2=5$. 这是一个球面方程,球心在点 $M_0(1,-2,0)$,半径为 $R=\sqrt{5}$.

一般地,设有三元二次方程

$$Ax^2+Ay^2+Az^2+Dx+Ey+Fz+G=0,$$

这个方程的特点是缺 xy, yz, zx 项,而且平方项系数相同,只要将方程经过配方就可以化成方程 $(x-x_0)^2+(y-y_0)^2+(z-z_0)^2=R^2$ 的形式,它的图形就是一个球面.

2. 旋转曲面

定义 7-7 由一条曲线 C 绕一固定直线 l 旋转一周所生成的曲面叫作**旋转曲面**. 旋转曲线 C 叫作**旋转曲面的母线**,固定直线 l 叫作**旋转曲面的旋转轴**.

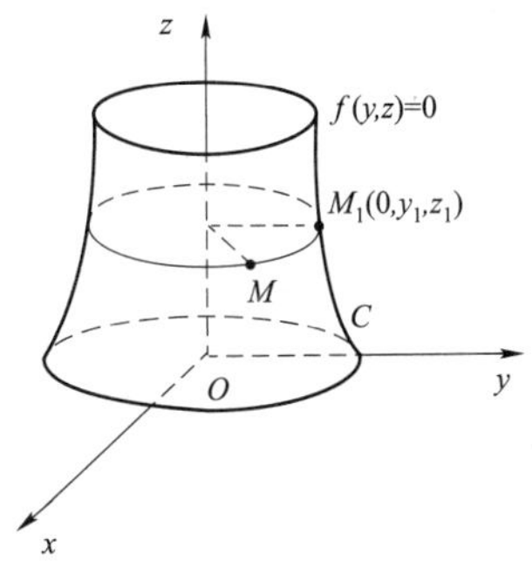

例如,球面、圆柱面及圆锥面等都是旋转曲面.

设在 yOz 坐标面上有一条已知曲线 $C: f(y,z)=0$,将这条曲线绕 z 轴旋转一周,就得到一个以 z 轴为旋转轴的旋转曲面(见图 7-22). 建立方程如下:

设 $M(x,y,z)$ 是所求旋转曲面 S 上的任一点,那么点 M 必定是由曲线 C 上的某一点 $M_1(0,y_1,z_1)$ 绕 z 轴旋转得到的,这时 $z=z_1$ 保持不变,而点 M 到 z 轴的距离

$$d=\sqrt{x^2+y^2}=|y_1|.$$

图 7-22

于是点 M_1 与 M 的坐标之间有下列关系

$$y_1=\pm\sqrt{x^2+y^2},\ z_1=z.$$

又因为 M_1 在曲线 C 上,所以 $f(y_1,z_1)=0$. 由此得

$$f(\pm\sqrt{x^2+y^2},z)=0.$$

这就是所求旋转曲面的方程.

可以看出,只要将曲线方程 $f(y,z)=0$ 中变量 y 改成 $\pm\sqrt{x^2+y^2}$,便得到曲线 C 绕 z 轴旋转所成的旋转曲面方程. 同理,曲线 C 绕 y 轴旋转所成的旋转曲面方程为 $f(y,\pm\sqrt{x^2+z^2})=0$.

例 7-48 直线 L 绕另一条与 L 相交的直线旋转一周,所得的旋转曲面叫作圆锥面. 两直线的交点叫作圆锥面的顶点,图 7-23 中直线 L 与 z 轴的夹角 α($0<\alpha<\dfrac{\pi}{2}$)叫作圆锥面的半顶角. 试建立顶点在坐标原点 O、旋转轴为 z 轴、半顶角为 α 的圆锥面的方程(见图 7-23).

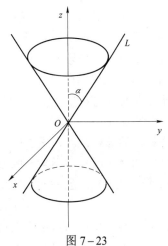

图 7-23

解 在 yOz 坐标面内,直线 L 的方程为

$$z=y\cot\alpha,$$

将方程 $z=y\cot\alpha$ 中的 y 改成 $\pm\sqrt{x^2+y^2}$，就得到所要求的**圆锥面的方程** $z=\pm\sqrt{x^2+y^2}\cot\alpha$，或 $z^2=a^2(x^2+y^2)$，其中 $a=\cot\alpha$.

例 7-49 将 yOz 坐标面上的双曲线 $\dfrac{y^2}{a^2}-\dfrac{z^2}{c^2}=1$ 分别绕 z 轴和 y 轴旋转一周，求所生成的旋转曲面的方程（见图 7-24）.

解 绕 z 轴旋转所生成的旋转曲面的方程为

$$\frac{x^2+y^2}{a^2}-\frac{z^2}{c^2}=1;$$

绕 y 轴旋转所生成的旋转曲面的方程为

$$\frac{y^2}{a^2}-\frac{x^2+z^2}{c^2}=1.$$

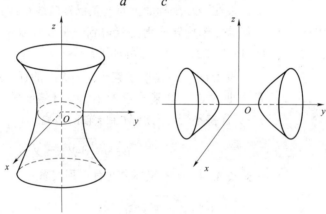

图 7-24

这两种曲面分别叫作**单叶旋转双曲面**和**双叶旋转双曲面**.

3. 柱面

方程 $x^2+y^2=R^2$ 在 xOy 面上表示圆心在原点 O、半径为 R 的圆. 在空间直角坐标系中，该方程不含竖坐标 z，即不论空间点的竖坐标 z 怎样，只要它的横坐标 x 和纵坐标 y 能满足该方程，那么这些点就在曲面上. 也就是说，过 xOy 面上的圆 $x^2+y^2=R^2$，且平行于 z 轴的直线一定在 $x^2+y^2=R^2$ 表示的曲面上. 所以这个曲面可以看成是由平行于 z 轴的直线 l 沿 xOy 面上的圆 $x^2+y^2=R^2$ 移动而形成的. 该曲面叫作圆柱面，xOy 面上的圆 $x^2+y^2=R^2$ 叫作它的准线，平行于 z 轴的直线 l 叫作它的母线.

定义 7-8 平行于定直线并沿定曲线 C 移动的直线 L 形成的轨迹叫作**柱面**，定曲线 C 叫作柱面的**准线**，动直线 L 叫作柱面的**母线**.

由上文可知，不含 z 的方程 $x^2+y^2=R^2$ 在空间直角坐标系中表示圆柱面，它的母线平行于 z 轴，它的准线是 xOy 面上的圆 $x^2+y^2=R^2$（见图 7-25）.

一般地，只含 x、y 而缺 z 的方程 $F(x,y)=0$，在空间直角坐标系中表示母线平行于 z 轴的柱面，其准线是 xOy 面上的曲线 $C: F(x,y)=0$（见图 7-26）.

例如，方程 $y^2=2x$ 表示母线平行于 z 轴的柱面，它的准线是 xOy 面上的抛物线 $x^2=2y$，该柱面叫作抛物柱面（见图 7-27）.

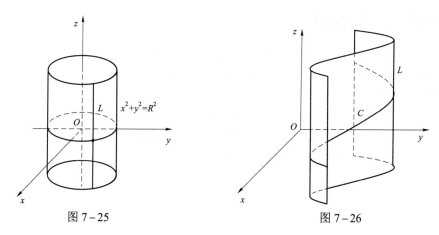

图 7-25　　　　　　　　　　图 7-26

又如，方程 $x-y=0$ 表示母线平行于 z 轴的柱面，其准线是 xOy 面上的直线 $x-y=0$，所以它是过 z 轴的平面（见图 7-28）. 类似地，只含 x、z 而缺 y 的方程 $G(x,z)=0$ 和只含 y、z 而缺 x 的方程 $H(y,z)=0$ 分别表示母线平行于 y 轴和 x 轴的柱面.

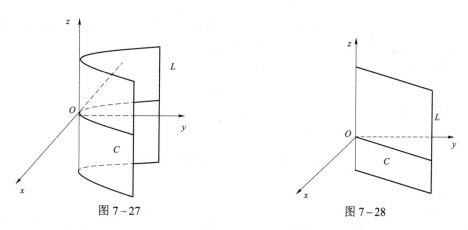

图 7-27　　　　　　　　　　图 7-28

例如，方程 $\dfrac{x^2}{4}+\dfrac{z^2}{9}=1$ 表示母线平行于 y 轴的**椭圆柱面**，其准线是 zOx 面上的椭圆 $\dfrac{x^2}{4}+\dfrac{z^2}{9}=1$（见图 7-29）.

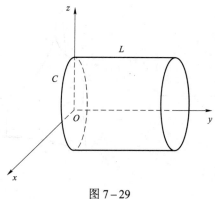

图 7-29

三、常见的二次曲面

由三元二次方程所表示的曲面叫作**二次曲面**. 如前边讲过的球面、圆柱面、圆锥面、抛物柱面等都是二次曲面. 相应的三元一次方程表示的平面叫作**一次曲面**.

在平面解析几何中,描绘曲线图形通常采用描点法. 而在空间中,为描绘 $F(x,y,z)=0$ 所表示的曲面,采用一系列平行于坐标面的平面去截曲线,得到一系列截痕曲线,通过这些曲线的形状来确定曲面的形状. 这种研究曲面的方法称为**截痕法**.

利用**截痕法**可以画出几种常用的二次曲面.

1. 椭球面

$$\frac{x^2}{a^2}+\frac{y^2}{b^2}+\frac{z^2}{c^2}=1 \ (a>0,b>0,c>0).$$

它的形状如图 7-30 所示.

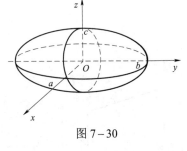

图 7-30

特别地,若 $a=b$,方程变为

$$\frac{x^2+y^2}{a^2}+\frac{z^2}{c^2}=1 \ (\text{旋转椭球面}).$$

如果 $a=b=c$,那么方程变为 $x^2+y^2+z^2=a^2$,表示球心为 O、半径为 a 的**球面**.

2. 抛物面

1)椭圆抛物面

$$\frac{x^2}{2p}+\frac{y^2}{2q}=z \ (p \text{ 与 } q \text{ 同号}),$$ 它的形状如图 7-31 所示.

如果 $p=q$,那么方程变为 $\dfrac{x^2}{2p}+\dfrac{y^2}{2p}=z$ ($p>0$)(**旋转抛物面**).

2)双曲抛物面(鞍形曲面)

$-\dfrac{x^2}{2p}+\dfrac{y^2}{2q}=z$($p$ 与 q 同号),采用截痕法分析得:当 $p>0$,$q>0$ 时,它的形状如图 7-32 所示.

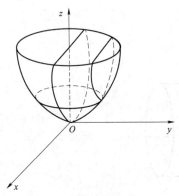

图 7-31

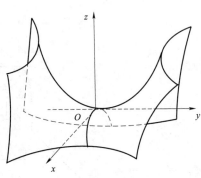

图 7-32

3. 双曲面

1) 单叶双曲面

$\dfrac{x^2}{a^2} + \dfrac{y^2}{b^2} - \dfrac{z^2}{c^2} = 1$，它的形状如图 7-33 所示.

如果 $a = b$，那么方程变为 $\dfrac{x^2 + y^2}{a^2} - \dfrac{z^2}{c^2} = 1$（**旋转双曲面**）.

2) 双叶双曲面

$-\dfrac{x^2}{a^2} + \dfrac{y^2}{b^2} - \dfrac{z^2}{c^2} = 1$，它的形状如图 7-34 所示.

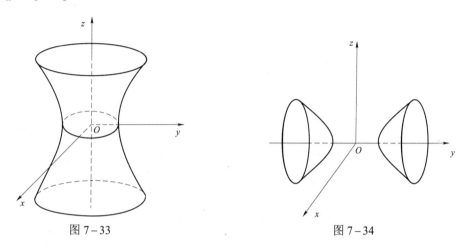

图 7-33   图 7-34

例 7-50 方程 $z^2 = 3(x^2 + y^2)$ 在空间中表示何种曲面？

解 曲面方程 $z^2 = 3(x^2 + y^2)$ 可认为是在 yOz 坐标面上的已知直线 $C: z = \sqrt{3} y$ 绕 z 轴旋转一周，而得到的一个以 z 轴为旋转轴的旋转曲面，通常称为圆锥面，半顶角为 $\alpha = \dfrac{\pi}{6}$.

例 7-51 将 zOx 坐标面上的双曲线 $z = 5x^2$ 绕 z 轴旋转一周，求生成的曲面方程.

解 绕 z 轴旋转所成的旋转曲面（旋转抛物面）方程为 $z = 5(x^2 + y^2)$.

例 7-52 画出下列方程所表示的曲面：

(1) $\left(x - \dfrac{a}{2}\right)^2 + y^2 = \left(\dfrac{a}{2}\right)^2$；(2) $\dfrac{z}{3} = \dfrac{x^2}{4} + \dfrac{y^2}{9}$；(3) $y^2 - z = 0$.

解 见图 7-35.

例 7-53 说明下列旋转曲面是怎样形成的？

(1) $\dfrac{x^2}{4} + \dfrac{y^2}{9} + \dfrac{z^2}{9} = 1$；(2) $x^2 - \dfrac{y^2}{4} + z^2 = 1$；(3) $(z-a)^2 = x^2 + y^2$.

解 (1) 该方程表示的曲面是由 xOy 面上椭圆 $\dfrac{x^2}{4} + \dfrac{y^2}{9} = 1$ 绕 x 轴旋转一周，或 zOx 面上椭圆 $\dfrac{x^2}{4} + \dfrac{z^2}{9} = 1$ 绕 x 轴旋转一周所形成的旋转曲面.

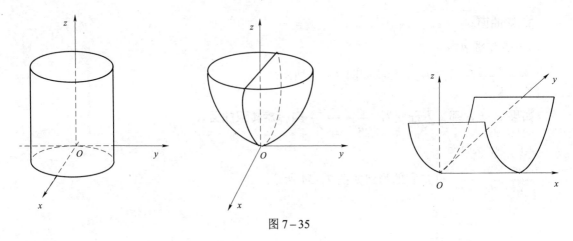

图 7-35

（2）该方程表示的曲面是由 xOy 面上双曲线 $x^2 - \dfrac{y^2}{4} = 1$ 绕 y 轴旋转一周，或 yOz 面上双曲线 $-\dfrac{y^2}{4} + z^2 = 1$ 绕 y 轴旋转一周所形成的旋转曲面.

（3）该方程表示的曲面是由 yOz 面上关于 z 轴对称的一对直线 $(z-a)^2 = y^2$，即 $z = y + a$ 和 $z = -y + a$ 中的一条绕 z 轴旋转，或 zOx 面上关于 z 轴对称的一对直线 $(z-a)^2 = x^2$，即 $z = x + a$ 和 $z = -x + a$ 中的一条绕 z 轴旋转一周所形成的旋转曲面.

习　题　7-5

1. 求与点 $A(2,3,1)$ 和点 $B(4,5,6)$ 等距离的点的轨迹方程.

2. 求到 z 轴距离为定常数 $a(a > 0)$ 的点的轨迹方程.

3. 建立以点 $(1,3,-2)$ 为球心，且通过坐标原点的球面方程.

4. 方程 $x^2 + y^2 + z^2 - 4x - 2y + 2z - 19 = 0$ 表示什么曲面？

5. 将 zOx 坐标面上的抛物线 $z^2 = 5x$ 绕 x 轴旋转一周，求所生成的旋转曲面方程.

6. 将 xOy 坐标面上的双曲线 $4x^2 - 9y^2 = 36$ 分别绕 x 轴及 y 轴旋转一周，求所生成的旋转曲面方程.

第六节　空间曲线

一、空间曲线的一般方程

定义 7-9　空间曲线可以看作两个曲面的交线. 设

$$F(x,y,z)=0 \text{ 和 } G(x,y,z)=0$$

是两个曲面方程，它们的交线为 C. 因为曲线 C 上任何点的坐标应同时满足这两个方程，所以应满足方程组

$$\begin{cases} F(x,y,z)=0 \\ G(x,y,z)=0 \end{cases}.$$

反过来，若点 M 不在曲线 C 上，那么它不可能同时在两个曲面上，所以它的坐标不满足方程组. 因此，曲线 C 可以用上述方程组来表示. 上述方程组叫作空间曲线 C 的一般方程（见图 7-36）.

图 7-36

例 7-54 方程组 $\begin{cases} x^2+y^2=1 \\ 2x+3z=6 \end{cases}$ 表示怎样的曲线？

解 方程组中第一个方程表示母线平行于 z 轴的圆柱面（见图 7-37），其准线是 xOy 面上的圆，圆心在原点 O，半径为 1. 第二个方程表示母线平行于 y 轴的平面. 方程组就表示上述平面与圆柱面的交线.

例 7-55 方程组 $\begin{cases} z=\sqrt{a^2-x^2-y^2} \\ \left(x-\dfrac{a}{2}\right)^2+y^2=\left(\dfrac{a}{2}\right)^2 \end{cases}$ 表示怎样的曲线？

解 方程组中第一个方程表示球心在坐标原点 O、半径为 a 的上半球面（见图 7-38）. 第二个方程表示母线平行于 z 轴的圆柱面，它的准线是 xOy 面上的圆，该圆的圆心在点 $\left(\dfrac{a}{2},0\right)$，半径为 $\dfrac{a}{2}$. 方程组就表示上述半球面与圆柱面的交线.

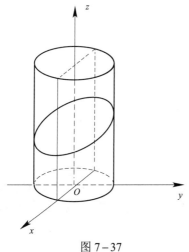

图 7-37

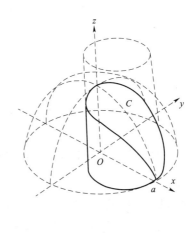

图 7-38

二、空间曲线的参数方程

定义 7-10 空间曲线 C 的方程除了一般方程之外，也可以用参数形式表示，只要将 C 上动点的坐标 x、y、z 表示为参数 t 的函数：

$$\begin{cases} x=x(t) \\ y=y(t) \\ z=z(t) \end{cases}.$$

当给定 $t=t_1$ 时，就得到 C 上的一个点 (x_1,y_1,z_1)，随着 t 的变动，便得曲线 C 上的全部点. 方程组叫作**空间曲线的参数方程**.

例 7-56 如果空间一点 M 在圆柱面 $x^2+y^2=a^2$ 上以角速度 ω 绕 z 轴旋转,同时又以线速度 v 沿平行于 z 轴的正方向上升(其中 ω,v 都是常数),那么点 M 构成的图形叫作螺旋线(见图 7-39). 试建立其参数方程.

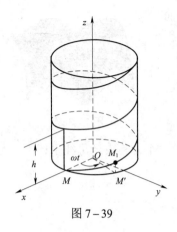

图 7-39

解 取时间 t 为参数. 设当 $t=0$ 时,动点位于 x 轴上的一点 $M(a,0,0)$ 处. 经过时间 t,动点由 M 运动到 $M_1(x,y,z)$. 记 M_1 在 xOy 面上的投影为 M',M' 的坐标为 $(x,y,0)$. 由于动点在圆柱面上以角速度 ω 绕 z 轴旋转,所以经过时间 t,$\angle MOM'=\omega t$. 从而

$$x=|OM'|\cos\angle MOM'=a\cos\omega t,$$
$$y=|OM'|\sin\angle MOM'=a\sin\omega t,$$

由于动点同时以线速度 v 沿平行于 z 轴的正方向上升,所以

$$z=|M_1M'|=vt.$$

因此螺旋线的参数方程为

$$\begin{cases} x=a\cos\omega t \\ y=a\sin\omega t \\ z=vt \end{cases}.$$

也可以用其他变量作参数,例如,令 $\theta=\omega t$,则螺旋线的参数方程可写为

$$\begin{cases} x=a\cos\theta \\ y=a\sin\theta \\ z=b\theta \end{cases},$$

其中 $b=\dfrac{v}{\omega}$,而参数为 θ,当 $t=2\pi$ 时,$h=2\pi b$ 叫螺距.

三、空间曲线在坐标面上的投影

定义 7-11 以曲线 C 为准线、母线平行于 z 轴的柱面叫作曲线 C 关于 xOy 面的**投影柱面**,投影柱面与 xOy 面的交线叫作曲线 C 在 xOy 面上的投影曲线,或简称**投影**(类似地可以定义曲线 C 在其他坐标面上的投影).

设空间曲线 C 的一般方程为 $\begin{cases} F(x,y,z)=0 \\ G(x,y,z)=0 \end{cases}$. 设方程组消去变量 z 后所得的方程为 $H(x,y)=0$,这就是曲线 C 关于 xOy 面的投影柱面. 这是因为:一方面方程 $H(x,y)=0$ 表示一个母线平行于 z 轴的柱面,另一方面方程 $H(x,y)=0$ 是由方程组消去变量 z 后所得的方程,因此,当 x、y、z 满足方程组时,前两个数 x、y 必定满足方程 $H(x,y)=0$,这就说明曲线 C 上的所有点都在方程 $H(x,y)=0$ 所表示的曲面上,即曲线 C 在方程 $H(x,y)=0$ 表示的柱面上. 所以方程 $H(x,y)=0$ 表示的柱面就是曲线 C 关于 xOy 面的投影柱面.

曲线 C 在 xOy 面上的投影曲线的方程为

$$\begin{cases} H(x,y)=0 \\ z=0 \end{cases}.$$

同理可讨论曲线 C 关于 yOz 面和 zOx 面的投影柱面的方程及曲线 C 在 yOz 面和 zOx 面上的投影曲线方程.

例 7-57 已知两球面的方程为 $x^2+y^2+z^2=1$ 和 $x^2+(y-1)^2+(z-1)^2=1$，求它们的交线 C 在 xOy 面上的投影方程.

解 先将方程 $x^2+(y-1)^2+(z-1)^2=1$ 化为 $x^2+y^2+z^2-2y-2z+1=0$，然后与方程 $x^2+y^2+z^2=1$ 相减得 $y+z=1$. 将 $z=1-y$ 代入 $x^2+y^2+z^2=1$ 得 $x^2+2y^2-2y=0$.

这就是交线 C 关于 xOy 面的投影柱面方程. 两球面的交线 C 在 xOy 面上的投影方程为

$$\begin{cases} x^2+2y^2-2y=0 \\ z=0 \end{cases}.$$

例 7-58 求由上半球面 $z=\sqrt{4-x^2-y^2}$ 和锥面 $z=\sqrt{3(x^2+y^2)}$ 所围成立体在 xOy 面上的投影.

解 由方程 $z=\sqrt{4-x^2-y^2}$ 和 $z=\sqrt{3(x^2+y^2)}$ 消去 z 得到 $x^2+y^2=1$. 这是一个母线平行于 z 轴的圆柱面，容易看出，这恰好是半球面与锥面的交线 C 关于 xOy 面的投影柱面，因此，交线 C 在 xOy 面上的投影曲线为

$$\begin{cases} x^2+y^2=1 \\ z=0 \end{cases}.$$

这是 xOy 面上的一个圆，于是所求立体在 xOy 面上的投影，就是该圆在 xOy 面上所围的部分：$x^2+y^2\leqslant 1$（见图 7-40）.

例 7-59 曲线 $\begin{cases} x^2+y^2+z^2=1 \\ x+y+z=0 \end{cases}$ 在 yOz 面上的投影曲线为（　）.

A. $\begin{cases} 2x^2+2y^2+2xy=1 \\ x=0 \end{cases}$ B. $\begin{cases} 2x^2+2z^2+2xz=1 \\ y=0 \end{cases}$

C. $\begin{cases} 2z^2+2y^2+2zy=1 \\ x=0 \end{cases}$ D. $\begin{cases} 2z^2+2y^2+2zy=1 \\ z=0 \end{cases}$

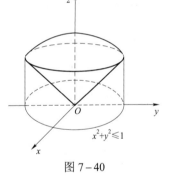

图 7-40

解 应选 C.

例 7-60 求曲面 $z=4x^2+y^2$ 及 $z=6-2x^2-5y^2$ 的交线 C 在 xOy 面的投影方程.

解 联立两个方程得交线 C：$\begin{cases} z=4x^2+y^2 \\ z=6-2x^2-5y^2 \end{cases}$，消去 z，得 $x^2+y^2=1$. 所以，交线 C 在 xOy 面的投影方程为 $\begin{cases} x^2+y^2=1 \\ z=0 \end{cases}$.

例 7-61 已知抛物面 $z=6-x^2-y^2$ 与锥面 $z=\sqrt{x^2+y^2}$，求它们的交线 C 在 xOy 面的投影方程.

解 联立两个方程得交线 $C: \begin{cases} z = 6 - x^2 - y^2 \\ z = \sqrt{x^2 + y^2} \end{cases}$,消去 z,得 $6 - x^2 - y^2 = \sqrt{x^2 + y^2}$.

设 $t = \sqrt{x^2 + y^2}$,则 $6 - t^2 = t$. 解得 $t = 2$,$t = -3$(舍去). 从而投影柱面为 $x^2 + y^2 = 4$,所求投影方程为 $\begin{cases} x^2 + y^2 = 4 \\ z = 0 \end{cases}$

习 题 7-6

1. 指出下列方程组所表示的曲线.

(1) $\begin{cases} y = 5x + 1 \\ y = 2x - 3 \end{cases}$;

(2) $\begin{cases} \dfrac{x^2}{4} + \dfrac{y^2}{9} = 1 \\ y = 3 \end{cases}$;

(3) $\begin{cases} x^2 + 4y^2 + 9z^2 = 36 \\ y = 1 \end{cases}$;

(4) $\begin{cases} y^2 + z^2 - 4x + 8 = 0 \\ y = 4 \end{cases}$;

(5) $\begin{cases} \dfrac{y^2}{9} - \dfrac{z^2}{4} = 1 \\ x - 2 = 0 \end{cases}$.

2. 求出母线平行于 x 轴,并且通过曲线 $\begin{cases} 2x^2 + y^2 + z^2 = 16 \\ x^2 + z^2 - y^2 = 0 \end{cases}$ 的柱面方程.

3. 求两个球面 $x^2 + y^2 + z^2 = 1$ 及 $x^2 + y^2 + z^2 = 2z$ 的交线在 xOy 面上的投影方程.

4. 求上半球 $0 \leqslant z \leqslant \sqrt{a^2 - x^2 - y^2}$ 与圆柱体 $x^2 + y^2 \leqslant ax(a > 0)$ 的公共部分在 xOy 面和 zOx 面上的投影.

本 章 习 题

一、选择题

1. 点 $M(2, -3, 1)$ 关于坐标原点的对称点是（　　）.

A. $(-2, -3, 1)$ B. $(-2, -3, -1)$ C. $(2, 3, -1)$ D. $(-2, 3, -1)$

2. 设 $\boldsymbol{a}$,$\boldsymbol{b}$ 均为非零向量,且 $\boldsymbol{a} \perp \boldsymbol{b}$,则必有（　　）.

A. $|\boldsymbol{a} + \boldsymbol{b}| = |\boldsymbol{a}| + |\boldsymbol{b}|$ B. $|\boldsymbol{a} - \boldsymbol{b}| = |\boldsymbol{a}| - |\boldsymbol{b}|$

C. $|\boldsymbol{a} + \boldsymbol{b}| = |\boldsymbol{a} - \boldsymbol{b}|$ D. $\boldsymbol{a} + \boldsymbol{b} = \boldsymbol{a} - \boldsymbol{b}$

3. $\boldsymbol{a}$,$\boldsymbol{b}$,$\boldsymbol{c}$ 为单位向量,且满足关系式 $\boldsymbol{a} + \boldsymbol{b} + \boldsymbol{c} = \boldsymbol{0}$,则 $\boldsymbol{a} \cdot \boldsymbol{b} + \boldsymbol{b} \cdot \boldsymbol{c} + \boldsymbol{c} \cdot \boldsymbol{a} =$（　　）.

A. $-\dfrac{3}{2}$ B. 1 C. -1 D. $\dfrac{3}{2}$

4. 直线 $L_1: \begin{cases} x + 2y - z = 7 \\ -2x + y + z = 7 \end{cases}$ 与 $L_2: \begin{cases} 3x + 6y - 3z = 8 \\ 2x - y - z = 0 \end{cases}$ 的关系是（　　）.

A. $L_1 \perp L_2$ B. L_1 与 L_2 相交但不一定垂直

C. $L_1 // L_2$ D. L_1 与 L_2 是异面直线

5. 曲线 $l: \begin{cases} \dfrac{x^2}{16} + \dfrac{y^2}{4} - \dfrac{z^2}{5} = 1 \\ x - 2z + 3 = 0 \end{cases}$ 在 xOy 面上的投影柱面的方程是（ ）.

A. $x^2 + 20y^2 - 24x - 116 = 0$ B. $4y^2 + 4z^2 - 12z - 7 = 0$

C. $\begin{cases} x^2 + 20y^2 - 24x - 116 = 0 \\ z = 0 \end{cases}$ D. $\begin{cases} 4y^2 + 4z^2 - 12z - 7 = 0 \\ z = 0 \end{cases}$

6. 方程 $\begin{cases} \dfrac{x^2}{4} + \dfrac{y^2}{9} = 1 \\ y = 2 \end{cases}$ 在空间解析几何中表示（ ）.

A. 椭圆柱面 B. 椭圆曲线 C. 两个平行面 D. 两条平行线

二、填空题

1. $(a+b) \times (a-b) = \underline{\hspace{3cm}}$.

2. 设 a、b、c 两两垂直，$|a|=1$，$|b|=\sqrt{2}$，$|c|=1$，则 $a+b-c$ 的模等于 $\underline{\hspace{2cm}}$.

3. 已知 $|a|=2$，$|b|=\sqrt{2}$，且 $a \cdot b = 2$，则 $|a \times b| = \underline{\hspace{2cm}}$.

4. 直线 $\dfrac{x}{1} = \dfrac{y+7}{2} = \dfrac{z-3}{-1}$ 上与点 $(3,2,6)$ 的距离最近的点为 $\underline{\hspace{2cm}}$.

5. 设动点到两定点 $P(c,0,0)$、$Q(-c,0,0)$ 的距离之和为 $2a(a>c>0)$，则动点的轨迹方程为 $\underline{\hspace{4cm}}$，表示的曲面是 $\underline{\hspace{3cm}}$.

三、计算题

1. 已知 $A(1,0,2)$、$B(4,5,10)$、$C(0,3,1)$、$D(2,-1,-6)$ 和 $m = 5i + j - 4k$，求：

（1）$a = 4\overrightarrow{AB} + 3\overrightarrow{CD} - m$ 在三坐标轴上的投影及分向量；

（2）a 的模；

（3）a 的方向余弦；

（4）与 a 平行的两个单位向量；

（5）求 A 与 C 两点之间的距离.

2. 设 $|a|=4$，$|b|=3$，$\widehat{(a,b)} = \dfrac{\pi}{6}$，求以 $a+2b$ 和 $a-3b$ 为边的平行四边形的面积.

3. 已知 $|a|=2$，$|b|=5$，$\widehat{(a,b)} = \dfrac{2}{3}\pi$，问 λ 为何值时才能使向量 $A = \lambda a + 17b$ 与 $B = 3a - b$ 垂直.

4. 在 xOy 坐标面上求一单位矢量，使它与 $a = -4i + 3j + 7k$ 垂直.

5. 将 xOy 坐标面上的双曲线 $4x^2 - 9y^2 = 36$ 分别绕 x 轴及 y 轴旋转一周，求所生成的旋转曲面的方程.

6. 求曲面 $x^2 + y^2 + z^2 = 9$ 与平面 $x + z = 1$ 的交线在 xOy 面上的投影方程.

7. 按下列条件分别求平面方程：

（1）平行于 zOx 平面且过点 $(2,-5,3)$；（2）通过 z 轴和点 $(-3,1,-2)$；（3）平行于 x 轴且经过两点 $(4,0,-2)$ 和 $(5,1,7)$；（4）平面过点 $(5,-7,4)$，且在 x、y、z 3 个轴上截距相等；（5）过点 $(1,0,-1)$ 且平行于向量 $\boldsymbol{a}=(2,1,1)$ 和 $\boldsymbol{b}=(1,-1,0)$；（6）求过点 $(1,2,1)$ 且垂直于两平面 $x+y=0$ 和 $5y+z=0$ 的平面方程.

8. 求点 $(1,2,1)$ 到平面 $x+2y+2z-10=0$ 的距离.

9. 求点 $M(0,1,0)$ 在平面 $\Pi:x+y+z+2=0$ 上的投影 M_0.

10. 直线 L 与直线 $L_1:\dfrac{x-1}{1}=\dfrac{y-5}{3}=\dfrac{z}{1}$ 垂直相交，且在平面 $\Pi:x-y+z+3=0$ 上，求直线 L 的方程.

第八章 多元函数微分学

前面几章主要涉及一元函数及其微积分,一元函数的因变量只依赖于一个自变量,但是在许多实际问题中往往需要研究因变量与多个自变量之间的关系.例如,某种商品的市场需求量与其市场价格有关,还与消费者的收入有关,也就是说,决定商品需求量的因素不止一个,研究这类函数变化率问题需要利用多元函数微分学.

第一节 多元函数的概念

一、邻域和区域

定义 8-1 设 $P_0(x_0, y_0)$ 为 xOy 面上的点,δ 为一正数,称点集 $\{(x,y) \mid (x-x_0)^2 + (y-y_0)^2 < \delta^2\}$ 为点 P_0 的 δ 邻域,记为 $U(P_0, \delta)$ 或 $U(P_0)$.

在几何上,$U(P_0, \delta)$ 就是 xOy 面上以点 $P_0(x_0, y_0)$ 为中心、δ 为半径的圆内部的全体点 $P(x, y)$(见图 8-1).

如果去掉邻域的中心 P_0,则称为点 P_0 的去心 δ 邻域,记作 $\mathring{U}(P_0, \delta)$ 或 $\mathring{U}(P_0)$,即 $\mathring{U}(P_0, \delta) = \{P \mid 0 < |P_0P| < \delta\}$.

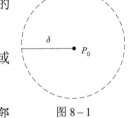

图 8-1

注 如果不需要强调邻域的半径 δ,则用 $U(P_0)$ 表示点 P_0 的某个邻域,点 P_0 的去心邻域用 $\mathring{U}(P_0)$ 表示.

例如,集合 $U(P_0) = \{(x,y) \mid x^2 + y^2 < 1\}$ 为以 $P_0(0,0)$ 为中心、1 为半径的邻域,而集合 $\mathring{U}(P_0) = \{(x,y) \mid 0 < x^2 + y^2 < 1\}$ 为以 $P_0(0,0)$ 为中心、1 为半径的去心邻域.

设 E 为 xOy 面上的一个点集,点 $P_1 \in E$,如果存在 $\delta > 0$,使 $U(P_1, \delta) \subset E$,则称 P_1 为 E 的内点.如果属于 E 的点都是 E 的内点,则称 E 为开集(见图 8-2).

设 E 为开集,对于 E 内任意两点,如果 E 内存在一条由有限条直线段组成的折线,可将这两点连接起来,则称 E 是连通的.连通的开集称为开区域或区域(见图 8-3).

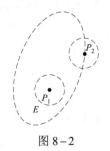

图 8-2

图 8-3

例如，$E = \{(x,y) | 1 < x^2 + y^2 < 4\}$ 为开区域且为连通的（见图 8-4）．

如果点 P_2 的任意一个邻域内既有属于 E 的点，也有不属于 E 的点，其中 P_2 本身可以属于 E，也可以不属于 E，则称 P_2 为 E 的**边界点**（参见图 8-2）．E 的边界点的全体称为 E 的**边界**．例如，在图 8-4 中，E 的边界是圆周 $x^2 + y^2 = 1$ 和 $x^2 + y^2 = 4$．

开区域与其边界构成的集合称为**闭区域**．

例如，$\{(x,y) | 1 \leq x^2 + y^2 \leq 4\}$ 为闭区域（见图 8-5）．

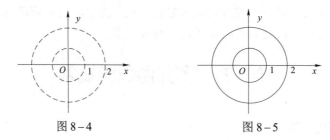

图 8-4　　　　　　　　　图 8-5

设集合 E 为非空平面点集，如果存在常数 $k > 0$，使得对所有的 $P(x,y) \in E$，都有 $|OP| = \sqrt{x^2 + y^2} \leq k$，则称 E 为**有界平面点集**．

一个集合如果不是有界集，就称为**无界集**．例如，$\{(x,y) | 1 \leq x^2 + y^2 \leq 4\}$ 为有界集，而 $\{(x,y) | x + y > 1\}$ 为无界集．

二、多元函数的概念

在很多自然现象及实际问题中，经常会遇到多个变量之间的依赖关系，如以下函数．

例 8-1　圆柱体的体积 V 和它的底半径 r、高 h 之间具有关系 $V = \pi r^2 h$．

这里，V 随着 r、h 的变化而变化，当 r、h 在一定范围（$r > 0, h > 0$）内取定一对数值时，V 值就随之确定．

例 8-2　一定质量的理想气体的压强 P、体积 V 和绝对温度 T 之间具有关系 $P = \dfrac{RT}{V}$（其中 R 为常数）．当 V、T 的值取定时，P 就按方程有唯一确定的值与之对应，P 是两个自变量 T、V 的函数．

从上述例子中的共性可得到二元函数的定义．

定义 8-2　设有 3 个变量 x、y 和 z，如果对于 x、y 所能取的每一对数值，z 按照一定规则总有确定的值与之对应，则称 z 是 x、y 的**二元函数**，记作 $z = f(x,y)$ 或 $z = z(x,y)$，并称 x、y 为自变量，z 为因变量．自变量 x、y 所能取的每对值的全体称为此函数的定义域，记为 D．$f(D) = \{f(x,y) | (x,y) \in D\}$ 称为此函数的值域．

常见的二元函数的定义域是平面上的一个区域．一般来说，由一条或几条曲线所围成的平面的一部分称为平面区域，简称为区域．围成区域的曲线称为区域的边界．不包括边界的区域称为开区域，包括边界的区域称为闭区域．

类似地，可定义三元函数、四元函数等．一般地，具有 n 个自变量 $x_1, x_2, x_3, \cdots, x_n$ 的函数称为 n **元函数**，记为 $y = f(x_1, x_2, x_3, \cdots, x_n)$．具有两个或两个以上的自变量的函数统称为**多元函数**．

例 8-3 求函数 $z = \ln(x+y)$ 的定义域.

解 因为只有当 $x+y>0$ 时，z 才有确定的实数值与之对应，所以平面上满足不等式 $x+y>0$ 的点的集合就是函数 $z=\ln(x+y)$ 的定义域，这是一个无界开区域.

例 8-4 函数 $z=\sqrt{R^2-x^2-y^2}$ 的定义域为适合 $x^2+y^2 \leqslant R^2$ 的点的集合，即圆周 $x^2+y^2=R^2$ 上及其内部点的全体，这是一个有界闭区域.

一元函数 $y=f(x)$ 通常表示 xOy 面上一条曲线. 二元函数 $z=f(x,y),(x,y)\in D$，其定义域 D 是 xOy 面上一个区域，对于 D 中任意一点 $M(x,y)$，必有唯一的数 z 与其对应，因此，三元有序数组 $(x,y,f(x,y))$ 就确定了空间中的一个点 $P(x,y,f(x,y))$，所有点的集合就是函数 $z=f(x,y)$ 的图形，通常是空间中的一个曲面（见图 8-6）.

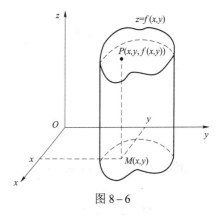

图 8-6

与一元函数类似，当用某个算式表达多元函数时，凡是使算式有意义的自变量形成的点集被称为该多元函数的自然定义域.

本书约定，凡用算式表达的多元函数，除另有说明外，其定义域均指它的自然定义域.

例 8-5 求二元函数 $f(x,y) = \dfrac{\arcsin(3-x^2-y^2)}{\sqrt{x-y^2}}$ 的定义域.

解 二元函数需要满足 $\begin{cases} |3-x^2-y^2| \leqslant 1, \\ x-y^2 > 0 \end{cases}$，从而有

$$\begin{cases} 2 \leqslant x^2+y^2 \leqslant 4, \\ x > y^2 \end{cases},$$

所以该函数的定义域为

$$D = \{(x,y) \mid 2 \leqslant x^2+y^2 \leqslant 4, x > y^2\}.$$

例 8-6 求二元函数 $z = \ln[(x^2+y^2-1)(4-x^2-y^2)]$ 的定义域.

解 由 $(x^2+y^2-1)(4-x^2-y^2) > 0$，得 $1 < x^2+y^2 < 4$，所以该函数的定义域为

$$D = \{(x,y) \mid 1 < x^2+y^2 < 4\}.$$

D 表示的是平面上以原点为圆心、半径为 2 的圆内去掉半径为 1 的圆及内部后所剩下的圆环区域.

三、二元函数的极限与连续性

定义 8-3 设 $z=f(x,y)$ 在点 $P_0(x_0,y_0)$ 的去心邻域内有定义，$P(x,y)$ 是 P_0 附近的任意一点，如果当点 $P(x,y)$ 以任何方式趋近于点 $P_0(x_0,y_0)$ 时，函数的相应值 $f(x,y)$ 无限趋近于一个确定的常数 A，则称 A 为函数 $z=f(x,y)$ 当 $x\to x_0, y\to y_0$ 时的**极限**，也称为**二重极限**，记作

$$\lim_{\substack{x\to x_0 \\ y\to y_0}} f(x,y) = A \text{ 或 } \lim_{(x,y)\to(x_0,y_0)} f(x,y) = A \text{ 或 } f(x,y) \to A(x\to x_0, y\to y_0).$$

注 ① 定义中的 $P(x,y)$ 趋于 $P_0(x_0,y_0)$ 的方式是任意的. 因为平面上由一点到另一点有无数条路径, 因此, 二元函数中 $P(x,y)$ 趋于 $P_0(x_0,y_0)$ 要比一元函数中 x 趋于 x_0 复杂得多.

② 二元函数的极限运算法则与一元函数类似. 在二重极限计算中, 变量替换、等价无穷小替换等方法仍然可以使用.

③ 二重极限也可记作 $\lim\limits_{P\to P_0} f(P) = A$.

例 8-7 求二重极限 $\lim\limits_{(x,y)\to(0,0)} \dfrac{1-\cos\sqrt{x^2+y^2}}{x^2+y^2}$.

解 基于等价无穷小替换法可得

$$\lim_{(x,y)\to(0,0)} \frac{1-\cos\sqrt{x^2+y^2}}{x^2+y^2} = \lim_{(x,y)\to(0,0)} \frac{\frac{1}{2}(x^2+y^2)}{x^2+y^2} = \frac{1}{2}.$$

例 8-8 求二重极限 $\lim\limits_{(x,y)\to(0,0)} \dfrac{x^2 y}{x^2+y^2}$.

解 由基本不等式 $|xy| \leqslant \dfrac{1}{2}(x^2+y^2)$ 可得

$$0 \leqslant \left|\frac{x^2 y}{x^2+y^2}\right| \leqslant \frac{1}{2}\left|\frac{x(x^2+y^2)}{x^2+y^2}\right| = \frac{1}{2}|x| \to 0 \quad ((x,y)\to(0,0)),$$

由夹逼准则可知, $\lim\limits_{(x,y)\to(0,0)} \dfrac{x^2 y}{x^2+y^2} = 0$.

在二元函数的极限中, 当 $P(x,y)$ 以任意方式趋于 $P_0(x_0,y_0)$ 时, $f(x,y)$ 都无限趋于常数 A. 因此, 假如 $P(x,y)$ 以不同的方式趋于 $P_0(x_0,y_0)$ 时, $f(x,y)$ 趋于不同的常数, 则说明 $f(x,y)$ 当 $P(x,y)$ 以任意方式趋于 $P_0(x_0,y_0)$ 时无极限. 为此, 若能寻找两种特殊的趋近方式, 且得到不同的极限, 则可得到 $\lim\limits_{(x,y)\to(x_0,y_0)} f(x,y)$ 不存在的结论.

例 8-9 讨论二元函数

$$f(x,y) = \begin{cases} \dfrac{xy}{x^2+y^2}, & x^2+y^2 \neq 0 \\ 0, & x^2+y^2 = 0 \end{cases}$$

当 $P(x,y) \to P_0(0,0)$ 时的极限是否存在?

解 当点 $P(x,y)$ 沿 x 轴趋于点 $P_0(0,0)$ 时, 有

$$\lim_{\substack{(x,y)\to(0,0) \\ y=0}} f(x,y) = \lim_{x\to 0} f(x,0) = \lim_{x\to 0} \frac{x\cdot 0}{x^2+0^2} = \lim_{x\to 0} \frac{0}{x^2} = 0,$$

当点 $P(x,y)$ 沿 y 轴趋于点 $P_0(0,0)$ 时, 有

$$\lim_{\substack{(x,y)\to(0,0)\\x=0}} f(x,y) = \lim_{y\to 0} f(0,y) = 0.$$

虽然上面两种趋近方式下的极限存在并相等，但不能判定极限 $\lim\limits_{(x,y)\to(0,0)} f(x,y)$ 存在. 因为当点 $P(x,y)$ 沿直线 $y=kx(k\neq 0)$ 趋于 $P_0(0,0)$ 时，有

$$\lim_{\substack{(x,y)\to 0,0\\y=kx}} \frac{xy}{x^2+y^2} = \lim_{x\to 0} \frac{kx^2}{x^2+k^2x^2} = \lim_{x\to 0} \frac{k}{1+k^2} = \frac{k}{1+k^2}.$$

显然它随着直线 $y=kx$ 的斜率 k 的不同而不同，故此函数在点 $P_0(0,0)$ 处极限不存在.

类似地，可定义 n 元函数的极限.

设 n 元函数 $f(P)$ 的定义域为非空点集 D，P_0 是其内点或边界点. 如果对于任意给定的正数 ε，总存在正数 δ，使得对于适合不等式 $0<|PP_0|<\delta$ 的一切点 $P\in D$，都有 $|f(P)-A|<\varepsilon$ 成立，则称 A 为 n 元函数 $f(P)$ 当 $P\to P_0$ 时的极限，记作 $\lim\limits_{P\to P_0} f(P)=A$.

类似于一元函数，基于多元函数极限可以进一步给出多元函数的连续性的概念.

定义 8-4 设二元函数 $z=f(x,y)$ 在点 $P_0(x_0,y_0)$ 处的邻域内有定义，并且有

$$\lim_{(x,y)\to(x_0,y_0)} f(x,y) = f(x_0,y_0),$$

则称函数 $f(x,y)$ 在点 $P_0(x_0,y_0)$ 处**连续**. 点 $P_0(x_0,y_0)$ 称为 $f(x,y)$ 的连续点. 函数的不连续点叫作函数的间断点.

如果函数 $f(x,y)$ 在区域 D 上的每一点都连续，则称函数 $f(x,y)$ 在 D 上连续，或者称 $f(x,y)$ 是 D 上的连续函数.

例如，二元函数 $f(x,y)=x^2+y^2$ 在点 $(x,y)\to(0,0)$ 时极限为 0，且 $f(0,0)=0$，故此函数在点 $(0,0)$ 处连续. 二元函数 $f(x,y)=\tan(x^2+y^2)$ 的间断点在一系列圆周 $x^2+y^2=\frac{2k+1}{2}\pi$ ($k\geqslant 0$) 上.

四、多元连续函数的性质

性质 8-1 多元连续函数的和、差、积仍为连续函数，在分母不为零的点处，多元函数的商也是连续函数. 多元连续函数的复合函数仍为连续函数.

与一元的初等函数类似，多元初等函数是可用一个式子表示的多元函数，而这个式子是由多元多项式及基本初等函数经过有限次的四则运算和复合步骤所构成的（基本初等函数是一元函数，在构成多元初等函数时，它必须与多元函数复合）. 例如，$\dfrac{x+x^2-y^2}{1+x^2}$ 是两个多项式之商，它是多元初等函数. 又如 $\sin(x+y)$ 是由基本初等函数 $\sin u$ 与多项式 $u=x+y$ 复合而成的，它也是多元初等函数.

根据上面给出的连续函数的和、差、积、商的连续性及复合连续函数的连续性，再考虑到多元多项式及基本初等函数的连续性，进一步可得出以下性质.

性质 8-2 一切多元初等函数在其定义区域内是连续的.

所谓定义区域，是指包含在定义域内的区域或闭区域. 由多元初等函数的连续性，如果求函

数在点 P_0 处的极限，而该点又在此函数的定义区域内，则极限值就是函数在该点的函数值，即

$$\lim_{P \to P_0} f(P) = f(P_0).$$

多元初等函数的连续性为求多元初等函数在点 P_0 处的极限提供了方便，对于二元函数，如果 $P_0(x_0, y_0)$ 在函数的定义区域内，则函数在点 $P_0(x_0, y_0)$ 处的极限值就等于该点的函数值，即

$$\lim_{(x,y) \to (x_0, y_0)} f(x, y) = f(x_0, y_0).$$

例 8-10 设 $f(x,y) = \dfrac{2xy}{x^2 + y^2}$，求 $\lim\limits_{(x,y) \to (1,2)} f(x,y)$.

解 $f(x,y)$ 是二元初等函数，且点 $(1,2)$ 在 $f(x,y)$ 的定义区域内，所以 $f(x,y)$ 在点 $(1,2)$ 处连续，可用"代入法"求此极限.

$$\lim_{(x,y) \to (1,2)} f(x,y) = f(1,2) = \frac{2 \times 1 \times 2}{1^2 + 2^2} = \frac{4}{5}.$$

例 8-11 求 $\lim\limits_{(x,y) \to (0,0)} \dfrac{\sqrt{xy+1} - 1}{xy}$.

解 $\lim\limits_{(x,y) \to (0,0)} \dfrac{\sqrt{xy+1} - 1}{xy} = \lim\limits_{(x,y) \to (0,0)} \dfrac{xy}{xy(\sqrt{xy+1} + 1)} = \lim\limits_{(x,y) \to (0,0)} \dfrac{1}{\sqrt{xy+1} + 1} = \dfrac{1}{2}.$

例 8-12 求 $\lim\limits_{\substack{x \to 1 \\ y \to 0}} \dfrac{\cos(x - e^y)}{\sqrt{x^2 + y^2}}$.

解 函数 $f(x,y) = \dfrac{\cos(x - e^y)}{\sqrt{x^2 + y^2}}$ 是初等函数，而点 $P_0(1,0)$ 在其定义区域内，所以 $f(x,y)$ 在点 P_0 处连续.

$$\lim_{\substack{x \to 1 \\ y \to 0}} \frac{\cos(x - e^y)}{\sqrt{x^2 + y^2}} = f(1,0) = 1.$$

性质 8-3 若 $z = f(x, y)$ 在有界闭区域 D 上连续，则 $z = f(x, y)$ 必在 D 上有界且能取得最大值和最小值.

性质 8-4 若 $z = f(x, y)$ 在有界闭区域 D 上连续，则 $z = f(x, y)$ 必可取得介于最大值和最小值之间的任何值.

习 题 8-1

1. 求二元函数 $z = \ln(y - x) + \dfrac{\sqrt{x}}{\sqrt{1 - x^2 - y^2}}$ 的定义域.

2. 求下列极限.

（1）$\lim\limits_{(x,y) \to (0,0)} (x^2 + y^2) \sin \dfrac{1}{x^2 + y^2}$；

(2) $\lim\limits_{(x,y)\to(0,0)} \dfrac{2-\sqrt{xy+4}}{xy}$;

(3) $\lim\limits_{(x,y)\to(0,0)} \left(x\sin\dfrac{1}{y}+y\sin\dfrac{1}{x}\right)$;

(4) $\lim\limits_{(x,y)\to(0,0)} \dfrac{x^3+y^3}{x^2+y^2}$.

3. 证明下列极限不存在.

(1) $\lim\limits_{(x,y)\to(0,0)} \dfrac{x+y}{x-y}$;

(2) $\lim\limits_{(x,y)\to(0,0)} \dfrac{x^2 y^2}{(x-y)^2}$.

4. 讨论二元函数

$$f(x,y)=\begin{cases}\dfrac{xy^2}{x^2+y^2} & (x,y)\ne(0,0)\\ 0 & (x,y)=(0,0)\end{cases}$$

在 $(0,0)$ 处的连续性.

5. 求下列函数的间断点.

(1) $z=\dfrac{1}{\sqrt{x^2+y^2}}$; (2) $z=\sin\dfrac{1}{xy}$.

第二节 偏导数及其在经济分析中的应用

在许多经济学问题中，需要考虑多元函数关于某一个自变量的变化率问题，例如，某商品的销售量与该商品的广告费支出及该商品的价格都有关系，可以分析在价格一定的前提下销售量对广告费的变化率，也可以分析在广告费一定的前提下销售量对价格的变化率. 本节将给出多元函数关于某一个自变量的变化率，即偏导数的概念.

一、偏导数的定义

定义 8-5 设函数 $z=f(x,y)$ 在点 (x_0,y_0) 的某个邻域内有定义，当 x 在 x_0 处有改变量 $\Delta x(\Delta x\ne 0)$，而当 $y=y_0$ 保持不变时，相应的函数增量

$$\Delta z=f(x_0+\Delta x,y_0)-f(x_0,y_0).$$

若极限 $\lim\limits_{\Delta x\to 0}\dfrac{f(x_0+\Delta x,y_0)-f(x_0,y_0)}{\Delta x}$ 存在，则称此极限为函数 $f(x,y)$ 在点 (x_0,y_0) 处对 x 的偏导数，记作

$$f_x(x_0,y_0),\dfrac{\partial f(x_0,y_0)}{\partial x},\dfrac{\partial z}{\partial x}\bigg|_{\substack{x=x_0\\y=y_0}},z_x\bigg|_{\substack{x=x_0\\y=y_0}}.$$

同理，当 y 在 y_0 处有改变量 $\Delta y(\Delta y\ne 0)$，而当 $x=x_0$ 保持不变时，若极限

$$\lim_{\Delta y \to 0} \frac{f(x_0, y_0 + \Delta y) - f(x_0, y_0)}{\Delta y}$$ 存在，则称此极限为函数 $f(x,y)$ 在点 (x_0, y_0) 处对 y 的偏导数，记作

$$f_y(x_0, y_0), \frac{\partial f(x_0, y_0)}{\partial y}, \frac{\partial z}{\partial y}\bigg|_{\substack{x=x_0 \\ y=y_0}}, z_y\bigg|_{\substack{x=x_0 \\ y=y_0}}.$$

如果函数 $z = f(x,y)$ 在平面区域 D 内每一点 (x,y) 处对 x（或 y）的偏导数都存在，则称函数 $f(x,y)$ 在 D 内有对 x（或 y）的偏导函数，简称偏导数，记作

$$f_x(x,y), \frac{\partial f(x,y)}{\partial x}, \frac{\partial z}{\partial x}, z_x \quad (\text{或 } f_y(x,y), \frac{\partial f(x,y)}{\partial y}, \frac{\partial z}{\partial y}, z_y).$$

自变量多于两个的多元函数的偏导数可仿此定义，例如，三元函数 $u = f(x,y,z)$ 对 x 的偏导数 $\frac{\partial u}{\partial x}$ 定义为 $\frac{\partial u}{\partial x} = \lim_{\Delta x \to 0} \frac{f(x + \Delta x, y, z) - f(x,y,z)}{\Delta x}$.

求函数 $z = f(x,y)$ 的偏导数，并不需要用新的方法，因为这里只有一个自变量在变动，另一个自变量是看作固定不变的，这本质上还是一元函数的求导问题，可由一元函数的求导公式和求导法则求导. 即在求 $\frac{\partial z}{\partial x}$ 时，只要把 y 暂时看成常量而对 x 求导数；在求 $\frac{\partial z}{\partial y}$ 时，只要把 x 暂时看成常量而对 y 求导数. 此时所有一元函数的求导公式和求导法则都适用.

例 8–13 求 $z = x^2 + 3xy + 2y^3$ 在点 $(1,1)$ 的偏导数.

解 因为 $\frac{\partial z}{\partial x} = 2x + 3y, \frac{\partial z}{\partial y} = 3x + 6y^2$，所以

$$\frac{\partial z}{\partial x}\bigg|_{\substack{x=1 \\ y=1}} = 2 \times 1 + 3 \times 1 = 5, \frac{\partial z}{\partial y}\bigg|_{\substack{x=1 \\ y=1}} = 3 \times 1 + 6 \times 1^2 = 9.$$

例 8–14 求函数 $f(x,y) = e^{x^2 y}$ 的偏导数.

解 $f(x,y) = e^{x^2 y}$ 为二元复合函数，由复合函数求导法可得

$$\frac{\partial f}{\partial x} = e^{x^2 y} \cdot \frac{\partial (x^2 y)}{\partial x} = 2xy e^{x^2 y}, \frac{\partial f}{\partial y} = e^{x^2 y} \cdot \frac{\partial (x^2 y)}{\partial y} = x^2 e^{x^2 y}.$$

例 8–15 设 $z = x^y \ (x > 0, x \neq 1)$，求证 $\frac{x}{y}\frac{\partial z}{\partial x} + \frac{1}{\ln x}\frac{\partial z}{\partial y} = 2z$.

证 因 $\frac{\partial z}{\partial x} = yx^{y-1}, \frac{\partial z}{\partial y} = x^y \ln x,$

所以 $\frac{x}{y}\frac{\partial z}{\partial x} + \frac{1}{\ln x}\frac{\partial z}{\partial y} = \frac{x}{y} yx^{y-1} + \frac{1}{\ln x} x^y \ln x = x^y + x^y = 2z.$

例 8–16 求 $z = \arctan \frac{x}{y}$ 的偏导数.

解 $z = \arctan \frac{x}{y}$ 为二元复合函数，则

$$\frac{\partial z}{\partial x} = \frac{1}{1+\left(\dfrac{x}{y}\right)^2} \cdot \frac{1}{y} = \frac{y}{x^2+y^2}, \frac{\partial z}{\partial y} = \frac{1}{1+\left(\dfrac{x}{y}\right)^2} \cdot \frac{-x}{y^2} = \frac{-x}{x^2+y^2}.$$

对于一元函数而言，函数在某点可导，则它在该点一定连续. 但多元函数在某点偏导数存在，该函数未必在该点连续.

例 8-17 设函数 $f(x,y)=\begin{cases}\dfrac{xy}{x^2+y^2} & x^2+y^2\ne 0 \\ 0 & x^2+y^2=0\end{cases}$，讨论 $f(x,y)$ 在点 $(0,0)$ 处的偏导数.

解 由偏导数定义可知，

$$f_x(0,0)=\lim_{\Delta x\to 0}\frac{f(0+\Delta x,0)-f(0,0)}{\Delta x}=\lim_{\Delta x\to 0}\frac{0-0}{\Delta x}=0.$$

类似地，可知 $f_y(0,0)=0$. 故该函数在点 $(0,0)$ 处两个偏导数都存在，但由例 8-9 知该函数在点 $(0,0)$ 处并不连续. 此例说明，多元函数在一点偏导数存在时不一定在该点连续.

二、偏导数的几何意义

为了从几何上理解偏导数的概念，下面给出二元函数偏导数的几何意义.

二元函数 $z=f(x,y)$ 通常表示空间中的一个曲面. 设 $M_0(x_0,y_0,f(x_0,y_0))$ 是曲面上的一个点，过 M_0 作平面 $y=y_0$，截此曲面而得一条平面曲线，其方程为

$$\begin{cases} z=f(x,y), \\ y=y_0 \end{cases},$$

则函数 $z=f(x,y)$ 在点 (x_0,y_0) 处对 x 的偏导数 $f_x(x_0,y_0)$ 就是一元函数 $f(x,y_0)$ 在 x_0 处的导数. 因此，由一元函数导数的几何意义知，$f_x(x_0,y_0)$ 是曲线 $z=f(x,y_0)$ 在点 M_0 处的切线 M_0T 对 x 轴的斜率（见图 8-7），即 M_0T 对 x 轴所成的倾角的正切，$f_x(x_0,y_0)=\tan\alpha$.

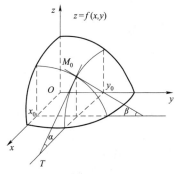

图 8-7

类似地，可知 $f_y(x_0,y_0)$ 的几何意义，即 $f_y(x_0,y_0)=\tan\beta$.

三、高阶偏导数

一般来说，函数 $z=f(x,y)$ 的偏导数 $z_x=\dfrac{\partial f(x,y)}{\partial x}, z_y=\dfrac{\partial f(x,y)}{\partial y}$ 还是 x,y 的二元函数，如

果这两个偏导数的偏导数也存在,则可以定义函数 $z=f(x,y)$ 的二阶偏导数为一阶偏导数的偏导数.记作:

$$\frac{\partial}{\partial x}\left(\frac{\partial z}{\partial x}\right)=\frac{\partial^2 z}{\partial x^2}=f_{xx}(x,y),$$

$$\frac{\partial}{\partial y}\left(\frac{\partial z}{\partial x}\right)=\frac{\partial^2 z}{\partial x\partial y}=f_{xy}(x,y),$$

$$\frac{\partial}{\partial x}\left(\frac{\partial z}{\partial y}\right)=\frac{\partial^2 z}{\partial y\partial x}=f_{yx}(x,y),$$

$$\frac{\partial}{\partial y}\left(\frac{\partial z}{\partial y}\right)=\frac{\partial^2 z}{\partial y^2}=f_{yy}(x,y).$$

其中 $\dfrac{\partial^2 z}{\partial x\partial y}$ 表示一阶偏导数 $\dfrac{\partial z}{\partial x}$ 对 y 求偏导数,即函数 $z=f(x,y)$ 先对 x 求偏导数后再对 y 求偏导数的二阶偏导数. 其他符号含义类似. $\dfrac{\partial^2 z}{\partial x\partial y}$ 和 $\dfrac{\partial^2 z}{\partial y\partial x}$ 称为二阶混和偏导数.

例 8-18 设 $z=x^3y^2-3xy^3-xy+1$,求 $\dfrac{\partial^2 z}{\partial x^2}$、$\dfrac{\partial^2 z}{\partial x\partial y}$、$\dfrac{\partial^2 z}{\partial y\partial x}$ 和 $\dfrac{\partial^2 z}{\partial y^2}$.

解 $\dfrac{\partial z}{\partial x}=3x^2y^2-3y^3-y,\ \dfrac{\partial z}{\partial y}=2x^3y-9xy^2-x,$

$\dfrac{\partial^2 z}{\partial x^2}=6xy^2,\ \dfrac{\partial^2 z}{\partial y^2}=2x^3-18xy,$

$\dfrac{\partial^2 z}{\partial x\partial y}=6x^2y-9y^2-1,\ \dfrac{\partial^2 z}{\partial y\partial x}=6x^2y-9y^2-1.$

定理 8-1 如果函数 $z=f(x,y)$ 的两个二阶混合偏导数 $\dfrac{\partial^2 z}{\partial y\partial x}$ 及 $\dfrac{\partial^2 z}{\partial x\partial y}$ 在区域 D 内连续,则在该区域内这两个二阶混合偏导数必相等.

例 8-19 求函数 $z=x^3y-xy^3$ 的二阶偏导数.

解

$$\frac{\partial z}{\partial x}=3x^2y-y^3,$$

$$\frac{\partial z}{\partial y}=x^3-3xy^2,$$

$$\frac{\partial^2 z}{\partial x^2}=\frac{\partial}{\partial x}(3x^2y-y^3)=6xy,$$

$$\frac{\partial^2 z}{\partial y^2}=\frac{\partial}{\partial y}(x^3-3xy^2)=-6xy,$$

$$\frac{\partial^2 z}{\partial x\partial y}=\frac{\partial}{\partial y}(3x^2y-y^3)=3x^2-3y^2,$$

$$\frac{\partial^2 z}{\partial y \partial x} = \frac{\partial}{\partial x}(x^3 - 3xy^2) = 3x^2 - 3y^2.$$

显然 $\dfrac{\partial^2 z}{\partial x \partial y}$，$\dfrac{\partial^2 z}{\partial y \partial x}$ 是连续函数，所以 $\dfrac{\partial^2 z}{\partial x \partial y} = \dfrac{\partial^2 z}{\partial y \partial x}$.

例 8-20 设 $u = \dfrac{1}{r}$，$r = \sqrt{x^2 + y^2 + z^2}$，求证 $\dfrac{\partial^2 u}{\partial x^2} + \dfrac{\partial^2 u}{\partial y^2} + \dfrac{\partial^2 u}{\partial z^2} = 0$，

证

$$\frac{\partial u}{\partial x} = -\frac{1}{2}(x^2 + y^2 + z^2)^{-\frac{3}{2}} \cdot 2x = -x(x^2 + y^2 + z^2)^{-\frac{3}{2}} = -\frac{x}{r^3},$$

$$\frac{\partial^2 u}{\partial x^2} = -(x^2 + y^2 + z^2)^{-\frac{3}{2}} + \frac{3}{2} x \cdot 2x(x^2 + y^2 + z^2)^{-\frac{5}{2}} = -\frac{1}{r^3} + \frac{3x^2}{r^5},$$

同理

$$\frac{\partial^2 u}{\partial y^2} = -\frac{1}{r^3} + \frac{3y^2}{r^5},$$

$$\frac{\partial^2 u}{\partial z^2} = -\frac{1}{r^3} + \frac{3z^2}{r^5},$$

于是有

$$\frac{\partial^2 u}{\partial x^2} + \frac{\partial^2 u}{\partial y^2} + \frac{\partial^2 u}{\partial z^2} = -\frac{3}{r^3} + \frac{3}{r^3} = 0.$$

例 8-21 设二元函数 $z(x, y) = x\mathrm{e}^x \sin y$，求 $\dfrac{\partial z}{\partial x}, \dfrac{\partial z}{\partial y}, \dfrac{\partial^2 z}{\partial x^2}, \dfrac{\partial^2 z}{\partial y^2}, \dfrac{\partial^2 z}{\partial x \partial y}, \dfrac{\partial^2 z}{\partial y \partial x}$.

解

$$\frac{\partial z}{\partial x} = x\mathrm{e}^x \sin y + \mathrm{e}^x \sin y = (x+1)\mathrm{e}^x \sin y,$$

$$\frac{\partial z}{\partial y} = x\mathrm{e}^x \cos y,$$

$$\frac{\partial^2 z}{\partial x^2} = [(x+1)\mathrm{e}^x + \mathrm{e}^x] \sin y = (x+2)\mathrm{e}^x \sin y,$$

$$\frac{\partial^2 z}{\partial y^2} = -x\mathrm{e}^x \sin y,$$

$$\frac{\partial^2 z}{\partial x \partial y} = (x+1)\mathrm{e}^x \cos y,$$

$$\frac{\partial^2 z}{\partial y \partial x} = (x+1)\mathrm{e}^x \cos y.$$

四、偏导数在经济分析中的应用——偏边际与偏弹性

与一元经济函数的边际分析和弹性分析类似，可建立多元函数的边际分析和弹性分析．多元函数中的边际和弹性称为偏边际和偏弹性，它们在经济学中有广泛的应用．下面仅以需求函数为例予以讨论．

1. 需求函数的偏边际

假设 A，B 两种商品彼此相关，那么 A 与 B 的需求量 Q_1 和 Q_2 分别是两种商品的价格 P_1 和 P_2 及消费者的收入 y 的函数，即

$$\begin{cases} Q_1 = f(P_1, P_2, y) \\ Q_2 = g(P_1, P_2, y) \end{cases}.$$

对于 2 个需求函数，若其偏导数都存在，可得到 6 个偏导数：

$$\frac{\partial Q_1}{\partial P_1}, \frac{\partial Q_1}{\partial P_2}, \frac{\partial Q_1}{\partial y}, \frac{\partial Q_2}{\partial P_1}, \frac{\partial Q_2}{\partial P_2}, \frac{\partial Q_2}{\partial y}.$$

$\frac{\partial Q_1}{\partial P_1}$：商品 A 的需求函数关于价格 P_1 的偏边际需求。当商品 B 的价格 P_2 和消费者的收入 y 固定时，商品 A 的价格变化一个单位时商品 A 的需求量的近似改变量.

$\frac{\partial Q_1}{\partial P_2}$：商品 A 的需求函数关于价格 P_2 的偏边际需求. 当商品 A 的价格 P_1 和消费者的收入 y 固定时，商品 B 的价格变化一个单位时商品 A 的需求量的近似改变量.

$\frac{\partial Q_1}{\partial y}$：商品 A 的需求函数关于消费者收入 y 的偏边际需求. 当价格 P_1，P_2 固定时，消费者的收入变化一个单位时商品 A 的需求量的近似改变量.同理可得到其他偏导数的经济意义.

另外，当 P_2，y 固定，P_1 上升时，A 的需求量 Q_1 减少，$\frac{\partial Q_1}{\partial P_1} < 0$；当 P_1，P_2 固定，y 增加时，Q_1 增大，$\frac{\partial Q_1}{\partial y} > 0.$

其他情形可类似讨论.

$\frac{\partial Q_2}{\partial P_1} > 0$，$\frac{\partial Q_1}{\partial P_2} > 0$：两种商品中任意一个价格减少，都将使其中一个需求量增加，另一个需求量减少，这时称 A，B 两种商品为替代品.

$\frac{\partial Q_1}{\partial P_2} < 0$，$\frac{\partial Q_2}{\partial P_1} < 0$：两种商品中任意一个价格减少，都将使需求量 Q_1，Q_2 同时增加，此时称 A，B 两种商品为互补品.

例 8 – 22 设 A，B 两种商品是彼此相关的，它们的需求函数分别为

$$Q_A = \frac{50\sqrt[3]{P_B}}{\sqrt{P_A}}, \ Q_B = \frac{75 P_A}{\sqrt[3]{P_B^2}}.$$

试确定 A，B 两种商品的关系.

解 由于函数中不含有收入 y，故可求出 4 个偏导数：

$$\frac{\partial Q_A}{\partial P_A} = -25 P_A^{-\frac{3}{2}} P_B^{\frac{1}{3}}, \ \frac{\partial Q_A}{\partial P_B} = \frac{50}{3} P_A^{-\frac{1}{2}} P_B^{-\frac{2}{3}},$$

$$\frac{\partial Q_B}{\partial P_B} = -50 P_A P_B^{-\frac{5}{3}}, \ \frac{\partial Q_B}{\partial P_A} = 75 P_B^{-\frac{2}{3}}.$$

因为 $P_A > 0$，$P_B > 0$，所以

$$\frac{\partial Q_A}{\partial P_B} > 0, \quad \frac{\partial Q_B}{\partial P_A} > 0,$$

这说明 A，B 两种商品是替代品.

2. 需求函数的偏弹性

设 A，B 两种商品的需求函数为 $Q_1 = Q_1(P_1, P_2, y)$ 和 $Q_2 = Q_2(P_1, P_2, y)$，当商品 B 的价格 P_2 和消费者收入 y 保持不变，而商品 A 的价格 P_1 发生变化时，需求量 Q_1 和 Q_2 对价格 P_1 的偏弹性分别定义为

$$E_{AA} = E_{11} = \lim_{\Delta P_1 \to 0} \frac{\Delta Q_{11}/Q_1}{\Delta P_1/P_1} = \frac{P_1}{Q_1}\frac{\partial Q_1}{\partial P_1},$$

$$E_{BA} = E_{21} = \lim_{\Delta P_1 \to 0} \frac{\Delta Q_{21}/Q_2}{\Delta P_1/P_1} = \frac{P_1}{Q_2}\frac{\partial Q_2}{\partial P_1},$$

其中 ΔP_i 为 P_i 的增量，$\Delta Q_{i1} = Q_i(P_1 + \Delta P_1, P_2, y) - Q_i(P_1, P_2, y)$ $(i=1,2)$.

当 P_1 和 y 固定不变而 P_2 变动时，有偏弹性

$$E_{AB} = E_{12} = \lim_{\Delta P_2 \to 0} \frac{\Delta Q_{12}/Q_1}{\Delta P_2/P_2} = \frac{P_2}{Q_1}\frac{\partial Q_1}{\partial P_2},$$

$$E_{BB} = E_{22} = \lim_{\Delta P_2 \to 0} \frac{\Delta Q_{22}/Q_2}{\Delta P_2/P_2} = \frac{P_2}{Q_2}\frac{\partial Q_2}{\partial P_2},$$

其中

$$\Delta Q_{i2} = Q_i(P_1, P_2 + \Delta P_2, y) - Q_i(P_1, P_2, y) \quad (i=1,2)$$

E_{11}，E_{22} 依次是商品 A，B 的需求量对自身价格的偏弹性，称为直接价格偏弹性（或自价格弹性），而 E_{12}，E_{21} 则依次是商品 A，B 的需求量对商品 B，A 的价格的偏弹性，称为交叉价格弹性（或互价格弹性）. 相应地，称 $\dfrac{\Delta Q_{12}/Q_1}{\Delta P_2/P_2}$ 为 Q_1 由点 P_2 到 $P_2 + \Delta P_2$ 的关于 P_2 的区间（弧）交叉价格弹性，称 $\dfrac{\Delta Q_{21}/Q_2}{\Delta P_1/P_1}$ 为 Q_2 由点 P_1 到 $P_1 + \Delta P_1$ 的关于 P_1 的区间（弧）交叉价格弹性.

除了上述 4 种偏弹性，还有需求收入偏弹性

$$E_{iy} = \frac{y}{Q_i}\frac{\partial Q_i}{\partial y} \quad (i=1,2).$$

当 $E_{1y} > 0$ 时，表明随着消费者收入的增加，商品 A 的需求量也增加，所以 A 为正常品；当 $E_{1y} < 0$ 时，表明 A 为低档品或劣质品. E_{2y} 的符号也有类似的意义.

例 8-23 已知两种相关商品 A，B 的需求量 Q_1，Q_2 和价格 P_1，P_2 之间的需求函数分别为

$$Q_1 = \frac{P_2}{P_1}, \quad Q_2 = \frac{P_1^2}{P_2}.$$

求需求函数的直接价格偏弹性 E_{11} 和 E_{22}，交叉价格偏弹性 E_{12} 和 E_{21}.

解 因为

$$\frac{\partial Q_1}{\partial P_1}=-\frac{P_2}{P_1^2},\quad \frac{\partial Q_1}{\partial P_2}=\frac{1}{P_1},$$

$$\frac{\partial Q_2}{\partial P_1}=\frac{2P_1}{P_2},\quad \frac{\partial Q_2}{\partial P_2}=-\frac{P_1^2}{P_2^2},$$

所以

$$E_{11}=\frac{P_1}{Q_1}\frac{\partial Q_1}{\partial P_1}=\frac{P_1^2}{P_2}\cdot\left(-\frac{P_2}{P_1^2}\right)=-1,$$

$$E_{12}=\frac{P_2}{Q_1}\frac{\partial Q_1}{\partial P_2}=P_1\cdot\frac{1}{P_1}=1,$$

$$E_{21}=\frac{P_1}{Q_2}\frac{\partial Q_2}{\partial P_1}=\frac{P_2}{P_1}\cdot\frac{2P_1}{P_2}=2,$$

$$E_{22}=\frac{P_2}{Q_2}\frac{\partial Q_2}{\partial P_2}=\frac{P_2^2}{P_1^2}\left(-\frac{P_1^2}{P_2^2}\right)=-1.$$

由 $E_{12}>0$ 和 $E_{21}>0$ 可知，这两种商品是替代品．

例 8-24 某种数码相机的销售量为 Q_A，除与它自身的价格 P_A 有关外，还与彩色喷墨打印机的价格 P_B 有关，函数关系为

$$Q_A=120+\frac{250}{P_A}-10P_B-P_B^2.$$

求当 $P_A=50$，$P_B=5$ 时，（1）Q_A 对 P_A 的弹性；（2）Q_A 对 P_B 的交叉弹性．

解 （1）Q_A 对 P_A 的弹性为

$$E_{AA}=\frac{\partial Q_A}{\partial P_A}\cdot\frac{P_A}{Q_A}$$

$$=-\frac{250}{P_A^2}\cdot\frac{P_A}{120+\frac{250}{P_A}-10P_B-P_B^2}=-\frac{250}{120P_A+250-P_A(10P_B+P_B^2)},$$

当 $P_A=50$，$P_B=5$ 时，

$$E_{AA}=-\frac{250}{120\times 50+250-50(10\times 5+25)}=-\frac{1}{10}.$$

（2）Q_A 对 P_B 的交叉弹性为

$$E_{AB}=\frac{\partial Q_A}{\partial P_B}\cdot\frac{P_B}{Q_A}=\frac{-(10+2P_B)\cdot P_B}{120+\dfrac{250}{P_A}-10P_B-P_B^2},$$

当 $P_A=50$，$P_B=5$ 时，

$$E_{AB}=-20\times\frac{5}{120+5-50-25}=-2.$$

习题 8-2

1. 求下列函数的偏导数.

(1) $z = xy^2 - x^2 y$;

(2) $z = \dfrac{x+y}{x-y}$;

(3) $z = \arcsin(xy) - \cos^2(xy)$;

(4) $z = e^{xy}\sin(x+y)$;

(5) $z = \sqrt{\ln(xy)}$;

(6) $u = y^{\frac{z}{x}}$.

2. 设 $f(x,y) = x + (y-1)\arcsin x$,求 $f_x(x,1)$.

3. 设 $z = xe^{\frac{y}{x}}$,验证 $x\dfrac{\partial z}{\partial x} + y\dfrac{\partial z}{\partial y} = z$.

4. 设某商品的需求函数为 $Q = 15P^{-\frac{3}{4}}P_1^{-\frac{1}{4}}M^{\frac{1}{2}}$,其中 Q 为该商品的需求量,P 为其价格,P_1 为另一相关商品价格,M 为消费者的收入,试求需求的直接价格弹性 $\dfrac{E_Q}{E_P}$、交叉价格弹性 $\dfrac{E_Q}{E_{P_1}}$ 及需求的收入弹性 $\dfrac{E_Q}{E_M}$,并说明两个商品之间的关系.

5. 已知甲商品的需求 $Q_1 = 100 - P_1 + 0.75P_2 - 0.25P_3 + 0.0075y$,在甲商品价格 $P_1 = 10$,乙商品价格 $P_2 = 20$,丙商品价格 $P_3 = 40$,收入 $y = 10\,000$ 时,试求需求的不同的交叉价格弹性,并阐明其经济意义.

第三节 全微分及其应用

一、全微分的定义

在一元函数 $y = f(x)$ 中,y 对 x 的微分是 $dy = f'(x)dx$. 类似可讨论二元函数在所有自变量都有微小变化时,函数改变量的变化情况,即二元函数的全微分.

对二元函数 $z = f(x,y)$,如果在点 (x,y) 处只对 x 给以增量 Δx,或只对 y 给以增量 Δy,则分别可得偏增量 $f(x+\Delta x, y) - f(x,y)$ 和 $f(x, y+\Delta y) - f(x,y)$.

设函数 $z = f(x,y)$ 在某一点 (x,y) 的邻域内有定义,$(x+\Delta x, y+\Delta y)$ 为这个邻域内的任意一点,称 $\Delta z = f(x+\Delta x, y+\Delta y) - f(x,y)$ 为函数 $z = f(x,y)$ 在点 (x,y) 处对应于自变量的增量 Δx、Δy 的全增量. Δz 也可记为 $\Delta f(x,y)$.

一般来说,函数 $z = f(x,y)$ 的全增量 Δz 是关于 Δx 和 Δy 的比较复杂的函数,因此,与一元函数类似,希望能用自变量的增量 Δx、Δy 的线性函数来近似代替函数的增量 Δz.即希望从 Δz 中分出线性部分,使得其余部分是比 $\rho = \sqrt{(\Delta x)^2 + (\Delta y)^2}$ 高阶的无穷小. 下面给出全微分的定义.

定义 8-6 对于自变量 x, y 在点 $P(x,y)$ 的改变量 Δx 和 Δy,若函数 $z = f(x,y)$ 的全增量可

表示为

$$\Delta z = f(x+\Delta x, y+\Delta y) - f(x,y) = A\Delta x + B\Delta y + o(\rho), \quad \rho = \sqrt{(\Delta x)^2 + (\Delta y)^2},$$

其中 A，B 与 Δx 和 Δy 无关，且当 $\rho \to 0$ 时 $o(\rho)$ 为比 ρ 高阶的无穷小，则称函数 $z = f(x,y)$ 在点 $P(x,y)$ 处可微分，称 $A\Delta x + B\Delta y$ 为函数 $z = f(x,y)$ 在点 $P(x,y)$ 处的**全微分**，记为 $\mathrm{d}z$ 或 $\mathrm{d}f(x,y)$，即

$$\mathrm{d}z = A\Delta x + B\Delta y.$$

若函数 $z = f(x,y)$ 在区域 D 内各点都可微，则称 $z = f(x,y)$ 在 D 内可微分。

定理 8–2（必要条件）若函数 $z = f(x,y)$ 在点 $P(x,y)$ 处可微，则

（1）函数 $z = f(x,y)$ 在该点连续；

（2）函数 $z = f(x,y)$ 在该点的偏导数必存在，且有 $A = \dfrac{\partial z}{\partial x}, B = \dfrac{\partial z}{\partial y}$。

证 （1）由全微分定义知

$$\Delta z = f(x+\Delta x, y+\Delta y) - f(x,y) = A\Delta x + B\Delta y + o(\rho),$$

当 $\rho \to 0$ 时，有 $\lim\limits_{\rho \to 0} \Delta z = 0$，即

$$\lim_{(\Delta x, \Delta y) \to (0,0)} f(x+\Delta x, y+\Delta y) = \lim_{\rho \to 0} [f(x,y) + \Delta z] = f(x,y),$$

所以函数 $z = f(x,y)$ 在点 $P(x,y)$ 处连续。

（2）由于 $\Delta z = f(x+\Delta x, y+\Delta y) - f(x,y) = A\Delta x + B\Delta y + o(\rho)$，对任意的 Δx、Δy 都成立。若令 $\Delta y = 0$，即 $\rho = |\Delta x|$，上式仍成立，所以有

$$f(x+\Delta x, y) - f(x,y) = A\Delta x + o(|\Delta x|),$$

等式两端同除以 Δx，并令 $\Delta x \to 0$，则有

$$\lim_{\Delta x \to 0} \frac{f(x+\Delta x, y) - f(x,y)}{\Delta x} = \lim_{\Delta x \to 0} A + \lim_{\Delta x \to 0} \frac{o(|\Delta x|)}{\Delta x} = A.$$

因此，偏导数 $\dfrac{\partial z}{\partial x}$ 存在，且 $\dfrac{\partial z}{\partial x} = A$。类似地，可证得 $\dfrac{\partial z}{\partial y} = B$。

一元函数在某点的导数存在是在某点微分存在的充要条件，但对于多元函数来说未必成立。当函数的所有偏导数都存在时，虽然可以形成 $\dfrac{\partial z}{\partial x}\Delta x + \dfrac{\partial z}{\partial y}\Delta y$，但是 Δz 与其作差未必是比 ρ 高阶的无穷小，因此，它不一定是函数的全微分。例如

$$f(x,y) = \begin{cases} \dfrac{xy}{\sqrt{x^2+y^2}} & x^2 + y^2 \neq 0 \\ 0 & x^2 + y^2 = 0 \end{cases}$$

在点 $(0,0)$ 处有 $f_x(0,0) = f_y(0,0) = 0$，而

$$\Delta z - [f_x(0,0) \cdot \Delta x + f_y(0,0) \cdot \Delta y] = \frac{\Delta x \cdot \Delta y}{\sqrt{(\Delta x)^2 + (\Delta y)^2}},$$

如果考虑点 $P(\Delta x,\Delta y)$ 沿着直线 $y=x$ 趋近于 $(0,0)$，则

$$\lim_{\substack{\Delta x\to 0\\ \Delta y=\Delta x}}\frac{\frac{\Delta x\cdot\Delta y}{\sqrt{(\Delta x)^2+(\Delta y)^2}}}{\rho}=\lim_{\Delta x\to 0}\frac{\Delta x\cdot\Delta x}{(\Delta x)^2+(\Delta x)^2}=\frac{1}{2},$$

故当 $\rho\to 0$ 时，

$$\Delta z-[f_x(0,0)\cdot\Delta x+f_y(0,0)\cdot\Delta y]\neq o(\rho)，\text{所以函数在点}(0,0)\text{处不可微.}$$

从上例可看出，多元函数不是在任意点处都可微，如何判别函数的可微性？下面给出判别多元函数可微的充分条件．

定理 8−3（充分条件）设函数 $z=f(x,y)$ 在点 $P(x,y)$ 处有连续的偏导数 $\dfrac{\partial z}{\partial x}$，$\dfrac{\partial z}{\partial y}$，则函数 $z=f(x,y)$ 在点 $P(x,y)$ 处可微，且

$$\mathrm{d}z=\frac{\partial z}{\partial x}\Delta x+\frac{\partial z}{\partial y}\Delta y.$$

由于 $\Delta x=\mathrm{d}x$，$\Delta y=\mathrm{d}y$，所以函数 $z=f(x,y)$ 的全微分可记作

$$\mathrm{d}z=\frac{\partial z}{\partial x}\mathrm{d}x+\frac{\partial z}{\partial y}\mathrm{d}y\ \text{或}\ \mathrm{d}z=f_x(x,y)\mathrm{d}x+f_y(x,y)\mathrm{d}y,$$

其中 $\dfrac{\partial z}{\partial x}\mathrm{d}x$ 和 $\dfrac{\partial z}{\partial y}\mathrm{d}y$ 称为二元函数的偏微分，全微分等于两个偏微分的和．

通常把二元函数的全微分等于它的两个偏微分之和称作二元函数的偏微分符合叠加原理．它同样适用于二元以上的函数，例如，若三元函数 $u=f(x,y,z)$ 可微分，那么它的全微分就等于 3 个偏微分之和，即 $\mathrm{d}u=\dfrac{\partial u}{\partial x}\mathrm{d}x+\dfrac{\partial u}{\partial y}\mathrm{d}y+\dfrac{\partial u}{\partial z}\mathrm{d}z$．

例 8−25 求函数 $z=x^2y+y^2$ 的全微分．

解 因为 $\dfrac{\partial z}{\partial x}=2xy,\dfrac{\partial z}{\partial y}=x^2+2y$ 均为连续函数，由定理 8−3 知，该函数的全微分存在．故由全微分公式可得

$$\mathrm{d}z=2xy\mathrm{d}x+(x^2+2y)\mathrm{d}y.$$

例 8−26 求函数 $z=xy+\dfrac{x}{y}$ 的全微分．

解 因为 $\dfrac{\partial z}{\partial x}=y+\dfrac{1}{y},\dfrac{\partial z}{\partial y}=x-\dfrac{x}{y^2}$ 在其定义域内为连续函数，故由全微分公式可得

$$\mathrm{d}z=\left(y+\frac{1}{y}\right)\mathrm{d}x+\left(x-\frac{x}{y^2}\right)\mathrm{d}y.$$

例 8−27 计算函数 $z=\mathrm{e}^{xy}$ 在点 $(2,1)$ 处的全微分．

解 因为 $\dfrac{\partial z}{\partial x}=y\mathrm{e}^{xy},\dfrac{\partial z}{\partial y}=x\mathrm{e}^{xy}$，从而 $\left.\dfrac{\partial z}{\partial x}\right|_{(2,1)}=\mathrm{e}^2$，$\left.\dfrac{\partial z}{\partial y}\right|_{(2,1)}=2\mathrm{e}^2$，故 z 在点 $(2,1)$ 处的全微

分为

$$dz = \frac{\partial z}{\partial x}\bigg|_{(2,1)} dx + \frac{\partial z}{\partial y}\bigg|_{(2,1)} dy = e^2 dx + 2e^2 dy.$$

二、全微分在近似计算中的应用

若函数 $z = f(x,y)$ 在点 (x_0, y_0) 可微分，即对于全微分定义中的 $\Delta x, \Delta y$，当 $|\Delta x|, |\Delta y|$ 很小时，可用全微分 dz 作全增量 Δz 的近似，即

$$\Delta z \approx dz = f_x(x,y)\Delta x + f_y(x,y)\Delta y.$$

又因为 $\Delta z = f(x+\Delta x, y+\Delta y) - f(x,y)$，从而 $f(x+\Delta x, y+\Delta y) \approx f(x,y) + f_x(x,y)\Delta x + f_y(x,y)\Delta y$.

例 8-28 计算 $1.04^{2.02}$ 的近似值.

解 将 $1.04^{2.02}$ 看作是函数 $z = x^y$ 在 $x + \Delta x = 1.04$，$y + \Delta y = 2.02$ 时的函数值，其中 $x = 1$，$\Delta x = 0.04$，$y = 2$，$\Delta y = 0.02$，于是有

$$1.04^{2.02} \approx f(1,2) + f_x(1,2) \times 0.04 + f_y(1,2) \times 0.02$$

因为 $f(1,2) = 1^2 = 1$，$f_x(1,2) = yx^{y-1}\big|_{\substack{x=1\\y=2}} = 2$，$f_y(1,2) = x^y \ln x\big|_{\substack{x=1\\y=2}} = 0$，

故 $1.04^{2.02} \approx 1 + 2 \times 0.04 + 0 \times 0.02 = 1.08$.

例 8-29 圆柱形封闭铁桶的内半径为 5 cm，内高为 12 cm，壁厚均为 0.2 cm，试计算制作这个铁桶所需要材料的体积大约是多少？

解 设圆柱形铁桶的半径为 r，高为 h，则体积 $V = \pi r^2 h$，此铁桶所需材料的体积

$$\Delta V \approx dV = \frac{\partial V}{\partial r}\Delta r + \frac{\partial V}{\partial h}\Delta h = 2\pi rh\Delta r + \pi r^2 \Delta h,$$

其中 $\Delta r = 0.2$，$\Delta h = 0.4$，$r = 5$，$h = 12$，故

$$\Delta V \approx dV = \pi(2 \times 5 \times 12 \times 0.2 + 5^2 \times 0.4) = 34\pi \approx 106.8 \,(\text{cm}^3).$$

所以制作这个铁桶所需要材料的体积大约为 106.8 cm³.

习 题 8-3

1. 计算函数 $z = e^{\frac{y}{x}}$ 在点 $(1, 2)$ 处的全微分.

2. 求下列函数的全微分.

（1） $z = x\sin xy$； （2） $z = \sqrt{x^2 + y^2}$；

（3） $z = \arctan(xy)$； （4） $u = y^{xz}$.

3. 计算 $1.97^{1.05}$ 的近似值.

4. 在边长为 $x = 6$ m，$y = 8$ m 的矩形中，若 x 增加 5 cm，y 减少 10 cm，试求该矩形的对角线长度变化的近似值.

第四节　多元复合函数与隐函数求导法

一、多元复合函数求导法

设函数 $z = f(u,v)$，而 u，v 都是变量 x，y 的函数，$u = \varphi(x,y)$，$v = \psi(x,y)$，那么函数 $z = f[\varphi(x,y),\psi(x,y)]$ 为 x，y 的复合函数，u,v 称为中间变量.

定理 8-4　如果函数 $u = \varphi(x,y)$，$v = \psi(x,y)$ 在点 (x,y) 有偏导数，函数 $z = f(u,v)$ 在对应点 (u,v) 具有连续偏导数，则复合函数 $z = f[\varphi(x,y),\psi(x,y)]$ 在点 (x,y) 处偏导数存在，且有

$$\frac{\partial z}{\partial x} = \frac{\partial z}{\partial u} \cdot \frac{\partial u}{\partial x} + \frac{\partial z}{\partial v} \cdot \frac{\partial v}{\partial x},$$

$$\frac{\partial z}{\partial y} = \frac{\partial z}{\partial u} \cdot \frac{\partial u}{\partial y} + \frac{\partial z}{\partial v} \cdot \frac{\partial v}{\partial y}.$$

此公式称为链式法则.

证　设 x 的增量为 Δx，则相应中间变量 u 和 v 的增量分别为 Δu 和 Δv，因函数 $z = f(u,v)$ 在对应点 (u,v) 具有连续偏导数，故函数 $z = f(u,v)$ 在对应点 (u,v) 的全微分存在且

$$\Delta z = \frac{\partial z}{\partial u} \Delta u + \frac{\partial z}{\partial v} \Delta v + o(\rho),$$

其中 $\rho = \sqrt{(\Delta u)^2 + (\Delta v)^2}$．上式两端同时除以 Δx 可得

$$\frac{\Delta z}{\Delta x} = \frac{\partial z}{\partial u} \frac{\Delta u}{\Delta x} + \frac{\partial z}{\partial v} \frac{\Delta v}{\Delta x} + \frac{o(\rho)}{\rho} \sqrt{\left(\frac{\Delta u}{\Delta x}\right)^2 + \left(\frac{\Delta v}{\Delta x}\right)^2}.$$

当 $\Delta x \to 0$ 时，有 $\frac{\Delta u}{\Delta x} \to \frac{\partial u}{\partial x}$，$\frac{\Delta v}{\Delta x} \to \frac{\partial v}{\partial x}$．由于 $\lim\limits_{\rho \to 0} \frac{o(\rho)}{\rho} = 0$，所以有 $\lim\limits_{\Delta x \to 0} \frac{\Delta z}{\Delta x} = \frac{\partial z}{\partial u} \frac{\partial u}{\partial x} + \frac{\partial z}{\partial v} \frac{\partial v}{\partial x}$，即

$$\frac{\partial z}{\partial x} = \frac{\partial z}{\partial u} \cdot \frac{\partial u}{\partial x} + \frac{\partial z}{\partial v} \cdot \frac{\partial v}{\partial x}.$$

用类似的方法可证 $\frac{\partial z}{\partial y} = \frac{\partial z}{\partial u} \cdot \frac{\partial u}{\partial y} + \frac{\partial z}{\partial v} \cdot \frac{\partial v}{\partial y}$.

例 8-30　设 $z = \ln(u^2 + v)$，$u = \mathrm{e}^{x+y^2}$，$v = x^2 + y$，求 $\frac{\partial z}{\partial x}$，$\frac{\partial z}{\partial y}$.

解　$\dfrac{\partial z}{\partial x} = \dfrac{\partial z}{\partial u} \cdot \dfrac{\partial u}{\partial x} + \dfrac{\partial z}{\partial v} \cdot \dfrac{\partial v}{\partial x} = \dfrac{2u}{u^2 + v} \mathrm{e}^{x+y^2} + \dfrac{1}{u^2 + v} \cdot 2x$

$= \dfrac{2}{\mathrm{e}^{2(x+y^2)} + x^2 + y} [\mathrm{e}^{2(x+y^2)} + x],$

$\dfrac{\partial z}{\partial y} = \dfrac{\partial z}{\partial u} \cdot \dfrac{\partial u}{\partial y} + \dfrac{\partial z}{\partial v} \cdot \dfrac{\partial v}{\partial y} = \dfrac{2u}{u^2 + v} \mathrm{e}^{x+y^2} \cdot 2y + \dfrac{1}{u^2 + v}$

$$= \frac{1}{e^{2(x+y^2)} + x^2 + y}[4ye^{2(x+y^2)} + 1].$$

例 8-31 设 $z = e^u \sin v$,$u = xy$,$v = x + y$,求 $\frac{\partial z}{\partial x}$ 和 $\frac{\partial z}{\partial y}$.

解
$$\frac{\partial z}{\partial x} = \frac{\partial z}{\partial u} \cdot \frac{\partial u}{\partial x} + \frac{\partial z}{\partial v} \cdot \frac{\partial v}{\partial x} = e^u \sin v \cdot y + e^u \cos v \cdot 1 = e^{xy}(y\sin(x+y) + \cos(x+y)),$$
$$\frac{\partial z}{\partial y} = \frac{\partial z}{\partial u} \cdot \frac{\partial u}{\partial y} + \frac{\partial z}{\partial v} \cdot \frac{\partial v}{\partial y} = e^u \sin v \cdot x + e^u \cos v \cdot 1 = e^{xy}(x\sin(x+y) + \cos(x+y)).$$

定理 8-4 的求导公式可以推广到中间变量或自变量多于两个的情况.

若函数 $z = f(u,v,w)$,$u = \varphi(x,y)$,$v = \psi(x,y)$,$w = \omega(x,y)$ 满足定理 8-4 的所有条件,则多元复合函数 $z = f(\varphi(x,y), \psi(x,y), \omega(x,y))$ 在点 (x,y) 偏导数存在,且有
$$\frac{\partial z}{\partial x} = \frac{\partial z}{\partial u} \cdot \frac{\partial u}{\partial x} + \frac{\partial z}{\partial v} \cdot \frac{\partial v}{\partial x} + \frac{\partial z}{\partial w} \cdot \frac{\partial w}{\partial x},$$
$$\frac{\partial z}{\partial y} = \frac{\partial z}{\partial u} \cdot \frac{\partial u}{\partial y} + \frac{\partial z}{\partial v} \cdot \frac{\partial v}{\partial y} + \frac{\partial z}{\partial w} \cdot \frac{\partial w}{\partial y}.$$

特别地,若 $z = f(u,v)$,$u = \varphi(x)$,$v = \psi(x)$,则 z 是 x 的一元函数,$z = f[\varphi(x), \psi(x)]$,于是由定理 8-4 可得
$$\frac{dz}{dx} = \frac{\partial z}{\partial u} \cdot \frac{du}{dx} + \frac{\partial z}{\partial v} \cdot \frac{dv}{dx}.$$

由于自变量只有一个,所以 z 对 x 的导数写成 $\frac{dz}{dx}$,称为 z 对 x 的全导数.

例 8-32 设 $z = e^{u-2v}$,$u = \sin x$,$v = e^x$,求 $\frac{dz}{dx}$.

解
$$\frac{dz}{dx} = \frac{\partial z}{\partial u} \cdot \frac{du}{dx} + \frac{\partial z}{\partial v} \cdot \frac{dv}{dx} = e^{u-2v} \cdot \cos x - 2e^{u-2v} \cdot e^x$$
$$= e^{u-2v}(\cos x - 2e^x) = e^{\sin x - 2e^x}(\cos x - 2e^x).$$

如果 $z = f(u,x,y)$,$u = \varphi(x,y)$,则复合函数 $z = f[\varphi(x,y), x, y]$ 对自变量 x,y 的偏导数为
$$\frac{\partial z}{\partial x} = \frac{\partial f}{\partial u} \cdot \frac{\partial u}{\partial x} + \frac{\partial f}{\partial x},$$
$$\frac{\partial z}{\partial y} = \frac{\partial f}{\partial u} \cdot \frac{\partial u}{\partial y} + \frac{\partial f}{\partial y}.$$

这里 $z = f[\varphi(x,y), x, y]$ 可看作中间变量为 $u = \varphi(x,y)$,$v = x$,$w = y$ 的特殊情形.

注 上面 $\frac{\partial z}{\partial x}$ 与 $\frac{\partial f}{\partial x}$ 是不同的,$\frac{\partial z}{\partial x}$ 是把复合函数 $z = f[\varphi(x,y), x, y]$ 中的 y 看作常量后对 x 求导,而 $\frac{\partial f}{\partial x}$ 是把 $z = f(u,x,y)$ 中的 u,y 看作常量后对 x 求导,$\frac{\partial z}{\partial y}$ 与 $\frac{\partial f}{\partial y}$ 也有类似的区别.

例 8-33 设 $u = f(x,y,z) = e^{x^2+y^2+z^2}$，而 $z = x^2 \sin y$，求 $\dfrac{\partial u}{\partial x}$ 和 $\dfrac{\partial u}{\partial y}$.

解 $\dfrac{\partial u}{\partial x} = \dfrac{\partial f}{\partial x} + \dfrac{\partial f}{\partial z} \cdot \dfrac{\partial z}{\partial x}$

$\qquad = 2x e^{x^2+y^2+z^2} + 2z e^{x^2+y^2+z^2} \cdot 2x \sin y$

$\qquad = 2x(1 + 2x^2 \sin^2 y) e^{x^2+y^2+x^4 \sin^2 y}$,

$\dfrac{\partial u}{\partial y} = \dfrac{\partial f}{\partial y} + \dfrac{\partial f}{\partial z} \cdot \dfrac{\partial z}{\partial y} = 2y e^{x^2+y^2+z^2} + 2z e^{x^2+y^2+z^2} \cdot x^2 \cos y$

$\qquad = 2(y + x^4 \sin y \cos y) e^{x^2+y^2+x^4 \sin^2 y}$.

例 8-34 设二元函数 $z = f\left(x^2 y, \dfrac{y}{x}\right)$，$f$ 具有二阶连续偏导数，求 $\dfrac{\partial z}{\partial x}$，$\dfrac{\partial z}{\partial y}$，$\dfrac{\partial^2 z}{\partial x^2}$，$\dfrac{\partial^2 z}{\partial x \partial y}$.

解 为了表示的简洁性，下面将用 f_1'，f_2' 分别表示函数对第一个中间变量和第二个中间变量的偏导数，用 f_{11}'' 表示函数 f_1' 对第一个中间变量的偏导数，即 f 对第一个中间变量求二阶偏导数；用 f_{12}'' 表示函数 f_1' 对第二个中间变量的偏导数，即 f 对第一个中间变量求偏导数后再对第二个中间变量求偏导数. 由多元复合函数求导的链式法则可得

$\dfrac{\partial z}{\partial x} = f_1' \cdot 2xy + f_2' \cdot \left(-\dfrac{y}{x^2}\right)$, $\quad \dfrac{\partial z}{\partial y} = f_1' \cdot x^2 + f_2' \cdot \dfrac{1}{x}$,

$\dfrac{\partial^2 z}{\partial x^2} = \dfrac{\partial f_1'}{\partial x} \cdot 2xy + f_1' \cdot 2y + \dfrac{\partial f_2'}{\partial x}\left(-\dfrac{y}{x^2}\right) + f_2' \cdot \left(\dfrac{2y}{x^3}\right)$

$\qquad = 2y f_1' + 2xy \cdot \left[f_{11}'' \cdot 2xy + f_{12}'' \left(-\dfrac{y}{x^2}\right)\right] + \dfrac{2y}{x^3} \cdot f_2' - \dfrac{y}{x^2} \cdot \left[f_{21}'' \cdot 2xy + f_{22}''\left(-\dfrac{y}{x^2}\right)\right]$

$\qquad = 2y f_1' + \dfrac{2y}{x^3} f_2' + 4x^2 y^2 f_{11}'' - 4\dfrac{y^2}{x} f_{12}'' + \dfrac{y^2}{x^4} f_{22}''$,

$\dfrac{\partial^2 z}{\partial x \partial y} = 2x \cdot f_1' + 2xy \cdot \left(f_{11}'' \cdot x^2 + f_{12}'' \cdot \dfrac{1}{x}\right) - \dfrac{1}{x^2} \cdot f_2' - \dfrac{y}{x^2} \cdot \left(f_{21}'' \cdot x^2 + f_{22}'' \cdot \dfrac{1}{x}\right)$

$\qquad = 2x f_1' - \dfrac{1}{x^2} f_2' + 2x^3 y f_{11}'' + y f_{12}'' - \dfrac{y}{x^3} f_{22}''$.

因为 f 具有二阶连续的偏导数，故 f_{12}'' 和 f_{21}'' 相等.

注 函数 f_1'，f_2' 仍为复合函数，基于复合函数求导法则可给出 $\dfrac{\partial f_1'}{\partial x} = f_{11}'' \cdot 2xy + f_{12}'' \cdot \left(-\dfrac{y}{x^2}\right)$ 和 $\dfrac{\partial f_2'}{\partial x} = f_{21}'' \cdot 2xy + f_{22}'' \cdot \left(-\dfrac{y}{x^2}\right)$.

例 8-35 设 $w = f(x+y+z, xyz)$，f 具有二阶连续偏导数，求 $\dfrac{\partial w}{\partial x}$ 和 $\dfrac{\partial^2 w}{\partial x \partial z}$.

解 令 $u = x + y + z$，$v = xyz$，记 $f_1' = \dfrac{\partial f(u,v)}{\partial u}$，$f_{12}'' = \dfrac{\partial^2 f(u,v)}{\partial u \partial v}$，则

$$\dfrac{\partial w}{\partial x} = \dfrac{\partial f}{\partial u} \cdot \dfrac{\partial u}{\partial x} + \dfrac{\partial f}{\partial v} \cdot \dfrac{\partial v}{\partial x} = f_1' + yz f_2',$$

$$\frac{\partial^2 w}{\partial x \partial z} = \frac{\partial}{\partial z}(f_1' + yzf_2') = \frac{\partial f_1'}{\partial z} + yf_2' + yz\frac{\partial f_2'}{\partial z},$$

$$\frac{\partial f_1'}{\partial z} = \frac{\partial f_1'}{\partial u} \cdot \frac{\partial u}{\partial z} + \frac{\partial f_1'}{\partial v} \cdot \frac{\partial v}{\partial z} = f_{11}'' + xyf_{12}'',$$

$$\frac{\partial f_2'}{\partial z} = \frac{\partial f_2'}{\partial u} \cdot \frac{\partial u}{\partial z} + \frac{\partial f_2'}{\partial v} \cdot \frac{\partial v}{\partial z} = f_{21}'' + xyf_{22}''.$$

于是有 $\dfrac{\partial^2 w}{\partial x \partial z} = f_{11}'' + xyf_{12}'' + yf_2' + yz(f_{21}'' + xyf_{22}'') = f_{11}'' + y(x+z)f_{12}'' + xy^2zf_{22}'' + yf_2'.$

二、全微分形式不变性

与一元函数类似，多元函数的全微分也具有微分形式的不变性.

如果 $z = f(u,v)$，当 u，v 是自变量时，有

$$dz = \frac{\partial z}{\partial u}du + \frac{\partial z}{\partial v}dv.$$

当 u，v 不是自变量，而是 x，y 的函数 $u = \varphi(x,y)$，$v = \psi(x,y)$ 时，也有同样的结果，即全微分形式不变.

因为 $dz = \dfrac{\partial z}{\partial x}dx + \dfrac{\partial z}{\partial y}dy$，由定理 8-4 知

$$dz = \left(\frac{\partial z}{\partial u} \cdot \frac{\partial u}{\partial x} + \frac{\partial z}{\partial v} \cdot \frac{\partial v}{\partial x}\right)dx + \left(\frac{\partial z}{\partial u} \cdot \frac{\partial u}{\partial y} + \frac{\partial z}{\partial v} \cdot \frac{\partial v}{\partial y}\right)dy$$

$$= \frac{\partial z}{\partial u}\left(\frac{\partial u}{\partial x}dx + \frac{\partial u}{\partial y}dy\right) + \frac{\partial z}{\partial v}\left(\frac{\partial v}{\partial x}dx + \frac{\partial v}{\partial y}dy\right)$$

$$= \frac{\partial z}{\partial u}du + \frac{\partial z}{\partial v}dv.$$

因此，不论 u，v 是自变量还是中间变量，关系式

$$dz = \frac{\partial z}{\partial u}du + \frac{\partial z}{\partial v}dv$$

总成立，这个性质称为全微分形式不变性.

例 8-36 设 $z = u^2 \ln v$，$u = \dfrac{x}{y}$，$v = 3x - 2y$，基于全微分形式不变性求 $\dfrac{\partial z}{\partial x}$，$\dfrac{\partial z}{\partial y}$.

解 由全微分形式不变性知，$dz = \dfrac{\partial z}{\partial x}dx + \dfrac{\partial z}{\partial y}dy$ 可通过 $dz = \dfrac{\partial z}{\partial u}du + \dfrac{\partial z}{\partial v}dv$ 来获得，即

$$dz = d(u^2 \ln v) = 2u \ln v du + \frac{u^2}{v}dv,$$

$$du = d\left(\frac{x}{y}\right) = \frac{ydx - xdy}{y^2},$$

$$dv = d(3x - 2y) = 3dx - 2dy,$$

将 du，dv 代入上式 dz 整理可得

$$dz = d(u^2 \ln v) = 2u \ln v du + \frac{u^2}{v} dv$$
$$= \left[\frac{2x}{y^2}\ln(3x-2y) + \frac{3x^2}{(3x-2y)y^2}\right]dx + \left[-\frac{2x^2}{y^3}\ln(3x-2y) - \frac{2x^2}{(3x-2y)y^2}\right]dy.$$

进一步地，将它和全微分公式比较可得

$$\frac{\partial z}{\partial x} = \frac{2x}{y^2}\ln(3x-2y) + \frac{3x^2}{(3x-2y)y^2},$$
$$\frac{\partial z}{\partial y} = -\frac{2x^2}{y^3}\ln(3x-2y) - \frac{2x^2}{(3x-2y)y^2}.$$

三、隐函数求导法

1. 一个方程确定的隐函数求导

对于一元隐函数求导，下面给出另外一种求解方法. 设方程 $F(x,y)=0$ 确定了 y 关于 x 的函数 $y=f(x)$，并设此函数有导数 $f'(x)$. 下面基于二元函数 $F(x,y)$ 的偏导数来求 $f'(x)$.

将 $y=f(x)$ 代入原方程得恒等式 $F(x,f(x))\equiv 0$，两边同时对 x 求导，方程左边可以看作 x 的一个复合函数，对其求全导数，可得

$$\frac{dF(x,f(x))}{dx} = \frac{\partial F}{\partial x} + \frac{\partial F}{\partial y}\cdot\frac{dy}{dx}.$$

当 $\frac{\partial F}{\partial y}\neq 0$ 时，由 $\frac{dF(x,f(x))}{dx}=0$ 可得

$$\frac{dy}{dx} = -\frac{F_x}{F_y} \text{ 或 } f'(x) = -\frac{F_x}{F_y},$$

这就是一元隐函数的求导公式.

定理 8-5　隐函数存在定理 1

设函数 $F(x,y)$ 在点 $P(x_0,y_0)$ 的某一邻域内具有连续的偏导数，且 $F(x_0,y_0)=0$，$F_y(x_0,y_0)\neq 0$，则方程 $F(x,y)=0$ 在点 $P(x_0,y_0)$ 的某一邻域内唯一确定一个单值连续且具有导数的函数 $y=f(x)$，它满足 $y_0=f(x_0)$，并且有 $\frac{dy}{dx}=-\frac{F_x}{F_y}$，此公式称为隐函数求导公式.

若 $F(x,y)$ 的二阶偏导数连续，则可将 $\frac{dy}{dx}=-\frac{F_x}{F_y}$ 看作 x 的复合函数再求一次导，于是可得一元隐函数 $y=f(x)$ 的二阶导数

$$\frac{d^2y}{dx^2} = \frac{\partial}{\partial x}\left(-\frac{F_x}{F_y}\right) + \frac{\partial}{\partial y}\left(-\frac{F_x}{F_y}\right)\cdot\frac{dy}{dx}$$
$$= -\frac{F_{xx}F_y - F_{yx}F_x}{F_y^2} - \frac{F_{xy}F_y - F_{yy}F_x}{F_y^2}\left(-\frac{F_x}{F_y}\right)$$

$$= -\frac{F_{xx}F_y^2 - 2F_{xy}F_xF_y + F_{yy}F_x^2}{F_y^3}.$$

例 8-37 求由方程 $x - xe^y + y = 0$ 所确定的隐函数的导数 $\dfrac{dy}{dx}$.

解 令 $F(x,y) = x - xe^y + y$，于是有

$$F_x = 1 - e^y, \quad F_y = -xe^y + 1.$$

所以

$$\frac{dy}{dx} = -\frac{F_x}{F_y} = -\frac{1-e^y}{-xe^y+1} = \frac{e^y-1}{1-xe^y}.$$

基于上面给出的隐函数求导法，可把一元隐函数的概念及一元隐函数求导法推广到多元隐函数的情形.

设三元方程 $F(x,y,z) = 0$，它确定了 z 是 x, y 的二元隐函数 $z = f(x,y)$. 假设此函数有偏导数 $\dfrac{\partial z}{\partial x}$，$\dfrac{\partial z}{\partial y}$，下面基于方程 $F(x,y,z) = 0$ 求出二元隐函数 $z = f(x,y)$ 的两个偏导数.

首先将 $z = f(x,y)$ 代入原方程，得恒等式

$$F[x, y, f(x,y)] \equiv 0,$$

然后将上式两边分别对 x 求偏导数可得

$$F_x + F_z \cdot \frac{\partial z}{\partial x} = 0,$$

当 $F_z \neq 0$ 时，有

$$\frac{\partial z}{\partial x} = -\frac{F_x}{F_z}.$$

同理可得

$$\frac{\partial z}{\partial y} = -\frac{F_y}{F_z}.$$

定理 8-6 隐函数存在定理 2

设函数 $F(x,y,z)$ 在点 $P(x_0, y_0, z_0)$ 的某一邻域内具有连续的偏导数，且 $F(x_0, y_0, z_0) = 0$，$F_y(x_0, y_0, z_0) \neq 0$，则方程 $F(x,y,z) = 0$ 在点 $P(x_0, y_0, z_0)$ 的某一邻域内唯一确定一个具有连续偏导数的二元隐函数 $z = f(x,y)$，它满足 $z_0 = f(x_0, y_0)$，且有

$$\frac{\partial z}{\partial x} = -\frac{F_x}{F_z}, \quad \frac{\partial z}{\partial y} = -\frac{F_y}{F_z}.$$

例 8-38 求由方程 $e^{-xy} - 2z + e^z = 0$ 所确定的函数 z 的偏导数 $\dfrac{\partial z}{\partial x}$ 和 $\dfrac{\partial z}{\partial y}$.

解 法一 令 $F(x,y,z) = e^{-xy} - 2z + e^z$，则

$$F_x = -ye^{-xy}, \quad F_y = -xe^{-xy}, \quad F_z = -2 + e^z.$$

当 $e^z - 2 \neq 0$ 时，有

$$\frac{\partial z}{\partial x} = -\frac{F_x}{F_z} = \frac{ye^{-xy}}{e^z - 2},$$

同理可得

$$\frac{\partial z}{\partial y} = -\frac{F_y}{F_z} = \frac{xe^{-xy}}{e^z - 2}.$$

法二 由于 $d(e^{-xy} - 2z + e^z) = 0$，所以有

$$e^{-xy}d(-xy) - 2dz + e^z dz = 0,$$

$$(e^z - 2)dz = e^{-xy}(xdy + ydx),$$

整理得 $dz = \dfrac{ye^{-xy}}{(e^z - 2)}dx + \dfrac{xe^{-xy}}{(e^z - 2)}dy$.

故 $\dfrac{\partial z}{\partial x} = \dfrac{ye^{-xy}}{e^z - 2}$，$\dfrac{\partial z}{\partial y} = \dfrac{xe^{-xy}}{e^z - 2}$.

例 8－39 由方程 $yz^3 - xz^4 + z^5 = 1$ 确定隐函数 $z = z(x, y)$，求 $\left.\dfrac{\partial z}{\partial x}\right|_{(0,0)}$，$\left.\dfrac{\partial z}{\partial y}\right|_{(0,0)}$.

解 将 z 看作 x 和 y 的二元函数 $z = z(x, y)$，方程两边关于 x 求偏导数，有

$$y \cdot 3z^2 z_x - z^4 - x \cdot 4z^3 z_x + 5z^4 z_x = 0,$$

当 $x = y = 0$ 时，$z = 1$，代入上式得 $-1 + 5z_x = 0$，故有 $z_x(0,0) = \dfrac{1}{5}$.

类似地，将 z 看作 x 和 y 的二元函数 $z = z(x, y)$，方程两边关于 y 求偏导数，有

$$z^3 + y \cdot 3z^2 z_y - x \cdot 4z^3 z_y + 5z^4 z_y = 0,$$

当 $x = y = 0$ 时，$z = 1$，代入上式得 $1 + 5z_y = 0$，故有 $z_y(0,0) = -\dfrac{1}{5}$.

例 8－40 设 $x^2 + y^2 + z^2 - 4z = 0$，求 $\dfrac{\partial^2 z}{\partial x^2}$.

解 令 $F(x, y, z) = x^2 + y^2 + z^2 - 4z$，则 $F_x = 2x$，$F_z = 2z - 4$，所以有 $\dfrac{\partial z}{\partial x} = -\dfrac{F_x}{F_z} = \dfrac{x}{2 - z}$，

基于 $\dfrac{\partial z}{\partial x}$ 函数再对 x 求偏导数可得

$$\frac{\partial^2 z}{\partial x^2} = \frac{(2-z) + x\dfrac{\partial z}{\partial x}}{(2-z)^2} = \frac{(2-z) + x \cdot \dfrac{x}{2-z}}{(2-z)^2} = \frac{(2-z)^2 + x^2}{(2-z)^3}.$$

2. 多个方程确定的隐函数求导

对于隐函数存在定理 1 的推广，不仅可以增加方程中自变量的数目，也可以增加方程的个数.

例如，考虑方程组 $\begin{cases} F(x,y,u,v)=0 \\ G(x,y,u,v)=0 \end{cases}$. 在 4 个变量中，一般只能有两个变量独立变化，因此，方程组可能确定了两个二元隐函数. 通常可以由函数 $F(x,y,u,v)$, $G(x,y,u,v)$ 的性质来断定此方程组所确定的两个二元隐函数的存在及它们的性质.

定理 8-7 隐函数存在定理 3

设函数 $F(x,y,u,v)$, $G(x,y,u,v)$ 在点 $P(x_0,y_0,u_0,v_0)$ 的某一邻域内具有对各个变量的连续偏导数，$F(x_0,y_0,u_0,v_0)=0$，$G(x_0,y_0,u_0,v_0)=0$，且偏导数所组成的函数行列式（也称雅可比行列式）

$$J = \frac{\partial(F,G)}{\partial(u,v)} = \begin{vmatrix} F_u & F_v \\ G_u & G_v \end{vmatrix}$$

在点 $P(x_0,y_0,u_0,v_0)$ 不等于零，则方程组在点 $P(x_0,y_0,u_0,v_0)$ 的某一邻域内唯一确定一组具有连续偏导数的二元隐函数 $u=u(x,y)$, $v=v(x,y)$，它们满足 $u_0=u(x_0,y_0)$, $v_0=v(x_0,y_0)$，并且有

$$\frac{\partial u}{\partial x} = -\frac{1}{J}\frac{\partial(F,G)}{\partial(x,v)} = -\frac{\begin{vmatrix} F_x & F_v \\ G_x & G_v \end{vmatrix}}{\begin{vmatrix} F_u & F_v \\ G_u & G_v \end{vmatrix}},$$

$$\frac{\partial u}{\partial y} = -\frac{1}{J}\frac{\partial(F,G)}{\partial(y,v)} = -\frac{\begin{vmatrix} F_y & F_v \\ G_y & G_v \end{vmatrix}}{\begin{vmatrix} F_u & F_v \\ G_u & G_v \end{vmatrix}},$$

$$\frac{\partial v}{\partial x} = -\frac{1}{J}\frac{\partial(F,G)}{\partial(u,x)} = -\frac{\begin{vmatrix} F_u & F_x \\ G_u & G_x \end{vmatrix}}{\begin{vmatrix} F_u & F_v \\ G_u & G_v \end{vmatrix}},$$

$$\frac{\partial v}{\partial y} = -\frac{1}{J}\frac{\partial(F,G)}{\partial(u,y)} = -\frac{\begin{vmatrix} F_u & F_y \\ G_u & G_y \end{vmatrix}}{\begin{vmatrix} F_u & F_v \\ G_u & G_v \end{vmatrix}}.$$

对隐函数存在定理 3 的结论，下面仅作简单推导.

由于两个二元隐函数满足方程组 $\begin{cases} F(x,y,u,v)=0 \\ G(x,y,u,v)=0 \end{cases}$，故有 $\begin{cases} F(x,y,u(x,y),v(x,y))\equiv 0 \\ G(x,y,u(x,y),v(x,y))\equiv 0 \end{cases}$.

将恒等式两边分别对 x 求偏导数可得

$$\begin{cases} F_x + F_u\dfrac{\partial u}{\partial x} + F_v\dfrac{\partial v}{\partial x} = 0 \\ G_x + G_u\dfrac{\partial u}{\partial x} + G_v\dfrac{\partial v}{\partial x} = 0 \end{cases},$$

由假设可知，在点 $P(x_0, y_0, u_0, v_0)$ 的某一邻域内 $J = \begin{vmatrix} F_u & F_v \\ G_u & G_v \end{vmatrix} \neq 0$，从而可解出 $\dfrac{\partial u}{\partial x}$，$\dfrac{\partial v}{\partial x}$，即

$$\frac{\partial u}{\partial x} = -\frac{1}{J}\frac{\partial(F,G)}{\partial(x,v)} = -\frac{\begin{vmatrix} F_x & F_v \\ G_x & G_v \end{vmatrix}}{\begin{vmatrix} F_u & F_v \\ G_u & G_v \end{vmatrix}}, \quad \frac{\partial v}{\partial x} = -\frac{1}{J}\frac{\partial(F,G)}{\partial(u,x)} = -\frac{\begin{vmatrix} F_u & F_x \\ G_u & G_x \end{vmatrix}}{\begin{vmatrix} F_u & F_v \\ G_u & G_v \end{vmatrix}}.$$

同理可得出

$$\frac{\partial u}{\partial y} = -\frac{1}{J}\frac{\partial(F,G)}{\partial(y,v)} = -\frac{\begin{vmatrix} F_y & F_v \\ G_y & G_v \end{vmatrix}}{\begin{vmatrix} F_u & F_v \\ G_u & G_v \end{vmatrix}}, \quad \frac{\partial v}{\partial y} = -\frac{1}{J}\frac{\partial(F,G)}{\partial(u,y)} = -\frac{\begin{vmatrix} F_u & F_y \\ G_u & G_y \end{vmatrix}}{\begin{vmatrix} F_u & F_v \\ G_u & G_v \end{vmatrix}}.$$

例 8-41 设 $\begin{cases} xu - yv = 0 \\ yu + xv = 1 \end{cases}$，求 $\dfrac{\partial u}{\partial x}$，$\dfrac{\partial u}{\partial y}$ 和 $\dfrac{\partial v}{\partial x}$，$\dfrac{\partial v}{\partial y}$.

解 本题使用公式推导方法进行求解.

将所给方程两端同时对 x 求导，可得

$$\begin{cases} x\dfrac{\partial u}{\partial x} - y\dfrac{\partial v}{\partial x} = -u \\ y\dfrac{\partial u}{\partial x} + x\dfrac{\partial v}{\partial x} = -v \end{cases},$$

其中 $J = \begin{vmatrix} x & -y \\ y & x \end{vmatrix} = x^2 + y^2$，若 $J \neq 0$，则通过解方程组可得

$$\frac{\partial u}{\partial x} = \frac{\begin{vmatrix} -u & -y \\ -v & x \end{vmatrix}}{\begin{vmatrix} x & -y \\ y & x \end{vmatrix}} = -\frac{xu + yv}{x^2 + y^2},$$

$$\frac{\partial v}{\partial x} = \frac{\begin{vmatrix} x & -u \\ y & -v \end{vmatrix}}{\begin{vmatrix} x & -y \\ y & x \end{vmatrix}} = \frac{yu - xv}{x^2 + y^2}.$$

将所给方程的两边对 y 求导，当 $J \neq 0$ 时，解方程组可得

$$\frac{\partial u}{\partial y} = \frac{xv - yu}{x^2 + y^2}, \quad \frac{\partial v}{\partial y} = -\frac{xu + yv}{x^2 + y^2}.$$

习 题 8-4

1. 设 $z = e^{u-v}$，而 $u = 2x$，$v = x^2$，求全导数 $\dfrac{dz}{dx}$.

2. 设 $z = ue^{\frac{u}{v}}$，而 $u = x^2 - y^2$，$v = xy$，求 $\dfrac{\partial z}{\partial x}$ 和 $\dfrac{\partial z}{\partial y}$.

3. 设函数 $z = z(x, y)$ 是由方程 $x^3 y + xz = 1$ 确定的隐函数，求 $\dfrac{\partial z}{\partial x}$，$\dfrac{\partial z}{\partial y}$.

4. 设 $e^{\frac{x}{z}} + e^{\frac{y}{z}} = 2e^2$，求 $\left.\left(x\dfrac{\partial z}{\partial x} + y\dfrac{\partial z}{\partial y}\right)\right|_{\substack{x=2\\y=2}}$.

5. 设 $2\sin(x + 2y - 3z) = x + 2y - 3z$，证明 $\dfrac{\partial z}{\partial x} + \dfrac{\partial z}{\partial y} = 1$.

6. 设 $z = f(x^2 - y^2, e^{xy})$（其中 f 具有一阶连续偏导数），求 $\dfrac{\partial z}{\partial x}$ 和 $\dfrac{\partial z}{\partial y}$.

7. 设 $f(u, v)$ 具有连续的二阶偏导数，$z = f\left(\dfrac{y}{x}, x^2 y\right)$，求 $\dfrac{\partial z}{\partial x}$ 和 $\dfrac{\partial^2 z}{\partial y \partial x}$.

8. 设 $\begin{cases} u^3 + xv = y \\ v^3 + yu = x \end{cases}$，求 $\dfrac{\partial u}{\partial x}$，$\dfrac{\partial u}{\partial y}$ 和 $\dfrac{\partial v}{\partial x}$，$\dfrac{\partial v}{\partial y}$.

第五节 多元函数极值及应用

在许多经济学和工程问题中，常会遇到求一个多元函数的最大值和最小值问题，即最值问题. 通常在实际问题中出现的求最值的函数被称为目标函数，其自变量称为决策变量，此类问题统称为优化问题. 下面将讨论与多元函数最值有关的简单优化问题，首先给出多元函数极值的概念.

一、多元函数的极值

定义 8-7 设函数 $z = f(x, y)$ 在点 (x_0, y_0) 的某邻域内有定义，对于该邻域内所有异于 (x_0, y_0) 的点 (x, y)，若满足不等式 $f(x, y) < f(x_0, y_0)$，则称函数在点 (x_0, y_0) 取得**极大值**，(x_0, y_0) 是其极大值点；若满足不等式 $f(x, y) > f(x_0, y_0)$，则称函数在点 (x_0, y_0) 取得**极小值**，(x_0, y_0) 是其极小值点.

极大值、极小值统称为函数的极值. 使函数取得极值的点（极大值点和极小值点）统称为极值点. 下面举例说明.

例 8-42 函数 $z = f(x, y) = 3x^2 + 4y^2$ 在点 $(0,0)$ 处取得极小值 $f(0,0) = 0$，点 $(0,0)$ 是其极小值点. 因为此函数在点 $(0,0)$ 的任一邻域内的点的函数值均非负，故 $f(0,0) = 0$ 为 $z = 3x^2 + 4y^2$ 的极小值（见图 8-8）.

例 8-43 函数 $z = f(x, y) = -\sqrt{x^2 + y^2}$ 在点 $(0,0)$ 处取得极大值 $f(0,0) = 0$，点 $(0,0)$ 是其极大值点. 因为此函数在点 $(0,0)$ 的任一邻域内的点的函数值均非正，故 $f(0,0) = 0$ 为 $z = -\sqrt{x^2 + y^2}$ 的极大值（见图 8-9）.

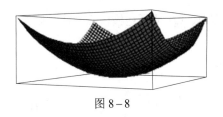
图 8-8

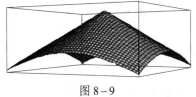
图 8-9

例 8-44 函数 $z = f(x,y) = xy$ 在点 $(0,0)$ 处无极值. 因为此函数在点 $(0,0)$ 的任一邻域内的点的函数值既有正值又有负值，故 $f(0,0)=0$ 不为 $z=xy$ 的极值（见图 8-10）.

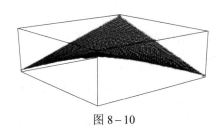
图 8-10

二、多元函数取得极值的条件

定义 8-8 使多元函数的一阶偏导数均为零的点，称为该多元函数的**驻点**.

定理 8-8（极值存在的必要条件） 设函数 $z = f(x,y)$ 在点 (x_0, y_0) 具有偏导数，且在点 (x_0, y_0) 处有极值，则点 (x_0, y_0) 为该函数 $z = f(x,y)$ 的驻点，即 $f_x(x_0, y_0) = 0$ 且 $f_y(x_0, y_0) = 0$.

可偏导的二元函数其极值点必为驻点，但是驻点却不一定是极值点. 例如，例 8-44 中点 $(0,0)$ 为 $z = xy$ 的驻点却不是极值点. 而极值点可以是偏导数不存在的点，如例 8-43 中点 $(0,0)$ 为 $z = -\sqrt{x^2 + y^2}$ 偏导数不存在的点，但是点 $(0,0)$ 为其极大值点. 如何求得函数的极值点和极值是一类重要的问题，下面给出极值存在的充分条件.

定理 8-9（极值存在的充分条件） 设函数 $z = f(x,y)$ 在点 (x_0, y_0) 的某邻域内连续，有一阶及二阶连续偏导数，且满足 $f_x(x_0, y_0) = 0$，$f_y(x_0, y_0) = 0$，令 $f_{xx}(x_0, y_0) = A$，$f_{xy}(x_0, y_0) = B$，$f_{yy}(x_0, y_0) = C$，则 $f(x,y)$ 在点 (x_0, y_0) 处是否取得极值的条件如下：

（1）当 $B^2 - AC < 0$ 时，点 (x_0, y_0) 为极值点，且当 $A < 0$ 时，(x_0, y_0) 为极大值点，当 $A > 0$ 时，(x_0, y_0) 为极小值点；

（2）当 $B^2 - AC > 0$ 时，点 (x_0, y_0) 不是极值点；

（3）当 $B^2 - AC = 0$ 时，点 (x_0, y_0) 可能是极值点，也可能不是极值点，需另作讨论.

三、多元函数极值求解的一般步骤

对于具有一阶和二阶连续偏导数的函数 $z = f(x,y)$，其极值的求解可按以下步骤进行：

第一步 求出 $z = f(x,y)$ 的偏导数 $f_x(x,y)$，$f_y(x,y)$，并解方程组 $\begin{cases} f_x(x,y) = 0 \\ f_y(x,y) = 0 \end{cases}$ 求出实数解，即 $z = f(x,y)$ 的驻点；

第二步 对于每一个驻点 (x_0, y_0)，求出二阶偏导数的值 A、B 和 C；

第三步 计算 $B^2 - AC$，再根据定理 8-9 判定 (x_0, y_0) 是否是极值点，若是则求出相应的极值.

例 8-45 求函数 $f(x,y) = x^3 + y^3 - 3xy$ 的极值.

解 先解方程组 $\begin{cases} f_x(x,y) = 3x^2 - 3y = 0 \\ f_y(x,y) = 3y^2 - 3x = 0 \end{cases}$，求得 $\begin{cases} x=1 \\ y=1 \end{cases}$，$\begin{cases} x=0 \\ y=0 \end{cases}$，于是得驻点 $(1,1)$，$(0,0)$.

再求出二阶偏导数 $f_{xx}(x,y) = 6x$，$f_{xy}(x,y) = -3$，$f_{yy}(x,y) = 6y$，在点 $(1,1)$ 处，$B^2 - AC = (-3)^2 - 6 \times 6 = -27 < 0$，且 $A > 0$.

由定理 8-9 知，函数在点 $(1,1)$ 处取得极小值 $f(1,1) = -1$；在点 $(0,0)$ 处，$B^2 - AC = (-3)^2 - 0 \times 0 = 9 > 0$，故 $f(0,0)$ 不是极值.

例 8-46 求函数 $f(x,y) = x^3 - y^3 + 3x^2 + 3y^2 - 9x$ 的极值.

解 先解方程组 $\begin{cases} f_x(x,y) = 3x^2 + 6x - 9 = 0 \\ f_y(x,y) = -3y^2 + 6y = 0 \end{cases}$，求得驻点为 $(1,0)$、$(1,2)$、$(-3,0)$、$(-3,2)$.

再求出二阶偏导数 $f_{xx}(x,y) = 6x + 6$，$f_{xy}(x,y) = 0$，$f_{yy}(x,y) = -6y + 6$.

在点 $(1,0)$ 处，$B^2 - AC = -12 \times 6 < 0$，又因 $A > 0$，所以函数在点 $(1,0)$ 处有极小值 $f(1,0) = -5$；

在点 $(1,2)$ 处，$B^2 - AC = 12 \times 6 > 0$，所以 $f(1,2)$ 不是极值；

在点 $(-3,0)$ 处，$B^2 - AC = 12 \times 6 > 0$，所以 $f(-3,0)$ 不是极值；

在点 $(-3,2)$ 处，$B^2 - AC = 12 \times (-6) < 0$ 且 $A < 0$，所以函数在点 $(-3,2)$ 处有极大值 $f(-3,2) = 31$.

在讨论函数的极值问题时，如果函数在所讨论的区域内具有偏导数，则由定理 8-8 可知，极值只可能在驻点处取得. 然而，如果函数在个别点处的偏导数不存在，这些点也可能是极值点. 因此，在研究函数的极值问题时，除了考虑函数的驻点外，还需考虑偏导数不存在的点.

与一元函数类似，基于函数的极值往往可求出函数的最大值和最小值.

四、多元函数的最值及其求法

如果函数 $f(x,y)$ 在有界闭区域 D 上连续，则 $f(x,y)$ 在 D 上必能取得最大值和最小值. 使函数取得最大值或最小值的点既可能在 D 的内部，也可能在 D 的边界上. 假定函数 $f(x,y)$ 在 D 上连续、在 D 内可微分且只有有限个驻点，此时如果函数在 D 的内部取得最大值（最小值），那么该最大值（最小值）也是函数的极大值（极小值）. 因此，求最大值和最小值的一般方法是：将函数 $f(x,y)$ 在 D 内的所有驻点处的函数值及在 D 的边界上的最大值和最小值进行比较，其中最大的一个就是最大值，最小的一个就是最小值.

例 8-47 求二元函数 $f(x,y) = x^2 y(4-x-y)$ 在直线 $x+y=6$，x 轴和 y 轴所围成的闭区域 D 上的最大值与最小值.

解 先求函数在 D 内的驻点，解方程组

$$\begin{cases} f_x(x,y) = 2xy(4-x-y) - x^2 y = 0 \\ f_y(x,y) = x^2(4-x-y) - x^2 y = 0 \end{cases},$$

可得区域 D 内唯一驻点 $(2,1)$，且 $f(2,1) = 4$．

再求 $f(x,y)$ 在 D 边界上的最值：

在边界 $x = 0$ 和 $y = 0$ 上，$f(x,y) = 0$．

在边界 $x + y = 6$ 上，将 $y = 6 - x$ 代入函数 $f(x,y)$ 中，可得一元函数 $g(x) = x^2(6-x)(-2)$．

由 $g'(x) = 4x(x-6) + 2x^2 = 0$，得

$$x_1 = 0, x_2 = 4.$$

当 $x_2 = 4$ 时，$y = 2$，$f(4,2) = -64$．

比较后可知，$f(2,1) = 4$ 为最大值，$f(4,2) = -64$ 为最小值．

例 8-48 某厂要用铁板做成一个体积为 V 的无盖长方体水箱，问怎样选取长、宽、高才能使用料最省．

解 设水箱的长为 x，宽为 y，高为 z，已知 $xyz = V$，从而 $z = \dfrac{V}{xy}$，水箱的表面积为

$$S = xy + 2\left(x \cdot \frac{V}{xy} + y \cdot \frac{V}{xy} \right) = xy + 2V\left(\frac{1}{x} + \frac{1}{y} \right),$$

求材料最省就是求表面积 S 的最小值问题．解方程组

$$\begin{cases} S_x = y - \dfrac{2V}{x^2} = 0 \\ S_y = x - \dfrac{2V}{y^2} = 0 \end{cases},$$

得 $x = y = \sqrt[3]{2V}$，即驻点为 $(\sqrt[3]{2V}, \sqrt[3]{2V})$．

由问题的实际意义可知，表面积 S 的最小值一定存在，现在 D 内只有一个驻点，所以当 $x = \sqrt[3]{2V}, y = \sqrt[3]{2V}$ 时，S 取得最小值．这时 $z = \dfrac{V}{xy} = \dfrac{\sqrt[3]{2V}}{2}$，于是当水箱的底是边长为 $\sqrt[3]{2V}$ 的正方形，高为 $\dfrac{\sqrt[3]{2V}}{2}$ 时所用的材料最省．

五、条件极值

上面讨论的函数的极值，其中的自变量除了限制在定义域内取值外，并无其他条件限制，这种极值称为无条件极值．但在许多实际问题中，往往对自变量还有附加的条件约束．如下面的例子．

例 8-49 小王有 100 元，他打算用来购买两种物品：光盘和录音磁带．设他购买光盘 x 张、录音磁带 y 盒，其效用函数为 $U(x,y) = \ln x + \ln y$．设每张光盘售价 5 元，每盒录音磁带售价 4 元．问如何分配 100 元购买光盘和录音磁带方可达到最佳满意度（总效用最大）．

问题的实质：求 $U(x,y) = \ln x + \ln y$ 在约束条件 $5x + 4y = 100$ 下的极值点．

这种对自变量有附加约束条件的极值称为条件极值.

求函数 $z=f(x,y)$ 在约束条件 $\varphi(x,y)=0$ 下的可能极值点及极值，通常可使用以下拉格朗日乘数法获取. 具体步骤如下.

第一步　先构造拉格朗日函数
$$L(x,y)=f(x,y)+\lambda\varphi(x,y),$$
其中 λ 为某一常数，称为拉格朗日乘数.

第二步　求拉格朗日函数对每一个自变量的偏导数 $L_x(x,y)$，$L_y(x,y)$，联立方程
$$\begin{cases} L_x(x,y)=f_x(x,y)+\lambda\varphi_x(x,y)=0 \\ L_y(x,y)=f_y(x,y)+\lambda\varphi_y(x,y)=0, \\ \varphi(x,y)=0 \end{cases}$$
解出 x，y，λ，所得的点 (x,y) 就是可能的极值点.

第三步　判定所求得的点 (x,y) 是否为极值点.

用拉格朗日乘数法来求解例 8-49，即求函数 $U(x,y)=\ln x+\ln y$ 在约束条件 $5x+4y=100$ 下的极值点.

解　构造拉格朗日函数
$$L(x,y)=\ln x+\ln y+\lambda(5x+4y-100).$$

解方程组
$$\begin{cases} L_x(x,y)=\dfrac{1}{x}+5\lambda=0 \\ L_y(x,y)=\dfrac{1}{y}+4\lambda=0, \\ 5x+4y-100=0 \end{cases}$$

得
$$\begin{cases} x=10 \\ y=12.5 . \\ \lambda=-\dfrac{1}{50} \end{cases}$$

这是唯一可能的极值点. 由问题本身的实际意义可知最大值一定存在，所以最大值就在这个可能的极值点 (10, 12.5) 处取得. 但根据实际情况，录音磁带不可能买 0.5 盒，因而他购买 10 张光盘、12 盒录音磁带可使总效用最大，即达到最佳满意度.

求二元以上函数的条件极值，拉格朗日乘数法同样适用.

例 8-50　求表面积为 a^2 而体积最大的长方体的体积.

解　设长方体的 3 条棱长为 x，y，z，则条件极值问题就是在约束条件 $2(xy+yz+xz)=a^2$ 下求体积函数 $V=xyz$ 的最大值.

构造辅助函数
$$L(x,y,z)=xyz+\lambda(2xy+2yz+2xz-a^2),$$

解方程组

$$\begin{cases} L_x(x,y,z) = yz + 2\lambda(y+z) = 0 \\ L_y(x,y,z) = xz + 2\lambda(x+z) = 0 \\ L_z(x,y,z) = xy + 2\lambda(y+x) = 0 \\ 2xy + 2yz + 2xz = a^2 \end{cases},$$

得 $x = y = z = \dfrac{\sqrt{6}}{6}a$. 这是唯一可能的极值点. 由问题本身的实际意义可知，最大值一定存在，所以最大值就在这个可能的极值点处取得. 亦即表面积为 a^2 的长方体中以棱长为 $\dfrac{\sqrt{6}}{6}a$ 的正方体体积最大，此时体积 $V = \dfrac{\sqrt{6}}{36}a^3$.

拉格朗日乘数法还可以推广到自变量多于两个而条件多于一个的情形. 例如, 要求函数 $u = f(x,y,z,t)$ 在附加条件 $\varphi(x,y,z,t) = 0$ 及 $\psi(x,y,z,t) = 0$ 下的极值, 可以先构成辅助函数

$$F(x,y,z,t) = f(x,y,z,t) + \lambda_1 \varphi(x,y,z,t) + \lambda_2 \psi(x,y,z,t),$$

其中 λ_1, λ_2 均为常数, 求其一阶偏导数, 并使之为零, 然后与附加条件中的两个方程联立求解, 这样得出的 x、y、z、t 就是函数 $f(x,y,z,t)$ 在附加条件下的可能极值点.

习 题 8-5

1. 求函数 $f(x,y) = 4(x-y) - x^2 - y^2$ 的极值.

2. 求函数 $f(x,y) = x^2 - y^2 + 2$ 在闭区域 $D = \{(x,y) \mid x^2 + \dfrac{y^2}{4} \leqslant 1\}$ 上最大值和最小值.

3. 求函数 $u = xyz$ 在附加条件 $\dfrac{1}{x} + \dfrac{1}{y} + \dfrac{1}{z} = \dfrac{1}{a}$ $(x > 0, y > 0, z > 0)$ 下的极值.

4. 某厂家生产的一种产品同时在两个市场销售, 售价分别为 p_1 和 p_2, 销售量分别为 q_1 和 q_2, 需求函数分别为 $q_1 = 24 - 0.2 p_1$, $q_2 = 10 - 0.05 p_2$, 总成本函数为 $C = 35 + 40(q_1 + q_2)$. 求 (1) 厂家如何确定两个市场的售价, 能使其获得的总利润最大? (2) 最大总利润是多少?

5. 设生产某种产品需用原料 A 和原料 B, 它们的单位价格分别是 10 元和 15 元, 用 x 单位原料 A 和 y 单位原料 B 可生产该产品 $20xy - x^2 - 8y^2$ 件, 现要以最低成本生产该产品 112 件, 试问需要原料 A 和原料 B 各多少单位?

本 章 习 题

1. 求二元函数 $z = \sqrt{1-x^2} + \sqrt{y^2-1}$ 的定义域.

2. 若 $f(x+y, x-y) = \mathrm{e}^{x^2+y^2}(x^2 - y^2)$, 求函数 $f(x,y)$ 和 $f(\sqrt{2}, \sqrt{2})$.

3. 求下列极限.

(1) $\displaystyle\lim_{(x,y) \to (0,0)} \dfrac{\sin(x^2 + y^2)}{x^2 + y^2}$;

(2) $\displaystyle\lim_{(x,y) \to (1,0)} \dfrac{\ln(x + \mathrm{e}^y)}{\sqrt{x^2 + y^2}}$;

（3）$\lim\limits_{(x,y)\to(0,0)} \dfrac{3xy}{\sqrt{xy+4}-2}$;

（4）$\lim\limits_{(x,y)\to(0,0)} \dfrac{1-\cos(x^2+y^2)}{(x^2+y^2)e^{x^2y^2}}$.

4. 函数 $z = \dfrac{y^2+2x}{y^2-2x}$ 在何处间断？

5. 求下列函数的偏导数.

（1）$z = x^3y^2 + y^3x^2$;

（2）$u = \arctan(x-y)^z$;

（3）$z = \ln(lx + \sqrt{x^2+y^2})$;

（4）$z = e^{-x}\sin(x+y)$.

6. 已知 $z = x^2\arctan\dfrac{y}{x} - y^2\arctan\dfrac{x}{y}$，求 $\dfrac{\partial^2 z}{\partial x \partial y}$.

7. 设 $u = \ln r$，$r = \sqrt{x^2+y^2}$，证明：除坐标原点外函数 u 满足微分方程 $\dfrac{\partial^2 u}{\partial x^2} + \dfrac{\partial^2 u}{\partial y^2} = 0$.

8. 设 $z = f(x^2-y, \cos x)$，其中 f 具有二阶导数，求 $\dfrac{\partial z}{\partial y}$ 和 $\dfrac{\partial^2 z}{\partial y \partial x}$.

9. 已知函数 $z = z(x,y)$ 由方程 $z^2 + yz - 2x + 1 = 0$ 确定，证明 $y\dfrac{\partial z}{\partial x} - 4\dfrac{\partial z}{\partial y} = 2$.

10. 方程 $x - az = \varphi(y - bz)$ 确定了函数 $z = z(x,y)$，其中 $\varphi(u)$ 有连续的导数，a, b 是不全为零的常数，证明 $a\dfrac{\partial z}{\partial x} + b\dfrac{\partial z}{\partial y} = 1$.

11. 求函数 $f(x,y) = x^2(2+y^2) - y\ln y$ 的极值.

12. 某公司可通过电台及报纸两种方式做销售某商品的广告. 根据统计资料，销售收入 R 万元与电台广告费用 x_1 万元及报纸广告费用 x_2 万元之间的关系有以下经验公式：

$$R = 15 + 14x_1 + 32x_2 - 8x_1x_2 - 2x_1^2 - 10x_2^2.$$

（1）在广告费用不限的情况下，求最优广告策略；

（2）若提供的广告费用为 1.5 万元，求相应的最优广告策略.

第九章 二重积分

我们知道，定积分的被积函数是一元函数，积分范围是数轴上的闭区间，二重积分的被积函数是二元函数，积分范围是平面上的闭区域．二重积分也是从实践中抽象出来的，是定积分的思想和方法的推广．本章讨论二重积分的概念、性质、计算及几何应用．

第一节　二重积分的概念与性质

一、引例

1. 曲顶柱体的体积

设有一立体，它的底面是 xOy 面上的闭区域 D，它的侧面是以 D 的边界曲线为准线而母线平行于 z 轴的柱面，它的顶部是曲面 $z=f(x,y)$，$f(x,y)\geqslant 0$ 且在 D 上连续（见图 9–1）．这样的立体称为**曲顶柱体**．其中，曲面 $z=f(x,y)$ 称为曲顶．求曲顶柱体的体积 V．

平顶柱体的体积为底面积乘高，而曲顶柱体的顶 $z=f(x,y)$ 是随着底上点 (x,y) 的变化而变化的，不能直接用平顶柱体的体积公式计算．又由 $z=f(x,y)$ 的连续性可知，在一个相当小的区域上，$f(x,y)$ 的值变化也很小．从而，通过把闭区域 D 划分成许多小区域，相应地，曲顶柱体被分割成许多小的细曲顶柱体．每个细曲顶柱体的体积可用细平顶柱体的体积来近似，把所有细平顶柱体的体积求和，则得到所求曲顶柱体体积的近似值，并且分割越细，近似程度就越高．无限细分的极限值即为曲顶柱体的体积．具体步骤如下．

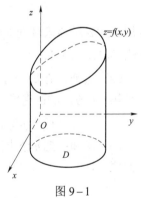

图 9–1

（1）分割：用一组曲线网把闭区域 D 分割成 n 个小区域：

$$\Delta\sigma_1,\Delta\sigma_2,\cdots,\Delta\sigma_n.$$

分别以这些小区域的边界曲线为准线，作母线平行于 z 轴的柱面，这些柱面把原来的曲顶柱体分割成 n 个细曲顶柱体

$$\Delta V_1,\Delta V_2,\cdots,\Delta V_n.$$

其中，ΔV_i 表示第 i 个细曲顶柱体，也表示该柱体的体积，$\Delta\sigma_i$ 表示第 i 个小区域，也表示该区域的面积 $(i=1,2,\cdots,n)$．

（2）近似：在每个区域 $\Delta\sigma_i$ 中任取一点 (ξ_i,η_i)，用以 $\Delta\sigma_i$ 为底、$f(\xi_i,\eta_i)$ 为高的平顶柱体近似代替第 i 个细曲顶柱体（见图 9–2），因此，第 i 个细曲顶柱体的体积

$$\Delta V_i\approx f(\xi_i,\eta_i)\Delta\sigma_i\quad(i=1,2,\cdots,n).$$

（3）求和：把 n 个细平顶柱体的体积求和，得到所求曲顶柱体体积的近似值，即

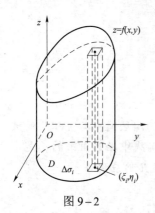

图 9-2

$$V \approx \sum_{i=1}^{n} f(\xi_i, \eta_i) \Delta \sigma_i.$$

（4）取极限：为保证区域 D 无限细分，每个小区域的直径都无限缩小，设 λ 为所有小区域直径的最大值，则当 $\lambda \to 0$ 时，每个小区域直径的长度也趋于零. 取和式 $\sum_{i=1}^{n} f(\xi_i, \eta_i) \Delta \sigma_i$ 的极限，就得到了曲顶柱体的体积，即

$$V = \lim_{\lambda \to 0} \sum_{i=1}^{n} f(\xi_i, \eta_i) \Delta \sigma_i.$$

2. 平面薄片的质量

设有一平面薄片在 xOy 平面上占有闭区域 D，其面密度为 $\mu(x, y)$，$\mu(x, y) > 0$ 且为 D 上的连续函数. 求平面薄片的质量 M.

若面密度是常数，即物质分布均匀，则平面薄片的质量等于面密度乘面积. 而面密度 $\mu(x, y)$ 是变化的，不能直接计算. 由 $\mu(x, y)$ 的连续性，在很小的区域内，面密度的值变化也很小，可近似为常数. 采用类似于求曲顶柱体体积的方法来处理. 具体步骤如下.

（1）分割：用一组曲线网把闭区域 D 分割成 n 个小区域：

$$\Delta \sigma_1, \Delta \sigma_2, \cdots, \Delta \sigma_n.$$

也用 $\Delta \sigma_i$ 表示该区域的面积. 相应地，n 个小薄片的质量分别为 $\Delta M_1, \Delta M_2, \cdots, \Delta M_n$.

（2）近似：在每个 $\Delta \sigma_i$ 中任取一点 (ξ_i, η_i)，用 $\mu(\xi_i, \eta_i)$ 近似代替第 i 个薄片的面密度（见图 9-3），因此，第 i 个薄片的质量

$$\Delta M_i \approx \mu(\xi_i, \eta_i) \Delta \sigma_i \quad (i = 1, 2, \cdots, n).$$

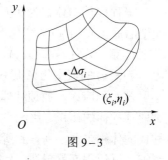

图 9-3

（3）求和：把 n 个小薄片的质量求和，得到所求薄片质量的近似值，即

$$M \approx \sum_{i=1}^{n} \mu(\xi_i, \eta_i) \Delta \sigma_i.$$

（4）取极限：设 λ 为所有小区域直径最大值，则当 $\lambda \to 0$ 时，每个小区域直径的长度也趋于零. 取和式 $\sum_{i=1}^{n} \mu(\xi_i, \eta_i) \Delta \sigma_i$ 的极限，就得到了平面薄片的质量，即

$$M = \lim_{\lambda \to 0} \sum_{i=1}^{n} \mu(\xi_i, \eta_i) \Delta \sigma_i.$$

二、二重积分的定义

定义 9-1 设 $f(x, y)$ 是有界闭区域 D 上的有界函数. 将 D 任意分成 n 个小区域

$$\Delta \sigma_1, \Delta \sigma_2, \cdots, \Delta \sigma_n,$$

其中 $\Delta \sigma_i$ 表示第 i 个小区域，也表示它的面积. 在 $\Delta \sigma_i$ 上任取一点 (ξ_i, η_i)，作乘积 $f(\xi_i, \eta_i) \Delta \sigma_i$ $(i = 1, 2, \cdots, n)$，并作和式 $\sum_{i=1}^{n} f(\xi_i, \eta_i) \Delta \sigma_i$. 记这 n 个小区域的最大直径为 λ，如果当

λ 趋于零时，此和式的极限总存在，则称 $f(x,y)$ 在闭区域 D 上**可积**，并称此极限值为函数 $f(x,y)$ 在闭区域 D 上的**二重积分**，记作 $\iint\limits_{D} f(x,y)\mathrm{d}\sigma$，即

$$\iint\limits_{D} f(x,y)\mathrm{d}\sigma = \lim_{\lambda \to 0} \sum_{i=1}^{n} f(\xi_i, \eta_i)\Delta\sigma_i.$$

其中 x 与 y 叫作积分变量，$f(x,y)$ 叫作被积函数，$f(x,y)\mathrm{d}\sigma$ 叫作被积表达式，$\mathrm{d}\sigma$ 叫作面积元素或面积微元，D 叫作积分区域，$\sum_{i=1}^{n} f(\xi_i, \eta_i)\Delta\sigma_i$ 叫作积分和.

根据二重积分的定义，引例中的两个问题用二重积分表示分别为：

曲顶柱体的体积

$$V = \lim_{\lambda \to 0} \sum_{i=1}^{n} f(\xi_i, \eta_i)\Delta\sigma_i = \iint\limits_{D} f(x,y)\mathrm{d}\sigma.$$

平面薄片的质量

$$M = \lim_{\lambda \to 0} \sum_{i=1}^{n} \mu(\xi_i, \eta_i)\Delta\sigma_i = \iint\limits_{D} \mu(x,y)\mathrm{d}\sigma.$$

注 ① 二重积分是一个和式的极限，是一个具体的数值.

② 二重积分的值仅与被积函数 $f(x,y)$ 及积分区域 D 有关，而与 D 的分割及点 (ξ_i, η_i) 的选取无关.

③ 二重积分的定义中对 D 的划分是任意的，若在直角坐标系中用平行于坐标轴的直线网来划分区域 D（见图 9-4），此时除了包含边界点的一些小闭区域外，其余的小区域都是矩形区域，设其边长为 Δx_j 和 Δy_k，则其面积 $\Delta\sigma_i = \Delta x_j \cdot \Delta y_k$，因此，在直角坐标系中，把面积元素 $\mathrm{d}\sigma$ 记作 $\mathrm{d}x\mathrm{d}y$，而把二重积分记作 $\iint\limits_{D} f(x,y)\mathrm{d}x\mathrm{d}y$，其中 $\mathrm{d}x\mathrm{d}y$ 叫作直角坐标系中的面积元素.

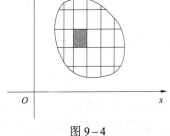

图 9-4

④ 二重积分的几何意义：当 $f(x,y) \geq 0$ 时，$\iint\limits_{D} f(x,y)\mathrm{d}\sigma$ 表示以平面闭区域 D 为底，以曲面 $z = f(x,y)$ 为顶的曲顶柱体的体积；当 $f(x,y) \leq 0$ 时，柱体在 xOy 面下方，二重积分表示曲顶柱体体积的相反数；若 $f(x,y)$ 在 D 的若干部分区域为正，其他区域为负，则二重积分表示 xOy 面上方的柱体体积减去 xOy 面下方的柱体体积.

可以不加证明地指出，当 $f(x,y)$ 在闭区域 D 上连续时，函数 $f(x,y)$ 在 D 上可积.

例 9-1 用二重积分的几何意义，计算积分 $\iint\limits_{D} \sqrt{R^2 - x^2 - y^2}\mathrm{d}\sigma$ 的值，其中 D：$x^2 + y^2 \leq R^2$.

解 被积函数 $z = f(x,y) = \sqrt{R^2 - x^2 - y^2}$ 为球心在原点、半径为 R 的上半球面（见图 9-5），所求积分 $\iint\limits_{D} \sqrt{R^2 - x^2 - y^2}\mathrm{d}\sigma$ 为半球的体积，即

$$\iint\limits_{D}\sqrt{R^2-x^2-y^2}\,d\sigma = \frac{1}{2}\times\frac{4}{3}\pi R^3 = \frac{2}{3}\pi R^3.$$

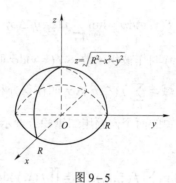

图 9-5

三、二重积分的性质

二重积分具有和定积分类似的性质,以下各性质中所列出的二重积分假定都是存在的.

性质 9-1（线性性质）

（1）函数的和（或差）的二重积分,等于它们的二重积分的和（或差）,即

$$\iint\limits_{D}[f(x,y)\pm g(x,y)]d\sigma = \iint\limits_{D}f(x,y)d\sigma \pm \iint\limits_{D}g(x,y)d\sigma.$$

（2）被积函数中的常数因子可以提到积分号的前面,即

$$\iint\limits_{D}kf(x,y)d\sigma = k\iint\limits_{D}f(x,y)d\sigma \quad (k \text{ 是常数}).$$

综合（1）（2）,即为

$$\iint\limits_{D}[\alpha f(x,y)+\beta g(x,y)]d\sigma = \alpha\iint\limits_{D}f(x,y)d\sigma + \beta\iint\limits_{D}g(x,y)d\sigma,$$

其中 α,β 为常数.

性质 9-2（区域可加性） 如果闭区域 D 被曲线分为两个闭区域 D_1 与 D_2,则在 D 上的二重积分等于在 D_1 及 D_2 上的二重积分的和（见图 9-6）,即

$$\iint\limits_{D}f(x,y)d\sigma = \iint\limits_{D_1}f(x,y)d\sigma + \iint\limits_{D_2}f(x,y)d\sigma.$$

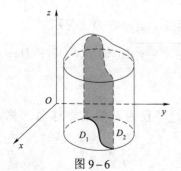

图 9-6

性质 9-3 如果在闭区域 D 上, $f(x,y)\equiv 1$, σ 为 D 的面积,那么

$$\sigma = \iint\limits_{D}1d\sigma = \iint\limits_{D}d\sigma.$$

此性质中被积函数为 1,二重积分的几何意义是：以 D 为底、高为 1 的柱体体积,结果等于 D 的面积.

性质 9-4 如果在闭区域 D 上, $f(x,y)\leqslant g(x,y)$,则有不等式

$$\iint\limits_D f(x,y)\mathrm{d}\sigma \leqslant \iint\limits_D g(x,y)\mathrm{d}\sigma.$$

特殊地，由于 $-|f(x,y)| \leqslant f(x,y) \leqslant |f(x,y)|$，则有不等式

$$\left|\iint\limits_D f(x,y)\mathrm{d}\sigma\right| \leqslant \iint\limits_D |f(x,y)|\mathrm{d}\sigma.$$

例 9–2 比较积分 $\iint\limits_D (x+y)\mathrm{d}\sigma$ 和 $\iint\limits_D (x+y)^4\mathrm{d}\sigma$ 的大小，其中积分区域 D 是由 x 轴、y 轴与直线 $x+y=1$ 所围成的.

解 由条件可知，在积分区域 D 上 $0 \leqslant x+y \leqslant 1$，从而 $x+y \geqslant (x+y)^4$，所以

$$\iint\limits_D (x+y)\mathrm{d}\sigma \geqslant \iint\limits_D (x+y)^4 \mathrm{d}\sigma.$$

性质 9–5（估值不等式） 设 m，M 分别是 $f(x,y)$ 在闭区域 D 上的最小值和最大值，σ 是 D 的面积，则

$$m\sigma \leqslant \iint\limits_D f(x,y)\mathrm{d}\sigma \leqslant M\sigma.$$

例 9–3 估计二重积分 $\iint\limits_D \dfrac{1}{\sqrt{x+y+5}}\mathrm{d}\sigma$ 的值，其中 D 是圆形闭区域：$x^2+y^2 \leqslant 8$.

解 在积分区域 D 上，$-4 \leqslant x+y \leqslant 4$，则

$$\frac{1}{3} \leqslant \frac{1}{\sqrt{x+y+5}} \leqslant 1.$$

又 D 的面积为 8π，所以由估值不等式得

$$\frac{8\pi}{3} \leqslant \iint\limits_D \frac{1}{\sqrt{x+y+5}}\mathrm{d}\sigma \leqslant 8\pi.$$

性质 9–6（二重积分的中值定理） 如果函数 $f(x,y)$ 在闭区域 D 上连续，σ 是 D 的面积，则至少存在一点 $(\xi,\eta) \in D$，使得

$$\iint\limits_D f(x,y)\mathrm{d}\sigma = f(\xi,\eta) \cdot \sigma.$$

习 题 9–1

1. 利用几何意义计算积分.

（1）$\iint\limits_D \sqrt{4-x^2-y^2}\mathrm{d}\sigma$，其中 D：$x^2+y^2 \leqslant 4$；

（2）$\iint\limits_D (1-\sqrt{x^2+y^2})\mathrm{d}\sigma$，其中 D：$x^2+y^2 \leqslant 1$；

（3）$\iint\limits_D \mathrm{d}\sigma$，其中 D 由 $y=x$、$y=2-x$ 与 x 轴围成.

2. 比较下列二重积分的大小.

(1) $\iint\limits_{D} \ln(x+y)\mathrm{d}\sigma$ 和 $\iint\limits_{D} [\ln(x+y)]^2 \mathrm{d}\sigma$,其中 D:$2 \leqslant x \leqslant 4, 1 \leqslant y \leqslant 3$.

(2) $\iint\limits_{D}(x+y)\mathrm{d}\sigma$ 和 $\iint\limits_{D}(x+y)^2 \mathrm{d}\sigma$,其中 D 是由 $x+y=1$、x 轴与 y 轴围成的三角形闭区域.

3. 估计下列二重积分的值.

(1) $I = \iint\limits_{D}\sqrt{2x+y+1}\mathrm{d}\sigma$,其中 D:$0 \leqslant x \leqslant 1$,$0 \leqslant y \leqslant 2$;

(2) $I = \iint\limits_{D}\sin^2 x \sin^2 y \mathrm{d}\sigma$,其中 D:$0 \leqslant x \leqslant \pi$,$0 \leqslant y \leqslant \pi$;

(3) $I = \iint\limits_{D}(x^2+2y^2+1)\mathrm{d}\sigma$,其中 D:$x^2+y^2 \leqslant 4$.

第二节 直角坐标系下二重积分的计算

本节及下节将讨论二重积分的计算方法,基本思想是将二重积分化为累次积分(两次定积分)来计算. 首先讨论在直角坐标系下的情况.

一、直角坐标系下二重积分的计算

我们知道,直角坐标系下 $\iint\limits_{D} f(x,y)\mathrm{d}\sigma = \iint\limits_{D} f(x,y)\mathrm{d}x\mathrm{d}y$. 下面根据积分区域 D 的特点,分别讨论二重积分的计算.

1. X 型区域

若积分区域 D 可以表示为 $\varphi_1(x) \leqslant y \leqslant \varphi_2(x), a \leqslant x \leqslant b$,其中 $\varphi_1(x), \varphi_2(x)$ 在 $[a,b]$ 上连续,则称 D 为 X 型区域(见图9-7). 容易看出,X 型区域的特点为,穿过 D 内部且平行于 y 轴的直线与 D 的边界相交不多于两点.

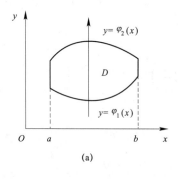
(a)

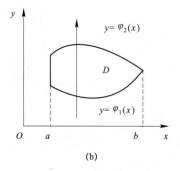
(b)

图 9-7

由二重积分的几何意义可知,当 $f(x,y) \geqslant 0$ 时,$\iint\limits_{D} f(x,y)\mathrm{d}x\mathrm{d}y$ 表示曲顶柱体的体积. 当 D 为 X 型区域时,柱体(见图9-8)的体积可用"平行截面面积为已知的立体体积"的方法来求.

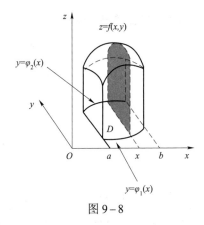

图 9-8

选积分变量 $x \in [a,b]$，在 $[a,b]$ 内任意一点 x 处，作垂直于 x 轴的平面. 该平面截曲顶柱体的截面为曲边梯形，底为 $[\varphi_1(x), \varphi_2(x)]$，曲边为 $z = f(x,y)$（x 固定）. 从而截面面积为曲边梯形的面积

$$A(x) = \int_{\varphi_1(x)}^{\varphi_2(x)} f(x,y) \mathrm{d}y.$$

所以柱体体积

$$V = \int_a^b A(x) \mathrm{d}x = \int_a^b [\int_{\varphi_1(x)}^{\varphi_2(x)} f(x,y) \mathrm{d}y] \mathrm{d}x.$$

即

$$\iint_D f(x,y) \mathrm{d}x\mathrm{d}y = \int_a^b [\int_{\varphi_1(x)}^{\varphi_2(x)} f(x,y) \mathrm{d}y] \mathrm{d}x. \tag{9-1}$$

若 $f(x,y)$ 不是非负的，设 $g(x) = \dfrac{f(x,y) + |f(x,y)|}{2} \geqslant 0$，$h(x) = \dfrac{|f(x,y)| - f(x,y)}{2} \geqslant 0$，则 $f(x,y) = g(x) - h(x)$，由积分的线性性质可知式（9-1）仍成立.

式（9-1）右端的积分叫作先对 y，后对 x 的二次积分. 也就是说，先把 x 看成常数，$f(x,y)$ 只看作 y 的函数，对 y 从 $\varphi_1(x)$ 到 $\varphi_2(x)$ 计算定积分；然后把计算的结果再对 x 在区间 $[a,b]$ 上计算定积分. 这个先对 y，后对 x 的二次积分也常简记为

$$\int_a^b \mathrm{d}x \int_{\varphi_1(x)}^{\varphi_2(x)} f(x,y) \mathrm{d}y.$$

因此，有

$$\iint_D f(x,y) \mathrm{d}x\mathrm{d}y = \int_a^b \mathrm{d}x \int_{\varphi_1(x)}^{\varphi_2(x)} f(x,y) \mathrm{d}y. \tag{9-2}$$

这就是把二重积分化为先对 y，后对 x 的**二次积分公式**.

2. Y 型区域

类似地，若积分区域 D 可以表示为 $\psi_1(y) \leqslant x \leqslant \psi_2(y)$，$c \leqslant y \leqslant d$，其中 $\psi_1(y)$，$\psi_2(y)$ 在区间 $[c,d]$ 上连续，则称 D 为 **Y 型区域**（见图 9-9）. 容易看出，Y 型区域的特点为，穿过 D 内部且平行于 x 轴的直线与 D 的边界相交不多于两点. 此时类似推导可得，

$$\iint_D f(x,y) \mathrm{d}x\mathrm{d}y = \int_c^d \mathrm{d}y \int_{\psi_1(y)}^{\psi_2(y)} f(x,y) \mathrm{d}x. \tag{9-3}$$

这就是把二重积分化为先对 x，后对 y 的**二次积分公式**.

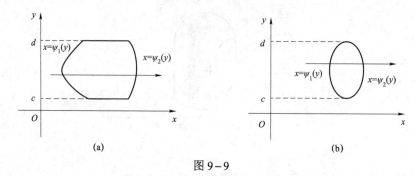

图 9-9

式（9-2）、式（9-3）为计算二重积分的两个不同的二次积分公式，在计算时，往往需要根据具体情况选择恰当的次序. 一般地，先画出积分区域 D 的图形，根据 D 的类型来确定积分的上下限.

例 9-4 计算 $\iint\limits_{D} xy\mathrm{d}\sigma$，其中 D 由 $y=2x$，$x=2$ 与 x 轴围成.

解 法一 如图 9-10 所示，$\iint\limits_{D} xy\mathrm{d}\sigma = \int_{0}^{2}\mathrm{d}x\int_{0}^{2x} xy\mathrm{d}y$

$$= \frac{1}{2}\int_{0}^{2}\left[xy^2\right]_{0}^{2x}\mathrm{d}x = 2\int_{0}^{2}x^3\mathrm{d}x = \frac{1}{2}\left[x^4\right]_{0}^{2} = 8.$$

法二 $\iint\limits_{D} f(x,y)\mathrm{d}\sigma = \int_{0}^{4}\mathrm{d}y\int_{\frac{y}{2}}^{2} xy\mathrm{d}x$

$$= \int_{0}^{4}\frac{1}{2}y\left[x^2\right]_{\frac{y}{2}}^{2}\mathrm{d}y = \int_{0}^{4}\left(2y-\frac{1}{8}y^3\right)\mathrm{d}y = \left[y^2-\frac{1}{32}y^4\right]_{0}^{4} = 8.$$

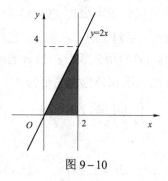

图 9-10

例 9-5 计算 $\iint\limits_{D} y\mathrm{d}x\mathrm{d}y$，其中 D 由抛物线 $y^2=x$ 与直线 $y=x-2$ 围成.

解 如图 9-11 所示，$\iint\limits_{D} y\mathrm{d}x\mathrm{d}y = \int_{-1}^{2}\mathrm{d}y\int_{y^2}^{y+2} y\mathrm{d}x$

$$= \int_{-1}^{2} y\mathrm{d}y\int_{y^2}^{y+2}\mathrm{d}x = \int_{-1}^{2}(y^2+2y-y^3)\mathrm{d}y$$

$$= \left[\frac{y^3}{3}+y^2-\frac{y^4}{4}\right]_{-1}^{2} = \frac{9}{4}.$$

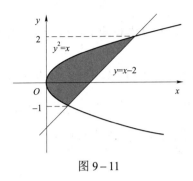

图 9–11

3. 其他情况

若积分区域 D 既不是 X 型的，又不是 Y 型的（见图 9–12），可以用平行于坐标轴的线段将 D 分割为几个 X 型或 Y 型区域. 每个区域上的二重积分用式（9–2）或式（9–3）计算后，再根据二重积分的区域可加性即可算得结果.

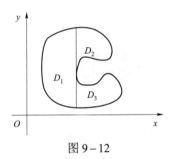

图 9–12

例 9–6 计算 $\iint\limits_{D}(x+2)\mathrm{d}x\mathrm{d}y$，其中 D 由直线 $y=x$、$y=3x$ 与 $x+y=4$ 围成.

解 如图 9–13 所示，

$$\iint\limits_{D}(x+2)\mathrm{d}x\mathrm{d}y = \int_0^1 \mathrm{d}x \int_x^{3x}(x+2)\mathrm{d}y + \int_1^2 \mathrm{d}x \int_x^{4-x}(x+2)\mathrm{d}y$$

$$= \int_0^1 (2x^2+4x)\mathrm{d}x + \int_1^2 (8-2x^2)\mathrm{d}x$$

$$= \left[\frac{2x^3}{3}+2x^2\right]_0^1 + \left[8x-\frac{2x^3}{3}\right]_1^2 = 6.$$

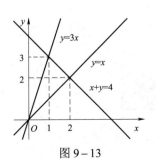

图 9–13

例 9-7 计算 $\iint\limits_D \dfrac{\sin x}{x}\mathrm{d}\sigma$，其中 D 由直线 $y=x$、$x=\pi$ 与 x 轴围成.

分析 积分区域 D 为三角形，由例 9-4 可知，D 既是 X 型的也是 Y 型的. 但因 $\dfrac{\sin x}{x}$ 的原函数不能用初等函数表示，从而 D 只能用 X 型的进行计算.

解 如图 9-14 所示，$\iint\limits_D \dfrac{\sin x}{x}\mathrm{d}\sigma = \int_0^\pi \dfrac{\sin x}{x}\mathrm{d}x\int_0^x \mathrm{d}y$

$$= \int_0^\pi \sin x\,\mathrm{d}x = [-\cos x]_0^\pi = 2.$$

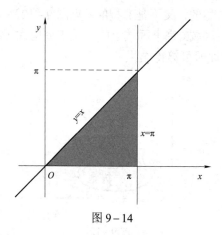

图 9-14

注 选择积分次序除了要依据积分区域 D 的图形判断，有时也要依据被积函数的特点来选择.

二、交换积分次序

例 9-8 交换下列积分的次序：

（1）$I=\int_0^1 \mathrm{d}y\int_{\mathrm{e}^y}^{\mathrm{e}} f(x,y)\mathrm{d}x$；（2）$I=\int_0^1 \mathrm{d}x\int_{-\sqrt{1-x^2}}^{\sqrt{1-x^2}} f(x,y)\mathrm{d}y$.

解 （1）D：$0\leqslant y\leqslant 1$，$\mathrm{e}^y\leqslant x\leqslant \mathrm{e}$，如图 9-15 所示，所以 $I=\int_1^{\mathrm{e}} \mathrm{d}x\int_0^{\ln x} f(x,y)\mathrm{d}y$.

（2）D：$0\leqslant x\leqslant 1$，$-\sqrt{1-x^2}\leqslant y\leqslant \sqrt{1-x^2}$，如图 9-16 所示，所以 $I=\int_{-1}^1 \mathrm{d}y\int_0^{\sqrt{1-y^2}} f(x,y)\mathrm{d}x$.

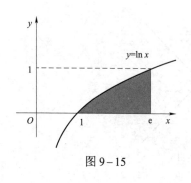

图 9-15

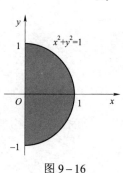

图 9-16

注：交换积分次序的步骤：① 找出积分区域 D 的范围；② 画出 D 的图形；③ 交换次序.

三、二重积分的对称性

定理 9-1 （1）设积分区域 D 关于 x 轴对称，D_1 表示 D 中 $y \geq 0$ 的部分，

（i）若 $f(x,y)$ 是 y 的奇函数，即 $f(x,-y) = -f(x,y)$，则 $\iint\limits_{D} f(x,y)\mathrm{d}\sigma = 0$；

（ii）若 $f(x,y)$ 是 y 的偶函数，即 $f(x,-y) = f(x,y)$，则

$$\iint\limits_{D} f(x,y)\mathrm{d}\sigma = 2\iint\limits_{D_1} f(x,y)\mathrm{d}\sigma.$$

（2）设积分区域 D 关于 y 轴对称，D_1 表示 D 中 $x \geq 0$ 的部分，

（i）若 $f(x,y)$ 是 x 的奇函数，即 $f(-x,y) = -f(x,y)$，则 $\iint\limits_{D} f(x,y)\mathrm{d}\sigma = 0$；

（ii）若 $f(x,y)$ 是 x 的偶函数，即 $f(-x,y) = f(x,y)$，则

$$\iint\limits_{D} f(x,y)\mathrm{d}\sigma = 2\iint\limits_{D_1} f(x,y)\mathrm{d}\sigma.$$

注 二重积分的轴对称性，若 D 关于 x 轴对称且 $f(x,y)$ 是关于 y 的奇或偶函数，或者 D 关于 y 轴对称且 $f(x,y)$ 是关于 x 的奇或偶函数，则二重积分具有"偶倍奇零"的性质. 条件中对积分区域与被积函数两方面的要求缺一不可.

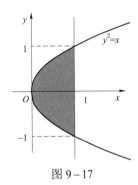

图 9-17

例 9-9 计算 $\iint\limits_{D}(x + x^2 y^3)\mathrm{d}\sigma$，其中 D：$y^2 \leq x \leq 1$.

解 如图 9-17 所示，D 关于 x 轴对称，$x^2 y^3$ 关于 y 为奇函数，所以由对称性，$\iint\limits_{D} x^2 y^3 \mathrm{d}\sigma = 0$. 设 D_1 表示 D 在第一象限的部分. 则

$$\iint\limits_{D}(x + x^2 y^3)\mathrm{d}\sigma = \iint\limits_{D} x\mathrm{d}\sigma + \iint\limits_{D} x^2 y^3 \mathrm{d}\sigma$$

$$= 2\iint\limits_{D_1} x\mathrm{d}\sigma + 0 = 2\int_0^1 \mathrm{d}x \int_0^{\sqrt{x}} x\mathrm{d}y = 2\int_0^1 x^{\frac{3}{2}}\mathrm{d}x = \frac{4}{5}.$$

习 题 9-2

1. 设 $I = \iint\limits_{D} f(x,y)\mathrm{d}\sigma$，其中 D 是由 $y = x^2$，$x = 1$，$y = 0$ 所围的闭区域，则正确的是 _____.

A. $I = \int_0^1 \mathrm{d}x \int_0^1 f(x,y)\mathrm{d}y$
B. $I = \int_0^1 \mathrm{d}x \int_0^{x^2} f(x,y)\mathrm{d}y$

C. $I = \int_0^1 \mathrm{d}x \int_{x^2}^1 f(x,y)\mathrm{d}y$
D. $I = \int_0^1 \mathrm{d}x \int_1^{x^2} f(x,y)\mathrm{d}y$

2. 设 D_1 是圆域 D：$x^2 + y^2 \leq 1$ 在第一象限的部分区域，则下列式子错误的是 _____.

A. $\iint\limits_{D}(x^2+y^2)\mathrm{d}x\mathrm{d}y = 4\iint\limits_{D_1}(x^2+y^2)\mathrm{d}x\mathrm{d}y$ 　　B. $\iint\limits_{D}x^2\mathrm{d}x\mathrm{d}y = \iint\limits_{D}y^2\mathrm{d}x\mathrm{d}y = \frac{1}{2}\iint\limits_{D}(x^2+y^2)\mathrm{d}x\mathrm{d}y$

C. $\iint\limits_{D}[x^3+x^2\sin y+1]\mathrm{d}x\mathrm{d}y = 2\pi$ 　　D. $\iint\limits_{D}(x^3+y^2)\mathrm{d}x\mathrm{d}y = 0$

3. 计算下列二重积分.

(1) $\iint\limits_{D}(1-\frac{x}{3}-\frac{y}{4})\mathrm{d}\sigma$，其中 D：$-1 \leqslant x \leqslant 1, -2 \leqslant y \leqslant 2$；

(2) $\iint\limits_{D}\frac{x^2}{y^2}\mathrm{d}\sigma$，其中 D 是由直线 $x=2$，$y=x$ 及曲线 $xy=1$ 围成的；

(3) $\iint\limits_{D}y\mathrm{d}\sigma$，其中 D 是由直线 $y=x$，$x+y=2$ 和 x 轴围成的；

(4) $\iint\limits_{D}\frac{\sin y}{y}\mathrm{d}\sigma$，其中 D 是由 $y=x$ 和 $x=y^2$ 围成的；

(5) $\iint\limits_{D}\mathrm{e}^{-x^2}\mathrm{d}\sigma$，其中 D 是由直线 $y=x$，$x=2$ 和 x 轴围成的；

(6) $\iint\limits_{D}\mathrm{e}^{\frac{y}{x}}\mathrm{d}\sigma$，其中 D 是由 $y=x^2$，$x=1$ 和 x 轴围成的.

4. 交换二次积分的积分次序.

(1) $\int_0^2 \mathrm{d}y \int_{y^2}^{2y} f(x,y)\mathrm{d}x$；　　(2) $\int_0^1 \mathrm{d}y \int_0^{\sqrt{y}} f(x,y)\mathrm{d}x$；

(3) $\int_{-1}^0 \mathrm{d}x \int_{x+1}^{\sqrt{1-x^2}} f(x,y)\mathrm{d}y$；　　(4) $\int_0^1 \mathrm{d}x \int_0^{x^2} f(x,y)\mathrm{d}y + \int_1^{\sqrt{2}} \mathrm{d}x \int_0^{\sqrt{2-x^2}} f(x,y)\mathrm{d}y$.

5. 如果二重积分 $\iint\limits_{D} f(x,y)\mathrm{d}x\mathrm{d}y$ 的被积函数 $f(x,y)$ 是两个函数 $f_1(x)$ 及 $f_2(y)$ 的乘积，即 $f(x,y) = f_1(x) \cdot f_2(y)$，积分区域 D 为 $a \leqslant x \leqslant b$，$c \leqslant y \leqslant d$，证明这个二重积分等于两个定积分的乘积，即

$$\iint\limits_{D} f_1(x) \cdot f_2(y)\mathrm{d}x\mathrm{d}y = [\int_a^b f_1(x)\mathrm{d}x] \cdot [\int_c^d f_2(y)\mathrm{d}y].$$

6. 计算 $\iint\limits_{D}(2+x\sin y)\mathrm{d}\sigma$ 的值，其中 D：$x^2+y^2 \leqslant 1$，$x \geqslant 0$.

7. 求由 3 个坐标面及平面 $x+y+z=2$ 和 $x=1$ 所围成的立体的体积.

8. 某城市受地理限制呈直角三角形分布，斜边临一条河. 由于交通关系，城市发展不太均衡，这一点可从税收状况反映出来. 若以两直角边为坐标轴建立直角坐标系，则位于 x 轴和 y 轴上的城市长度各为 16 km 和 12 km，且税收情况与地理位置的关系大体为 $R(x,y) = 20x + 10y$（万元/km²），试计算该市总的税收收入.

第三节　极坐标系下二重积分的计算

本节讨论在极坐标系下二重积分的计算及用二重积分求空间立体的体积.我们知道，平面

中点 M 的直角坐标 (x,y) 与极坐标 (ρ,θ) 的关系为

$$\begin{cases} x = \rho\cos\theta \\ y = \rho\sin\theta \end{cases}, \quad \begin{cases} \rho = \sqrt{x^2+y^2} \\ \theta = \arctan\dfrac{y}{x} \end{cases}.$$

有的平面曲线方程用极坐标表示比较简单,如圆或圆的一部分.在计算二重积分时,如果积分区域 D 的边界曲线用极坐标方程表示比较简单,且被积函数的极坐标形式也比较简单,则应考虑用极坐标来计算二重积分 $\iint\limits_{D} f(x,y)\mathrm{d}\sigma$.

根据二重积分的定义

$$\iint\limits_{D} f(x,y)\mathrm{d}\sigma = \lim_{\lambda\to 0}\sum_{i=1}^{n} f(\xi_i,\eta_i)\Delta\sigma_i.$$

当二重积分存在时,积分结果不会因对 D 的分割方式及点 (ξ_i,η_i) 的选取方式的改变而改变.在极坐标系中,假定从点 O 出发且穿过闭区域 D 内部的射线与 D 的边界曲线的交点不多于两个.此时,用以极点 O 为中心的一组同心圆(ρ = 常数)和以从点 O 出发的射线(θ = 常数),把 D 分成 n 个小区域(见图 9-18).除了包含边界点的一些小闭区域外,小闭区域的面积为两扇形的面积差,即

$$\begin{aligned}\Delta\sigma_i &= \frac{1}{2}(\rho_i+\Delta\rho_i)^2\cdot\Delta\theta_i - \frac{1}{2}\rho_i^2\cdot\Delta\theta_i \\ &= \frac{1}{2}(2\rho_i+\Delta\rho_i)\cdot\Delta\rho_i\cdot\Delta\theta_i \\ &= \frac{\rho_i+(\rho_i+\Delta\rho_i)}{2}\cdot\Delta\rho_i\cdot\Delta\theta_i \\ &= \overline{\rho}_i\cdot\Delta\rho_i\cdot\Delta\theta_i.\end{aligned}$$

其中 $\overline{\rho}_i$ 表示相邻两圆弧的半径的平均值.在这小闭区域 $\Delta\sigma_i$ 内取点 $(\overline{\rho}_i,\overline{\theta}_i)$,该点的直角坐标为 (ξ_i,η_i),则 $\xi_i = \overline{\rho}_i\cos\overline{\theta}_i$,$\eta_i = \overline{\rho}_i\sin\overline{\theta}_i$. 从而

$$\lim_{\lambda\to 0}\sum_{i=1}^{n} f(\xi_i,\eta_i)\Delta\sigma_i = \lim_{\lambda\to 0}\sum_{i=1}^{n} f(\overline{\rho}_i\cos\overline{\theta}_i,\overline{\rho}_i\sin\overline{\theta}_i)\cdot\overline{\rho}_i\cdot\Delta\rho_i\cdot\Delta\theta_i,$$

即

$$\iint\limits_{D} f(x,y)\mathrm{d}\sigma = \iint\limits_{D} f(\rho\cos\theta,\rho\sin\theta)\rho\mathrm{d}\rho\mathrm{d}\theta.$$

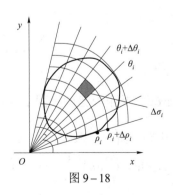

图 9-18

所以，
$$\iint\limits_D f(x,y)\mathrm{d}x\mathrm{d}y = \iint\limits_D f(\rho\cos\theta,\rho\sin\theta)\rho\mathrm{d}\rho\mathrm{d}\theta.\quad(9-4)$$

注 式（9-4）是在直角坐标系与极坐标系下二重积分的转换公式. 公式右侧的积分区域 D、被积函数与面积元素均为在极坐标系下的表示，其中面积元素 $\mathrm{d}\sigma = \rho\mathrm{d}\rho\mathrm{d}\theta$.

极坐标系下的二重积分，也要化为二次积分来计算. 设积分区域 D 可表示为 $\rho_1(\theta) \leq \rho \leq \rho_2(\theta)$，$\alpha \leq \theta \leq \beta$（见图 9-19），其中 $\rho_1(\theta)$，$\rho_2(\theta)$ 在区间 $[\alpha,\beta]$ 上连续，则
$$\iint\limits_D f(\rho\cos\theta,\rho\sin\theta)\rho\mathrm{d}\rho\mathrm{d}\theta = \int_\alpha^\beta \mathrm{d}\theta \int_{\rho_1(\theta)}^{\rho_2(\theta)} f(\rho\cos\theta,\rho\sin\theta)\rho\mathrm{d}\rho.\quad(9-5)$$

式（9-5）是极坐标系下二重积分的二次积分公式.

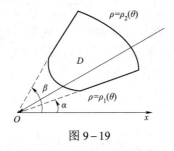

图 9-19

特殊地，若极点 O 在 D 的边界上，D 可表示为 $0 \leq \rho \leq \rho(\theta)$，$\alpha \leq \theta \leq \beta$（见图 9-20），其中 $\rho(\theta)$ 在区间 $[\alpha,\beta]$ 上连续，则
$$\iint\limits_D f(\rho\cos\theta,\rho\sin\theta)\rho\mathrm{d}\rho\mathrm{d}\theta = \int_\alpha^\beta \mathrm{d}\theta \int_0^{\rho(\theta)} f(\rho\cos\theta,\rho\sin\theta)\rho\mathrm{d}\rho.$$

若极点 O 在 D 的内部，D 可表示为 $0 \leq \rho \leq \rho(\theta)$，$0 \leq \theta \leq 2\pi$（见图 9-21），其中 $\rho(\theta)$ 在区间 $[\alpha,\beta]$ 上连续，则
$$\iint\limits_D f(\rho\cos\theta,\rho\sin\theta)\rho\mathrm{d}\rho\mathrm{d}\theta = \int_0^{2\pi} \mathrm{d}\theta \int_0^{\rho(\theta)} f(\rho\cos\theta,\rho\sin\theta)\rho\mathrm{d}\rho.$$

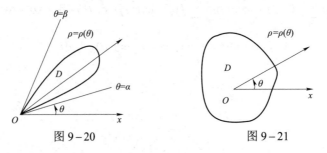

图 9-20　　　　　　图 9-21

例 9-10 计算 $\iint\limits_D \dfrac{1}{\sqrt{x^2+y^2}}\mathrm{d}x\mathrm{d}y$，其中 D 是两个圆 $x^2+y^2=1$，$x^2+y^2=4$ 围成的闭区域.

解 积分区域 D 如图 9-22 中阴影所示，则
$$\iint\limits_D \frac{1}{\sqrt{x^2+y^2}}\mathrm{d}x\mathrm{d}y = \int_0^{2\pi}\mathrm{d}\theta\int_1^2 \frac{1}{\rho}\cdot\rho\mathrm{d}\rho = \int_0^{2\pi}\mathrm{d}\theta = 2\pi.$$

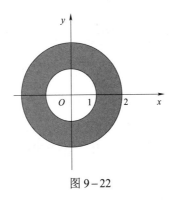

图 9-22

例 9-11 计算 $\iint\limits_{D}(x^2+y^2)\mathrm{d}\sigma$,其中 D 是由 $y=\sqrt{2x-x^2}$ 与 x 轴所围成的闭区域.

解 积分区域 D 如图 9-23 中阴影所示,$y=\sqrt{2x-x^2}$ 即 $x^2+y^2=2x$,$y\geqslant 0$,极坐标方程为 $\rho^2=2\rho\cos\theta$,即 $\rho=2\cos\theta$. 所以

$$\iint\limits_{D}(x^2+y^2)\mathrm{d}\sigma=\int_0^{\frac{\pi}{2}}\mathrm{d}\theta\int_0^{2\cos\theta}\rho^2\cdot\rho\mathrm{d}\rho$$

$$=\int_0^{\frac{\pi}{2}}\frac{1}{4}\left[\rho^4\right]_0^{2\cos\theta}\mathrm{d}\theta=4\int_0^{\frac{\pi}{2}}\cos^4\theta\mathrm{d}\theta=4\times\frac{3}{4}\times\frac{1}{2}\times\frac{\pi}{2}=\frac{3}{4}\pi.$$

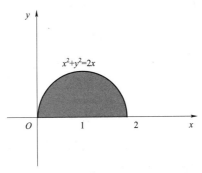

图 9-23

注 当积分区域与圆有关,被积函数中含有 x^2+y^2,$\dfrac{y}{x}$ 或 $\dfrac{x}{y}$ 时,往往用极坐标计算二重积分. 在极坐标系下的二次积分,关键是确定积分上下限. θ 的上下限是 D 中的点与 Ox 轴的最小角度、最大角度;ρ 的范围通常可作从 O 点出发穿过 D 内的射线得到,其中边界曲线应写为 $\rho=\rho(\theta)$ 的形式.

例 9-12 将下列积分写成极坐标形式的二次积分:

(1) $\int_0^1\mathrm{d}x\int_{1-x}^{\sqrt{1-x^2}}f(x,y)\mathrm{d}y$; (2) $\int_0^1\mathrm{d}x\int_0^{\sqrt{3}x}f(x,y)\mathrm{d}y$.

分析 先找出积分区域 D 的范围,再写出二次积分.

解 (1) 积分区域 D:$0\leqslant x\leqslant 1$,$1-x\leqslant y\leqslant\sqrt{1-x^2}$,如图 9-24 所示,$x+y=1$ 的极坐标方程为 $\rho=\dfrac{1}{\cos\theta+\sin\theta}$,$y=\sqrt{1-x^2}$ 的极坐标方程为 $\rho=1$. 所以

$$\int_0^1 \mathrm{d}x \int_{1-x}^{\sqrt{1-x^2}} f(x,y)\mathrm{d}y = \int_0^{\frac{\pi}{2}} \mathrm{d}\theta \int_{\frac{1}{\cos\theta+\sin\theta}}^1 f(\rho\cos\theta, \rho\sin\theta) \cdot \rho\mathrm{d}\rho.$$

（2）积分区域 D：$0 \leq x \leq 1, 0 \leq y \leq \sqrt{3}x$. 如图 9-25 所示，$x=1$ 的极坐标方程为 $\rho = \dfrac{1}{\cos\theta}$. 所以

$$\int_0^1 \mathrm{d}x \int_0^{\sqrt{3}x} f(x,y)\mathrm{d}y = \int_0^{\frac{\pi}{3}} \mathrm{d}\theta \int_0^{\frac{1}{\cos\theta}} f(\rho\cos\theta, \rho\sin\theta) \cdot \rho\mathrm{d}\rho.$$

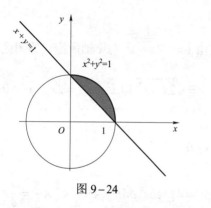

图 9-24

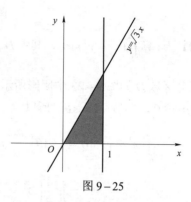

图 9-25

例 9-13 求锥面 $z = 1 - \sqrt{x^2+y^2}$ 与 xOy 面所围成立体的体积.

分析 曲顶柱体的顶为 $z = 1 - \sqrt{x^2+y^2}$，底为所围立体在 xOy 面上的投影.

解 体积 $V = \iint_D (1 - \sqrt{x^2+y^2})\mathrm{d}\sigma$，其中 D：$x^2+y^2 \leq 1$. 所以，

$$V = \int_0^{2\pi} \mathrm{d}\theta \int_0^1 (1-\rho)\cdot\rho\mathrm{d}\rho = \int_0^{2\pi} \mathrm{d}\theta \int_0^1 (\rho-\rho^2)\mathrm{d}\rho = \frac{1}{6}\int_0^{2\pi} \mathrm{d}\theta = \frac{\pi}{3}.$$

例 9-14 求抛物面 $z = x^2+y^2$ 与 $z = 8-x^2-y^2$ 所围成立体的体积.

分析 所求体积为两个曲顶柱体体积的差. 其中两个曲顶柱体的底都是立体在 xOy 面上的投影，两曲面交线在 xOy 面的投影是投影区域的边界曲线.

解 两曲面的交线 C：$\begin{cases} z = x^2+y^2 \\ z = 8-x^2-y^2 \end{cases}$，消去 z 得 $x^2+y^2 = 4$. 从而立体在 xOy 面上的投影区域 D：$x^2+y^2 \leq 4$，如图 9-26 所示. 所以，

$$\begin{aligned}
V &= \iint_D (8-x^2-y^2)\mathrm{d}\sigma - \iint_D (x^2+y^2)\mathrm{d}\sigma \\
&= \iint_D (8-2x^2-2y^2)\mathrm{d}\sigma \\
&= \int_0^{2\pi} \mathrm{d}\theta \int_0^2 (8-2\rho^2)\cdot\rho\mathrm{d}\rho \\
&= 8\int_0^{2\pi} \mathrm{d}\theta \\
&= 16\pi.
\end{aligned}$$

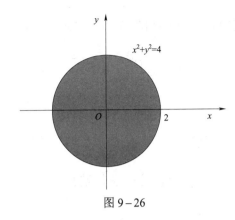

图 9-26

和一元函数类似,可以引入无界区域上的反常二重积分.

例 9-15 证明:$\int_0^{+\infty} e^{-x^2} dx = \dfrac{\sqrt{\pi}}{2}$.

证 设 $I = \int_0^{+\infty} e^{-x^2} dx$,则 $I = \int_0^{+\infty} e^{-y^2} dy$.

$$I^2 = \int_0^{+\infty} e^{-x^2} dx \int_0^{+\infty} e^{-y^2} dy = \int_0^{+\infty} (\int_0^{+\infty} e^{-(x^2+y^2)} dy) dx$$

$$= \int_0^{\frac{\pi}{2}} d\theta \int_0^{+\infty} e^{-\rho^2} \cdot \rho d\rho = -\frac{1}{2} \int_0^{\frac{\pi}{2}} [e^{-\rho^2}]_0^{+\infty} d\theta = \frac{1}{2} \int_0^{\frac{\pi}{2}} d\theta = \frac{\pi}{4}.$$

所以,$I = \int_0^{+\infty} e^{-x^2} dx = \dfrac{\sqrt{\pi}}{2}$.

注 $\int_0^{+\infty} e^{-x^2} dx = \dfrac{\sqrt{\pi}}{2}$ 是在概率论与数理统计及工程上非常有用的公式.

习 题 9-3

1. 把直角坐标方程化为极坐标方程.

(1) $x^2 + y^2 = R^2$,其中常数 $R > 0$;(2) $x^2 + y^2 = 2y$;(3) $x + y = 2$.

2. 将下列二次积分化为极坐标形式的二次积分.

(1) $\int_{-2}^{0} dx \int_0^{\sqrt{4-x^2}} f(x,y) dy$; (2) $\int_0^1 dx \int_0^{x^2} f(x,y) dy$;

(3) $\int_0^1 dx \int_0^1 f(x,y) dy$; (4) $\int_0^2 dy \int_0^{\sqrt{2y-y^2}} f(x,y) dx$.

3. 计算下列二重积分.

(1) $\iint\limits_{D} (2 - x^2 - y^2) d\sigma$,其中 $D: x^2 + y^2 \leqslant 1, y \geqslant 0$.

(2) $\iint\limits_{D} \arctan \dfrac{y}{x} dx dy$,其中 $D: x^2 + y^2 \leqslant 16$ 在第一象限的部分.

(3) $\iint\limits_{D} \ln(1 + x^2 + y^2) d\sigma$,其中 $D: x^2 + y^2 \leqslant 1$.

（4）$\iint\limits_{D}(x^2+y^2)\mathrm{d}\sigma$，其中 D 是位于两圆 $x^2+y^2=2x$ 与 $x^2+y^2=4x$ 之间的闭区域.

4. 写出积分 $\int_0^{\sqrt{2}}\mathrm{d}y\int_0^y\sqrt{x^2+y^2}\mathrm{d}x+\int_{\sqrt{2}}^2\mathrm{d}y\int_0^{\sqrt{4-y^2}}\sqrt{x^2+y^2}\mathrm{d}x$ 在极坐标下的二次积分，并计算积分值.

5. 求由曲面 $z=0$ 及 $z=4-x^2-y^2$ 所围成立体的体积.

6. 求 $x^2+y^2+z^2\leqslant 4$ 被圆柱体 $x^2+y^2=2x$ 所截得的（含在柱面内）立体的体积.

本章习题

一、选择题

1. 设闭区域 $D=\{(x,y)\,|\,x^2+y^2\leqslant 2, x\geqslant 0\}$，则 $\iint\limits_{D}(1+x^2\sin y)\mathrm{d}x\mathrm{d}y=\underline{\qquad}$.

A. $\dfrac{\pi}{4}$ B. $\dfrac{\pi}{2}$ C. π D. 0

2. 设 $f(x,y)$ 在 $D=\{(x,y)\,|\,0\leqslant y\leqslant x\leqslant 4\}$ 上连续，则 $\int_0^4\mathrm{d}x\int_0^x f(x,y)\mathrm{d}y=\underline{\qquad}$.

A. $\int_0^4\mathrm{d}y\int_0^y f(x,y)\mathrm{d}x$ B. $\int_0^4\mathrm{d}y\int_4^y f(x,y)\mathrm{d}x$

C. $\int_0^4\mathrm{d}y\int_0^4 f(x,y)\mathrm{d}x$ D. $\int_0^4\mathrm{d}y\int_y^4 f(x,y)\mathrm{d}x$

3. 设 D_k 是圆域 $D=\{(x,y)\,|\,x^2+y^2\leqslant 1\}$ 位于第 k 象限的部分，记 $I_k=\iint\limits_{D_k}(y-x)\mathrm{d}x\mathrm{d}y$ $(k=1,2,3,4)$，则 $\underline{\qquad}$.

A. $I_1>0$ B. $I_2>0$ C. $I_3>0$ D. $I_4>0$

4. 设 D 由 $x^2+y^2=1$ 围成，则二重积分 $\iint\limits_{D}f(\sqrt{x^2+y^2})\mathrm{d}\sigma=\underline{\qquad}$.

A. $\int_0^{2\pi}\mathrm{d}\theta\int_0^1\rho f(\rho)\mathrm{d}\rho$ B. $\int_0^{2\pi}\mathrm{d}\theta\int_0^1\rho f(1)\mathrm{d}\rho$

C. $\int_0^{\pi}\mathrm{d}\theta\int_0^1 f(\rho)\mathrm{d}\rho$ D. $\int_0^{\pi}\mathrm{d}\theta\int_0^1 f(1)\mathrm{d}\rho$

5. $\int_0^{\frac{\pi}{6}}\mathrm{d}y\int_y^{\frac{\pi}{6}}\dfrac{\cos x}{x}\mathrm{d}x=\underline{\qquad}$.

A. $\dfrac{1}{2}$ B. $\dfrac{\sqrt{3}}{2}$ C. 1 D. 0

6. 设 $I_1=\iint\limits_{D}\cos\sqrt{x^2+y^2}\mathrm{d}x\mathrm{d}y$，$I_2=\iint\limits_{D}\cos(x^2+y^2)\mathrm{d}x\mathrm{d}y$，$I_3=\iint\limits_{D}\cos(x^2+y^2)^2\mathrm{d}x\mathrm{d}y$，其中 $D: x^2+y^2\leqslant 1$，则 $\underline{\qquad}$.

A. $I_1>I_2>I_3$ B. $I_3>I_2>I_1$ C. $I_2>I_1>I_3$ D. $I_3>I_1>I_2$

二、填空题

1. 设闭区域 $D: x^2+y^2\leqslant 3$，则 $\iint\limits_{D}2\mathrm{d}x\mathrm{d}y=\underline{\qquad}$.

2. 直角坐标系下交换积分次序 $\int_1^2 dx \int_x^2 f(x,y)dy =$ _____.

3. 直角坐标系下交换积分次序 $\int_{-1}^1 dy \int_0^2 f(x,y)dx =$ _____.

4. 若 $f(x,y)$ 为连续函数，则 $\int_0^{\frac{\pi}{4}} d\theta \int_0^1 f(\rho\cos\theta, \rho\sin\theta)\rho d\rho$ 在直角坐标系下的二次积分为 _____.

5. 设闭区域 $D = \{(x,y) \mid xy \geq 1, x \geq 1\}$，则二重积分 $\iint_D \frac{1}{x^3 y^2} dxdy =$ _____.

三、计算题

1. 计算下列积分.

(1) $\iint_D y e^{xy} d\sigma$，其中 D：$-1 \leq x \leq 0$，$0 \leq y \leq 1$.

(2) $\iint_D (x^2 + y^2 - x) d\sigma$，其中 D 是由 $y = 2$，$y = x$ 及 $y = 2x$ 所围成的闭区域.

(3) $\iint_D xy^2 d\sigma$，其中 D 是由圆 $x^2 + y^2 = 4$ 及 y 轴所围成的右半闭区域.

(4) $\iint_D e^{-x^2-y^2} d\sigma$，其中 D：$x^2 + y^2 \leq 1$.

(5) $\iint_D (y + y^3) dxdy$，其中 D 是由直线 $x + y = 1$，$x - y = 1$ 及 $x = 0$ 所围成的平面区域.

(6) $\iint_D (4y + x^3 \cos^2 y) d\sigma$，其中 D 是由 $y = x + 1$，$x + y = 1$ 与 x 轴围成.

(7) $\iint_D xy dxdy$，其中 D：$x^2 + y^2 \leq 1$ 在第一象限的部分.

(8) $\iint_D \frac{\sin(\pi\sqrt{x^2+y^2})}{\sqrt{x^2+y^2}} dxdy$，其中 D：$1 \leq x^2 + y^2 \leq 4$.

(9) $\iint_D |y - x| d\sigma$，其中 D：$0 \leq x \leq 1$，$0 \leq y \leq 1$.

(10) $\iint_D |xy| dxdy$，其中 D：$|x| + |y| \leq 1$.

2. 交换以下二次积分的次序.

(1) $\int_0^3 dx \int_x^3 f(x,y)dy$；

(2) $\int_1^2 dx \int_{\frac{1}{x}}^x f(x,y)dy$；

(3) $\int_0^1 dx \int_0^{\sqrt{2x-x^2}} f(x,y)dy + \int_1^2 dx \int_0^{2-x} f(x,y)dy$.

3. 把积分 $\int_0^2 dx \int_0^{\sqrt{2x-x^2}} (x^2 + y^2) dy$ 化为极坐标形式，并计算积分值.

4. 求抛物面 $z = 6 - x^2 - y^2$ 与锥面 $z = \sqrt{x^2 + y^2}$ 所围成立体的体积.

5. 求抛物面 $z = x^2 + 2y^2$ 和 $z = 6 - 2x^2 - y^2$ 所围成立体的体积.

第十章 微分方程与差分方程

第一节 微分方程模型和一些基本概念

一、微分方程的产生和发展

微分方程有着深刻而生动的实际背景,它从生产实践与科学技术中产生,又成为现代科学技术分析问题与解决问题的强有力工具.微分方程是伴随着微积分一起发展起来的学科,在工程力学、流体力学、天体力学、电路振荡分析、工业自动控制及化学、生物、经济等领域有广泛的应用.

300 多年前,牛顿与莱布尼茨在奠定微积分基本思想的同时,就正式提出了微分方程的概念.微分方程差不多是和微积分同时产生的,苏格兰数学家耐普尔在创立对数的时候,就讨论过微分方程的近似解.牛顿在建立微积分的同时,对简单的微分方程用级数来求解.后来瑞士数学家雅各布·贝努利、欧拉,法国数学家克雷洛、达朗贝尔、拉格朗日等人又不断地研究和丰富了微分方程的理论.微分方程的形成与发展是和力学、天文学、物理学,以及其他科学技术的发展密切相关的.数学的其他分支的新发展,如复变函数、组合拓扑学等,都对微分方程的发展产生了深刻的影响,当前计算机的发展更是为微分方程的应用及理论研究提供了非常有力的工具.牛顿在研究天体力学和机械力学的时候,利用了微分方程这个工具,从理论上得到了行星运动规律.后来,法国天文学家勒维烈和英国天文学家亚当斯使用微分方程各自计算出那时尚未发现的海王星的位置.这些都使数学家更加深信微分方程在认识自然、改造自然方面的巨大力量.当微分方程的理论逐步完善的时候,利用它就可以精确地表述事物变化所遵循的基本规律,只要列出相应的微分方程,有了解方程的方法,微分方程也就成了最有生命力的数学工具.

二、微分方程模型

微分方程是数学联系实际问题的重要渠道之一,最初将实际问题建立成微分方程模型并不是数学家做的,而是由化学家、生物学家和社会学家完成的.

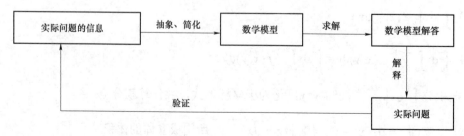

微分方程在各领域的应用十分广泛,下面仅举一些简单的例子.

例 10-1　物体冷却过程的数学模型

将某物体放置于空气中，在时刻 $t=0$ 时，测得它的温度为 $u_0=150\ ℃$，10 min 后测得温度为 $u_1=100\ ℃$. 确定物体的温度与时间的关系，并计算 20 min 后物体的温度. 假定空气的温度保持在 $u_a=24\ ℃$.

解　设物体在时刻 t 的温度为 $u=u(t)$，由牛顿冷却定律可得

$$\frac{\mathrm{d}u}{\mathrm{d}t}=-k(u-u_a)\quad (k>0,\ u>u_a), \tag{10-1}$$

这是关于未知函数 u 的一阶微分方程，利用微积分的知识，将式（10-1）改为

$$\frac{\mathrm{d}u}{u-u_a}=-k\mathrm{d}t, \tag{10-2}$$

两边同时积分，得到 $\ln(u-u_a)=-kt+\tilde{c}$，$\tilde{c}$ 为任意常数. 令 $\mathrm{e}^{\tilde{c}}=C$，进而

$$u=u_a+C\mathrm{e}^{-kt}. \tag{10-3}$$

根据初始条件，当 $t=0$ 时，$u=u_0$，得常数 $C=u_0-u_a$，于是

$$u=u_a+(u_0-u_a)\mathrm{e}^{-kt}. \tag{10-4}$$

再根据条件当 $t=10$ 时，$u=u_1$，得到

$$u_1=u_a+(u_0-u_a)\mathrm{e}^{-10k},$$

$$k=\frac{1}{10}\ln\frac{u_0-u_a}{u_1-u_a},$$

将 $u_0=150, u_1=100, u_a=24$ 代入上式，得到

$$k=\frac{1}{10}\ln\frac{150-24}{100-24}=\frac{1}{10}\ln 1.66\approx 0.051,$$

从而，

$$u=24+126\mathrm{e}^{-0.051t}. \tag{10-5}$$

由式（10-5）得知，当 $t=20$ 时，物体的温度 $u_2\approx 70\ ℃$，而且当 $t\to\infty$ 时，$u\to 24\ ℃$. 可解释为：经过一段时间后，物体的温度和空气的温度将会没有什么差别了. 事实上，经过 2 h 后，物体的温度已变为 24 ℃，与空气的温度已相当接近. 刑事案件破案需要判断尸体的死亡时间就是用这一冷却过程的函数关系来判断的.

例 10-2　动力学问题

物体由高空下落，除受重力作用外，还受到空气阻力的作用，空气的阻力可看作与速度的平方成正比，试确定物体下落过程所满足的关系式.

解　设物体质量为 m，空气阻力系数为 k，又设在时刻 t 物体的下落速度为 v，于是在时刻 t 物体所受的合外力为 $F=mg-kv^2$，建立坐标系，取向下方向为正方向，根据牛顿第二定律得到关系式

$$m\frac{\mathrm{d}v}{\mathrm{d}t}=mg-kv^2, \tag{10-6}$$

而且，满足初始条件 $t=0$ 时，

$$v=0.$$

例 10-3 电力学问题

R-L-C 电路包括电感 L、电阻 R 和电容 C. 设 R、L、C 均为常数，电源 $e(t)$ 是时间 t 的已知函数，建立当开关 K 合上后，电流 I 应满足的微分方程.

解 经过电感 L、电阻 R 和电容 C 的电压分别为：$L\dfrac{\mathrm{d}I}{\mathrm{d}t}$、$RI$ 和 $\dfrac{Q}{C}$，其中 Q 为电量，由基尔霍夫第二定律得到

$$e(t) = L\frac{\mathrm{d}I}{\mathrm{d}t} + RI + \frac{Q}{C}, \tag{10-7}$$

因为 $I = \dfrac{\mathrm{d}Q}{\mathrm{d}t}$，于是有

$$\frac{\mathrm{d}^2 I}{\mathrm{d}t^2} + \frac{R}{L}\frac{\mathrm{d}I}{\mathrm{d}t} + \frac{I}{LC} = \frac{1}{L}\frac{\mathrm{d}e(t)}{\mathrm{d}t}, \tag{10-8}$$

这就是电流 I 应满足的微分方程. 如果 $e(t)$=常数，得到

$$\frac{\mathrm{d}^2 I}{\mathrm{d}t^2} + \frac{R}{L}\frac{\mathrm{d}I}{\mathrm{d}t} + \frac{I}{LC} = 0, \tag{10-9}$$

如果又有 $R=0$，则得到

$$\frac{\mathrm{d}^2 I}{\mathrm{d}t^2} + \frac{I}{LC} = 0. \tag{10-10}$$

例 10-4 人口模型

英国人口统计学家马尔萨斯在 1798 年提出了闻名于世的 Malthus 人口模型，其基本假设是：在人口自然增长的过程中，净相对增长率（单位时间内人口的净增长数与人口总数之比）是常数，记此常数为 r （生命系数）.

在 t 到 $t+\Delta t$ 这段时间内人口数量 $N=N(t)$ 的增长量为

$$N(t+\Delta t) - N(t) = rN(t)\Delta t \ (\Delta t = 1, r = \frac{N(t+\Delta t) - N(t)}{N(t)})$$

于是 $N(t)$ 满足微分方程

$$\frac{\mathrm{d}N}{\mathrm{d}t} = rN, \tag{10-11}$$

将上式改写为

$$\frac{\mathrm{d}N}{N} = r\mathrm{d}t,$$

于是变量 N 和 t 被"分离"，两边积分得

$$\ln N = rt + \tilde{C},$$
$$N = Ce^{rt}. \tag{10-12}$$

其中 $C = e^{\tilde{C}}$ 为任意常数.

如果设初始条件为

$$\text{当 } t=t_0 \text{ 时，} N(t) = N_0. \tag{10-13}$$

代入式（10-12）可得 $C = N_0 e^{-rt_0}$. 即方程（10-12）满足初值条件（10-13）的解为

$$N(t) = N_0 e^{r(t-t_0)}. \tag{10-14}$$

如果 $r > 0$，式（10-14）说明人口总数 $N(t)$ 将按指数规律无限增长。将时间 t 以 1 年或 10 年离散化，那么可以说，人口数是以 e^r 为公比的等比数列增加的。

当人口总数不大时，生存空间、资源等极充裕，人口总数指数的增长是可能的。但当人口总数非常大时，指数增长的线性模型则不能反映这样一个事实：环境所提供的条件只能供养一定数量的人口生活，所以 Malthus 模型在 $N(t)$ 很大时是不合理的。

比利时社会学家韦吕勒引入环境的最大容纳量常数 N_m 表示在自然资源和环境条件下所能容许的最大人口数量，并假设净相对增长率为 $r\left(1 - \dfrac{N(t)}{N_m}\right)$，即净相对增长率随 $N(t)$ 的增加而减少，当 $N(t) \to N_m$ 时，净增长率 $\to 0$。

按此假定，人口增长的方程应改为

$$\frac{dN}{dt} = r\left(1 - \frac{N}{N_m}\right) N \tag{10-15}$$

这就是 Logistic 模型。当 N_m 与 N 相比很大时，$\dfrac{rN^2}{N_m}$ 与 rN 相比可以忽略，则模型变为 Malthus 模型；但当 N_m 与 N 相比不是很大时，$\dfrac{rN^2}{N_m}$ 这一项就不能忽略，人口增长的速度要缓慢下来。下面用 Logistic 模型来预测地球未来人数，某些人口学家估计人口自然增长率为 $r = 0.029$，而统计的世界人口在 1960 年为 29.8 亿，增长率为 1.85%，由 Logistic 模型有 $0.0185 = 0.029 \times \left(1 - \dfrac{29.8 \times 10^8}{N_m}\right)$，可得 $N_m = 82.3 \times 10^8$，即世界人口容量为 82.3 亿，以 $N = \dfrac{N_m}{2}$ 为顶点，当 $N < \dfrac{N_m}{2}$ 时人口增长率增加；当 $N > \dfrac{N_m}{2}$ 时人口增长率减少，即人口增长到 $\dfrac{N_m}{2} = 41.15 \times 10^8$ 时增长率将逐渐减少。这与人口在 20 世纪 70 年代为 40 亿人左右时增长率最大的统计结果相符。

小结 从以上的讨论可以看出，将实际问题转化为数学模型这一事实，正是许多应用数学工作者和工程应用模拟方法解决物理或工程问题的理论根据，社会的生产实践是微分方程理论取之不尽的基本源泉。考虑到微分方程是与实际联系比较密切的基础内容，在学习中，不应该忽视课程中所列举的实际例子及有关的习题，并从中注意培养解决实际问题的初步能力。

三、一些基本概念

1. 常微分方程和偏微分方程

微分方程：将自变量、未知函数及它的导数联系起来的关系式。

常微分方程：只含一个自变量的微分方程。

偏微分方程：自变量的个数为两个或两个以上的微分方程。

方程

$$\frac{d^2 y}{dt^2} + b\frac{dy}{dt} + cy = f(t), \tag{10-16}$$

$$\left(\frac{\mathrm{d}y}{\mathrm{d}t}\right)^2 + t\frac{\mathrm{d}y}{\mathrm{d}t} + y = 0, \quad (10-17)$$

$$\frac{\mathrm{d}^2 y}{\mathrm{d}t^2} + \frac{g}{l}\sin y = 0, \quad (10-18)$$

是常微分方程的例子，y 是未知函数，仅含一个自变量 t.

方程

$$\frac{\partial^2 T}{\partial x^2} + \frac{\partial^2 T}{\partial y^2} + \frac{\partial^2 T}{\partial z^2} = 0, \quad (10-19)$$

$$\frac{\partial^2 T}{\partial x^2} = 4\frac{\partial^2 T}{\partial t^2}, \quad (10-20)$$

是偏微分方程的例子，T 是未知函数，x，y，z，t 是自变量.

微分方程的阶数：微分方程中出现的最高阶导数的阶数. 例如，式（10-16）、式（10-18）是二阶的常微分方程，而式（10-19）、式（10-20）是二阶的偏微分方程. 一般的 n 阶微分方程具有形式

$$F\left(x, y, \frac{\mathrm{d}y}{\mathrm{d}x}, \cdots, \frac{\mathrm{d}^n y}{\mathrm{d}x^n}\right) = 0, \quad (10-21)$$

这里 $F\left(x, y, \frac{\mathrm{d}y}{\mathrm{d}x}, \cdots, \frac{\mathrm{d}^n y}{\mathrm{d}x^n}\right)$ 是 x、y、$\frac{\mathrm{d}y}{\mathrm{d}x}$、$\cdots$、$\frac{\mathrm{d}^n y}{\mathrm{d}x^n}$ 的已知函数，而且一定含有 $\frac{\mathrm{d}^n y}{\mathrm{d}x^n}$，$y$ 是未知函数，x 是自变量.

2. 线性和非线性

如果微分方程对于未知函数及它的各阶导数的有理整式的整体而言是一次的，称为线性微分方程，否则是非线性微分方程. 如：

$$\frac{\mathrm{d}^2 y}{\mathrm{d}t^2} + y\frac{\mathrm{d}y}{\mathrm{d}t} = t \quad (10-22)$$

是非线性微分方程，而式（10-16）是一个二阶的线性微分方程. 一般的 n 阶线性微分方程具有形式

$$\frac{\mathrm{d}^n y}{\mathrm{d}x^n} + a_1(x)\frac{\mathrm{d}^{n-1} y}{\mathrm{d}x^{n-1}} + \cdots + a_{n-1}(x)\frac{\mathrm{d}y}{\mathrm{d}x} + a_n(x)y = f(x), \quad (10-23)$$

这里 $a_1(x), a_2(x), \cdots, a_n(x), f(x)$ 是 x 的已知函数.

3. 解和隐式解

微分方程的解：满足微分方程的函数称为微分方程的解. 即若函数 $y = \varphi(x)$ 代入式（10-21）中，使其成为恒等式，称 $y = \varphi(x)$ 为方程（10-21）的解.

例如，容易验证 $y = \cos\omega x$ 是方程 $\frac{\mathrm{d}^2 y}{\mathrm{d}x^2} + \omega^2 y = 0$ 的解.

如果关系式 $\Phi(x, y) = 0$ 决定的隐函数 $y = \varphi(x)$ 为方程（10-21）的解，称 $\Phi(x, y) = 0$ 是方程（10-21）的隐式解. 例如，一阶微分方程

$$\frac{\mathrm{d}y}{\mathrm{d}x} = -\frac{x}{y}$$

有解 $y = \sqrt{1-x^2}$ 和 $y = -\sqrt{1-x^2}$；而关系式 $x^2 + y^2 = 1$ 是方程的隐式解.

4. 通解和特解

定义 10-1 若一个 n 阶微分方程的解含有 n 个独立的任意常数，就称这个解是该微分方程的**通解**.

这样，n 阶微分方程通解的一般形式是

$$y(x, y, C_1, \cdots, C_n) = 0$$

在这里，以例子的方式，直观地解释"独立的"一词的含义.

例如，函数 $y = c_1 x + c_2 x$ 含有两个独立的任意常数. 在函数 $y = c_1 x + c_2 x$ 中，虽然形式上有两个常数，然而，该函数可以合并为 $y = (c_1 + c_2)x = cx$. 因此，该函数只含有一个独立的任意常数. 又如，$ax + by + c = 0$ 等价于 $y = -\dfrac{a}{b}x + \left(-\dfrac{c}{b}\right)$，所以，该隐函数仅含有两个独立任意常数. 类似的，函数 $y = Ae^{x+c} = Ae^c e^x = Be^x$ 也只含有一个独立的任意常数. 一般来说，不能通过合并同类项、变量代换等变换将其合并的常数才是独立的.

在微分方程的通解中，若指定其中的任意常数为一组固定的数值，则所得到的解称为该微分方程的一个**特解**.

特解：方程满足特定条件的解.

定解问题：求方程满足定解条件的求解问题.

一般地，初值问题为

$$\begin{cases} F(x, y, y', \cdots, y^{(n)}) = 0, \\ y(x_0) = y_0, y'(x_0) = y_0^{(1)}, \cdots, y^{(n-1)}(x_0) = y_0^{(n-1)}. \end{cases}$$

特解可以通过初始条件限制，从通解中确定任意常数而得到，如在例 10-1 中，含有一个任意常数 c 的解

$$u = u_a + Ce^{-kt}$$

就是一阶方程（10-1）的通解，而

$$u = u_a + (u_0 - u_a)e^{-kt}$$

就是满足初始条件

$$t = 0, u = u_0$$

的特解.

习 题 10-1

1. 指出下列微分方程的阶数.

（1）$x(y')^2 - 2yy' + x = 0$；

（2）$y^{(4)} + 10y'' - 12y' + 5y = \sin 2x$；

（3）$(7x - 6y)dx + (x + y)dy = 0$；

（4）$\dfrac{d^2 S}{dt^2} + \dfrac{dS}{dt} + S = 0$.

2. 判断下列各题中的函数是否为所给微分方程的解. 若是解，判断它是通解还是特解.

（1） $x\dfrac{dy}{dx} = -2y$，$y = Cx^{-2}$（C 为任意常数）；

（2） $y'' - 2y' + y = 0$，$y = x^2 e^x$；

（3） $y'' - \dfrac{2}{x}y' + \dfrac{2}{x^2}y = 0$，$y = C_1 x + C_2 x^2$（$C_1$，$C_2$ 为任意常数）；

（4） $x dx + y dy = 0$，$x^2 + y^2 = R^2$（R 为任意常数）.

3. 验证：函数 $y = (C_1 + C_2 x)e^{-x}$（C_1，C_2 为任意常数）是方程
$$y'' + 2y' + y = 0$$
的通解，并求满足初始条件 $y|_{x=0} = 4$，$y'|_{x=0} = -2$ 的特解.

4. 已知曲线上任一点 (x, y) 处的切线斜率等于该点的横坐标与纵坐标的乘积，求该曲线所满足的微分方程.

5. 写出下列条件确定的曲线所满足的微分方程.
（1）曲线上点 (x, y) 处的切线斜率等于该点横坐标的平方；
（2）曲线上点 $P(x, y)$ 处的法线与 x 轴的交点为 Q，且线段 PQ 被 y 轴平分.

第二节 一阶线性微分方程

一、可分离变量的微分方程与分离变量法

1. 可分离变量的微分方程

形如
$$\dfrac{dy}{dx} = f(x)g(y) \quad (\text{或 } M_1(x)N_1(y)dx + M_2(x)N_2(y)dy = 0) \tag{10-24}$$

的方程，称为变量分离方程，其中函数 $f(x)$ 和 $g(y)$ 分别是 x，y 的连续函数. 如果一个一阶微分方程能化成式（10-24）的形式，则称为**可分离变量的微分方程**.

2. 分离变量法

如果 $g(y) \neq 0$，方程（10-24）可化为
$$\dfrac{dy}{g(y)} = f(x)dx,$$

这样变量就分离开了，两边积分，得到
$$\int \dfrac{dy}{g(y)} = \int f(x)dx + C, \tag{10-25}$$

把 $\int \dfrac{dy}{g(y)}$，$\int f(x)dx$ 分别理解为 $\dfrac{1}{g(y)}$，$f(x)$ 的某一个原函数.

容易验证由（10-25）所确定的隐函数 $y = \varphi(x, C)$ 满足方程（10-24）. 因而式（10-25）是式（10-24）的通解. 上述求解方法称为**分离变量法**.

如果存在 y_0 使 $g(y_0) = 0$，可知 $y = y_0$ 也是式（10-24）的解. 可能它不包含在方程的通

解（10-25）中，必须予以补上．

例 10-5 求解方程 $\dfrac{dy}{dx} = -\dfrac{x}{y}$．

解 将变量分离，得到

$$ydy = -xdx,$$

两边积分，即得

$$\frac{y^2}{2} = -\frac{x^2}{2} + \frac{C}{2},$$

因而，通解为

$$x^2 + y^2 = C,$$

这里的 C 是任意的正常数．
或解出显式形式

$$y = \pm\sqrt{C - x^2}.$$

例 10-6 解方程 $\dfrac{dy}{dx} = y^2 \cos x$，并求满足初始条件：当 $x=0$ 时 $y=1$ 的特解．

解 将变量分离，得到

$$\frac{dy}{y^2} = \cos x dx,$$

两边积分，即得

$$-\frac{1}{y} = \sin x + C.$$

因而，通解为

$$y = -\frac{1}{\sin x + C},$$

这里的 C 是任意的常数．此外，方程还有解 $y = 0$．

为确定所求的特解，以 $x=0$，$y=1$ 代入通解中确定常数 C，得到 $C=-1$．因而，所求的特解为

$$y = \frac{1}{1 - \sin x}.$$

例 10-7 求方程

$$\frac{dy}{dx} = P(x)y \tag{10-26}$$

的通解，其中 $P(x)$ 是 x 的连续函数．

解 将变量分离，得到

$$\frac{dy}{y} = P(x)dx,$$

两边积分，即得

$$\ln|y| = \int P(x)dx + \tilde{C},$$

这里的 $\tilde{C}$ 是任意常数. 由对数的定义, 即有

$$|y| = e^{\int P(x)dx + \tilde{C}},$$

即

$$y = \pm e^{\tilde{C}} \cdot e^{\int P(x)dx},$$

令 $\pm e^{\tilde{C}} = C$, 得到

$$y = Ce^{\int P(x)dx}. \qquad (10-27)$$

此外, $y = 0$ 也是式（10-26）的解. 如果在式（10-27）中允许 $C = 0$, 则 $y = 0$ 也就包括在式（10-27）中, 因而, 式（10-26）的通解为式（10-27）, 其中 C 是任意常数.

注 ① 常数 C 的选取要保证式（10-25）有意义.

② 方程的通解不一定是方程的全部解, 有些通解包含了方程的所有解, 有些通解不能包含方程的所有解. 此时, 还应求出不含在通解中的其他解, 即将遗漏的解要补上.

③ 微分方程的通解表示的是一族曲线, 而特解表示的是满足特定条件 $y(x_0) = y_0$ 的一个解, 表示的是一条过点 (x_0, y_0) 的曲线.

二、齐次方程

形如

$$\frac{dy}{dx} = g\left(\frac{y}{x}\right) \qquad (10-28)$$

的方程, 称为**齐次方程**, 这里的 $g\left(\frac{y}{x}\right)$ 是 $\frac{y}{x}$ 的连续函数.

对齐次方程（10-28）利用变量替换可化为变量分离方程再求解.

令

$$u = \frac{y}{x}, \qquad (10-29)$$

即 $y = ux$, 于是

$$\frac{dy}{dx} = x\frac{du}{dx} + u, \qquad (10-30)$$

将式（10-29）、式（10-30）代入式（10-28）, 则原方程变为

$$x\frac{du}{dx} + u = g(u),$$

整理后, 得到

$$\frac{du}{dx} = \frac{g(u) - u}{x}. \qquad (10-31)$$

式（10-31）是一个可分离变量方程, 按照分离变量法求解, 然后将所求的解代回原变量, 所得的解便是原方程（10-28）的解.

例 10-8　求解方程 $\dfrac{\mathrm{d}y}{\mathrm{d}x} = \dfrac{y}{x} + \tan\dfrac{y}{x}$.

解　这是齐次方程，以 $\dfrac{y}{x} = u, \dfrac{\mathrm{d}y}{\mathrm{d}x} = x\dfrac{\mathrm{d}u}{\mathrm{d}x} + u$ 代入，则原方程变为

$$x\dfrac{\mathrm{d}u}{\mathrm{d}x} + u = u + \tan u,$$

即

$$\dfrac{\mathrm{d}u}{\mathrm{d}x} = \dfrac{\tan u}{x}, \tag{10-32}$$

分离变量，即有

$$\cot u \mathrm{d}u = \dfrac{\mathrm{d}x}{x},$$

两边积分，得到

$$\ln|\sin u| = \ln|x| + \widetilde{C},$$

这里的 $\widetilde{C}$ 是任意的常数，整理后，得到

$$\sin u = Cx \tag{10-33}$$

此外，方程（10-32）还有解 $\tan u = 0$，即 $\sin u = 0$. 如果式（10-33）中允许 $C = 0$，则 $\sin u = 0$ 就包含在式（10-33）中，这就是说，方程（10-32）的通解为（10-33）.

代回原来的变量，得到原方程的通解为

$$\sin\dfrac{y}{x} = Cx.$$

例 10-9　求解方程 $x\dfrac{\mathrm{d}y}{\mathrm{d}x} + 2\sqrt{xy} = y \quad (x < 0)$.

解　将方程改写为

$$\dfrac{\mathrm{d}y}{\mathrm{d}x} = 2\sqrt{\dfrac{y}{x}} + \dfrac{y}{x} \quad (x < 0),$$

这是齐次方程，以 $\dfrac{y}{x} = u$，$\dfrac{\mathrm{d}y}{\mathrm{d}x} = x\dfrac{\mathrm{d}u}{\mathrm{d}x} + u$ 代入，则原方程变为

$$x\dfrac{\mathrm{d}u}{\mathrm{d}x} = 2\sqrt{u}, \tag{10-34}$$

分离变量，得到

$$\dfrac{\mathrm{d}u}{2\sqrt{u}} = \dfrac{\mathrm{d}x}{x},$$

两边积分，得到式（10-34）的通解

$$\sqrt{u} = \ln(-x) + C,$$

即

$$u = [\ln(-x) + C]^2 \qquad (\ln(-x) + C > 0), \tag{10-35}$$

这里的 C 是任意常数. 此外, 式（10-34）还有解 $u=0$. 注意, 此解不包括在通解（10-35）中. 代回原来的变量, 即得原方程的通解

$$y = x[\ln(-x)+C]^2 \quad (\ln(-x)+C>0)$$

及解 $y=0$.

原方程的通解还可表示为

$$y = \begin{cases} x[\ln(-x)+C]^2 & (\ln(-x)+C>0) \\ 0 & \end{cases},$$

它定义于整个负半轴上.

注 ① 对于齐次方程 $\dfrac{dy}{dx} = g\left(\dfrac{y}{x}\right)$ 的求解方法关键的一步是令 $u=\dfrac{y}{x}$ 后, 解出 $y=ux$, 再对两边求关于 x 的导数, 得 $\dfrac{dy}{dx} = u + x\dfrac{du}{dx}$, 再将其代入齐次方程, 使方程变为关于 u, x 的可分离变量方程.

② 齐次方程也可以通过变换 $v=\dfrac{x}{y}$ 而化为变量分离方程. 这时 $x=vy$, 再对两边求关于 y 的导数, 得 $\dfrac{dx}{dy} = v + y\dfrac{dv}{dy}$, 将其代入齐次方程 $\dfrac{dx}{dy} = f\left(\dfrac{x}{y}\right)$, 使方程变为 v, y 的可分离方程.

三、一阶线性微分方程

方程

$$\frac{dy}{dx} + P(x)y = Q(x)$$

叫作**一阶线性微分方程**.

如果 $Q(x) \equiv 0$, 则方程称为齐次线性方程, 否则方程称为非齐次线性方程.

方程 $\dfrac{dy}{dx} + P(x)y = 0$ 叫作对应于非齐次线性方程 $\dfrac{dy}{dx} + P(x)y = Q(x)$ 的齐次线性方程.

1. 齐次线性方程的解法

齐次线性方程 $\dfrac{dy}{dx} + P(x)y = 0$ 是变量可分离方程. 分离变量后得

$$\frac{dy}{y} = -P(x)dx,$$

两边积分, 得

$$\ln|y| = -\int P(x)dx + C_1,$$

或

$$y = Ce^{-\int P(x)dx} \quad (C = \pm e^{C_1}),$$

这就是齐次线性方程的通解（积分中不再加任意常数）.

例 10-10 求方程 $(x-2)\dfrac{dy}{dx} = y$ 的通解.

解 这是齐次线性方程，分离变量得

$$\frac{\mathrm{d}y}{y} = \frac{\mathrm{d}x}{x-2},$$

两边积分得

$$\ln|y| = \ln|x-2| + \ln C,$$

方程的通解为

$$y = C(x-2).$$

2. 非齐次线性方程的解法

现在使用常数变易法来求非齐次线性微分方程的通解. 这种方法是将齐次线性方程通解中的任意常数 C 换成 x 的未知函数 $u(x)$，把

$$y = u(x)\mathrm{e}^{-\int P(x)\mathrm{d}x}$$

设想成非齐次线性方程的通解. 代入非齐次线性方程求得

$$u'(x)\mathrm{e}^{-\int P(x)\mathrm{d}x} - u(x)\mathrm{e}^{-\int P(x)\mathrm{d}x}P(x) + P(x)u(x)\mathrm{e}^{-\int P(x)\mathrm{d}x} = Q(x),$$

化简得

$$u'(x) = Q(x)\mathrm{e}^{\int P(x)\mathrm{d}x},$$

从而可得

$$u(x) = \int Q(x)\mathrm{e}^{\int P(x)\mathrm{d}x}\mathrm{d}x + C,$$

于是非齐次线性方程的通解为

$$y = \mathrm{e}^{-\int P(x)\mathrm{d}x}\left[\int Q(x)\mathrm{e}^{\int P(x)\mathrm{d}x}\mathrm{d}x + C\right],$$

或

$$y = C\mathrm{e}^{-\int P(x)\mathrm{d}x} + \mathrm{e}^{-\int P(x)\mathrm{d}x}\int Q(x)\mathrm{e}^{\int P(x)\mathrm{d}x}\mathrm{d}x.$$

这说明一阶非齐次线性方程的通解等于对应的齐次线性方程通解与非齐次线性方程的一个特解之和.

例 10-11 求方程 $\dfrac{\mathrm{d}y}{\mathrm{d}x} - \dfrac{2y}{x+1} = (x+1)^{\frac{5}{2}}$ 的通解.

解 法一 这是一个非齐次线性方程.

先求对应的齐次线性方程 $\dfrac{\mathrm{d}y}{\mathrm{d}x} - \dfrac{2y}{x+1} = 0$ 的通解.

分离变量得

$$\frac{\mathrm{d}y}{y} = \frac{2\mathrm{d}x}{x+1},$$

两边积分得

$$\ln|y| = 2\ln|(x+1)| + \ln|C|,$$

齐次线性方程的通解为

$$y = C(x+1)^2.$$

用常数变易法. 把 C 换成 $u(x)$，即令 $y = u(x) \cdot (x+1)^2$，代入所给非齐次线性方程，得

$$u' \cdot (x+1)^2 + 2u \cdot (x+1) - \frac{2}{x+1}u \cdot (x+1)^2 = (x+1)^{\frac{5}{2}},$$

$$u' = (x+1)^{\frac{1}{2}},$$

两边积分，得

$$u = \frac{2}{3}(x+1)^{\frac{3}{2}} + C.$$

再把上式代入 $y=u(x+1)^2$ 中，即得所求方程的通解为

$$y = (x+1)^2 \left[\frac{2}{3}(x+1)^{\frac{3}{2}} + C\right].$$

或者直接代入上面非齐次线性方程的求解公式.

法二 （直接代入法）这里 $P(x) = -\frac{2}{x+1}$，$Q(x) = (x+1)^{\frac{5}{2}}$. 因为

$$\int P(x)\mathrm{d}x = \int \left(-\frac{2}{x+1}\right)\mathrm{d}x = -2\ln|x+1|,$$

$$\mathrm{e}^{-\int P(x)\mathrm{d}x} = \mathrm{e}^{2|x+1|} = (x+1)^2,$$

$$\int Q(x)\mathrm{e}^{\int P(x)\mathrm{d}x}\mathrm{d}x = \int (x+1)^{\frac{5}{2}}(x+1)^{-2}\mathrm{d}x = \int (x+1)^{\frac{1}{2}}\mathrm{d}x = \frac{2}{3}(x+1)^{\frac{3}{2}},$$

所以通解为

$$y = \mathrm{e}^{-\int P(x)\mathrm{d}x}\left[\int Q(x)\mathrm{e}^{\int P(x)\mathrm{d}x}\mathrm{d}x + C\right] = (x+1)^2 \left[\frac{2}{3}(x+1)^{\frac{3}{2}} + C\right].$$

例 10－12 有一个电路电源电动势为 $E=E_\mathrm{m}\sin\omega t$（$E_\mathrm{m}$、$\omega$ 都是常量），电阻 R 和电感 L 都是常量，求电流 $i(t)$.

解 由电学知识知道，当电流变化时，L 上有感应电动势 $-L\dfrac{\mathrm{d}i}{\mathrm{d}t}$. 由回路电压定律得出

$$E - L\frac{\mathrm{d}i}{\mathrm{d}t} - iR = 0,$$

即

$$\frac{\mathrm{d}i}{\mathrm{d}t} + \frac{R}{L}i = \frac{E}{L}.$$

把 $E=E_\mathrm{m}\sin\omega t$ 代入上式，得

$$\frac{\mathrm{d}i}{\mathrm{d}t} + \frac{R}{L}i = \frac{E_\mathrm{m}}{L}\sin\omega t.$$

初始条件为

$$i|_{t=0}=0.$$

方程 $\dfrac{\mathrm{d}i}{\mathrm{d}t} + \dfrac{R}{L}i = \dfrac{E_\mathrm{m}}{L}\sin\omega t$ 为非齐次线性方程，其中

$$P(t) = \frac{R}{L}, \quad Q(t) = \frac{E_\mathrm{m}}{L}\sin\omega t.$$

由通解公式，得

$$i(t) = e^{-\int P(t)dt}[\int Q(t)e^{\int P(t)dt}dt + C] = e^{-\int \frac{R}{L}dt}(\int \frac{E_m}{L}\sin \omega t e^{\int \frac{R}{L}dt}dt + C)$$

$$= \frac{E_m}{L}e^{-\frac{R}{L}t}(\int \sin \omega t e^{\frac{R}{L}t}dt + C)$$

$$= \frac{E_m}{R^2 + \omega^2 L^2}(R\sin \omega t - \omega L\cos \omega t) + Ce^{-\frac{R}{L}t}.$$

其中 C 为任意常数. 将初始条件 $i|_{t=0}=0$ 代入通解，得

$$C = \frac{\omega L E_m}{R^2 + \omega^2 L^2}.$$

因此，所求函数 $i(t)$ 为

$$i(t) = \frac{\omega L E_m}{R^2 + \omega^2 L^2}e^{-\frac{R}{L}t} + \frac{E_m}{R^2 + \omega^2 L^2}(R\sin \omega t - \omega L\cos \omega t).$$

习 题 10-2

1. 求下列微分方程的通解.

（1） $y'\tan x = y$；

（2） $xy' - y\ln y = 0$；

（3） $x\sqrt{1-y^2}dx + y\sqrt{1-x^2}dy = 0$；

（4） $\tan x \sin^2 y dx + \cos^2 x \cot y dy = 0$；

（5） $xdy + dx = e^y dx$；

（6） $y' + \frac{1}{y}e^{y+3x} = 0$.

2. 求下列微分方程满足所给初始条件的特解.

（1） $y' = e^{2x-y}$，$y|_{x=0} = 0$；

（2） $y'\sin x = y\ln y$，$y|_{x=\frac{\pi}{2}} = e$；

（3） $(1+e^x)yy' = e^x$，$y|_{x=1} = 1$.

3. 求解下列微分方程.

（1） $(x-y)ydx - x^2 dy = 0$；

（2） $y' = e^{\frac{y}{x}} + \frac{y}{x}$，$y|_{x=1} = 0$；

（3） $x\frac{dy}{dx} + y = 2\sqrt{xy}$（$x > 0$）；

（4） $y' = \frac{y}{x} + \frac{x}{y}$，$y|_{x=1} = 2$；

（5） $\left(2x\tan \frac{y}{x} + y\right)dx = xdy$；

（6） $(y^2 - 3x^2)dy + 3xydx = 0$，$y|_{x=0} = 1$.

4. 求下列微分方程的通解.

（1） $\frac{dy}{dx} + y = e^{-x}$；

（2） $y' = y\tan x + \cos x$；

（3） $(x+1)y' - ny = e^x(x+1)^{n+1}$；

（4） $(x^2+1)y' + 2xy = 4x^2$；

（5） $y' + 2xy = xe^{-x^2}$；

（6） $xy' = x\sin x - y$.

第三节　可降阶的高阶微分方程

二阶及二阶以上的微分方程统称为**高阶微分方程**. 本节先介绍 3 种特殊类型可降阶的高阶微分方程的解法.

一、$y^{(n)} = f(x)$ 型的微分方程

解法：积分 n 次

$$y^{(n-1)} = \int f(x)\mathrm{d}x + C_1,$$

$$y^{(n-2)} = \int [\int f(x)\mathrm{d}x + C_1]\mathrm{d}x + C_2,$$

$$\vdots$$

依此法继续进行，接连积分几次，使得方程含有几个任意常数的通解.

例 10–13　求微分方程 $y''' = \mathrm{e}^{2x} - \cos x$ 的通解.

解　对所给方程连续积分 3 次，得

$$y'' = \frac{1}{2}\mathrm{e}^{2x} - \sin x + C_1,$$

$$y' = \frac{1}{4}\mathrm{e}^{2x} + \cos x + C_1 x + C_2,$$

$$y = \frac{1}{8}\mathrm{e}^{2x} + \sin x + \frac{1}{2}C_1 x^2 + C_2 x + C_3,$$

这就是所给方程的通解. 或

$$y'' = \frac{1}{2}\mathrm{e}^{2x} - \sin x + 2C_1,$$

$$y' = \frac{1}{4}\mathrm{e}^{2x} + \cos x + 2C_1 x + C_2,$$

$$y = \frac{1}{8}\mathrm{e}^{2x} + \sin x + C_1 x^2 + C_2 x + C_3,$$

这就是所给方程的通解.

例 10–14　质量为 m 的质点受力 F 的作用沿 Ox 轴做直线运动. 设力 F 仅是时间 t 的函数：$F=F(t)$. 在开始时刻当 $t=0$ 时，$F(0)=F_0$，随着时间 t 的增大，此力 F 均匀地减小，直到当 $t=T$ 时，$F(T)=0$. 如果开始时质点位于原点，且初速度为零，求该质点的运动规律.

解　设 $x=x(t)$ 表示在时刻 t 时质点的位置，根据牛顿第二定律，质点运动的微分方程为

$$m\frac{\mathrm{d}^2 x}{\mathrm{d}t^2} = F(t).$$

由题设，力 $F(t)$ 随 t 增大而均匀地减小，且 $t=0$ 时，$F(0)=F_0$，所以 $F(t)=F_0-kt$（$k>0$，待定）；又当 $t=T$ 时，$F(T)=0$，从而

$$F(t) = F_0 \left(1 - \frac{t}{T}\right).$$

于是质点运动的微分方程又写为
$$\frac{d^2 x}{dt^2} = \frac{F_0}{m}\left(1 - \frac{t}{T}\right),$$

其初始条件为 $x|_{t=0}=0$，$\frac{dx}{dt}|_{t=0}=0$.

把微分方程两边积分，得
$$\frac{dx}{dt} = \frac{F_0}{m}\left(t - \frac{t^2}{2T}\right) + C_1.$$

再积分一次，得
$$x = \frac{F_0}{m}\left(\frac{1}{2}t^2 - \frac{t^3}{6T}\right) + C_1 t + C_2.$$

由初始条件 $x|_{t=0}=0$，$\frac{dx}{dt}|_{t=0}=0$，得
$$C_1 = C_2 = 0.$$

于是所求质点的运动规律为
$$x = \frac{F_0}{m}\left(\frac{1}{2}t^2 - \frac{t^3}{6T}\right) \quad (0 \leq t \leq T).$$

二、$y'' = f(x, y')$ 型的微分方程

解法：设 $y'=p$，则方程化为
$$p' = f(x, p).$$
设 $p'=f(x,p)$ 的通解为 $p=\varphi(x, C_1)$，则
$$\frac{dy}{dx} = \varphi(x, C_1).$$
原方程的通解为
$$y = \int \varphi(x, C_1) dx + C_2.$$

例 10-15 求微分方程
$$(1+x^2) y'' = 2xy'$$
满足初始条件
$$y|_{x=0}=1, \quad y'|_{x=0}=3$$
的特解.

解 所给方程是 $y''=f(x,y')$ 型的. 设 $y'=p$，代入方程并分离变量后，有
$$\frac{dp}{p} = \frac{2x}{1+x^2} dx.$$

两边积分，得

即

$$\ln|p| = \ln(1+x^2) + C,$$
$$p = y' = C_1(1+x^2) \quad (C_1 = \pm e^C).$$

由条件 $y'|_{x=0}=3$,得 $C_1=3$,所以

$$y' = 3(1+x^2).$$

两边再积分,得

$$y = x^3 + 3x + C_2.$$

又由条件 $y|_{x=0}=1$,得 $C_2=1$,于是所求的特解为

$$y = x^3 + 3x + 1.$$

三、$y'' = f(y, y')$ 型的微分方程

解法:设 $y'=p$,有

$$y'' = \frac{dp}{dx} = \frac{dp}{dy} \cdot \frac{dy}{dx} = p\frac{dp}{dy}.$$

原方程化为

$$p\frac{dp}{dy} = f(y, p).$$

设方程 $p\dfrac{dp}{dy} = f(y,p)$ 的通解为 $y'=p=\varphi(y,C_1)$,则原方程的通解为

$$\int \frac{dy}{\varphi(y,C_1)} = x + C_2.$$

例 10-16 求微分方程 $yy''-y'^2=0$ 的通解.

解 设 $y'=p$,则 $y''=p\dfrac{dp}{dy}$,代入方程,得

$$yp\frac{dp}{dy} - p^2 = 0.$$

在 $y\neq 0$、$p\neq 0$ 时,约去 p 并分离变量,得

$$\frac{dp}{p} = \frac{dy}{y}.$$

两边积分得

$$\ln|p| = \ln|y| + \ln c,$$

即
$$p=Cy \text{ 或 } y'=Cy \quad (C=\pm c).$$

再分离变量并两边积分,便得原方程的通解为

$$\ln|y| = Cx + \ln c_1,$$

或

$$y = C_1 e^{Cx} \quad (C_1 = \pm c_1).$$

习　题　10-3

1. 求下列微分方程满足已给初始条件的特解.
（1） $y'' - a(y')^2 = 0$，$y(0) = 0$，$y'(0) = -1$；
（2） $y'' = e^{2y}$，$y(0) = 0$，$y'(0) = 0$；
（3） $x^2 y'' + xy' = 1$，$y(1) = 0$，$y'(1) = 1$.

2. 试求 $xy'' = y' + x^2$ 经过点 $(1, 0)$ 且在此点的切线与直线 $y = 3x - 3$ 垂直的积分曲线.

第四节　二阶常系数线性微分方程

一、二阶线性微分方程举例

例 10-17　设有一个弹簧，上端固定，下端挂一个质量为 m 的物体. 取 x 轴铅直向下，并取物体的平衡位置为坐标原点.

给物体一个初始速度 $v_0 \neq 0$ 后，物体在平衡位置附近做上下振动. 在振动过程中，物体的位置 x 是 t 的函数：$x = x(t)$，求 $x(t)$ 满足的方程.

解　设弹簧的弹性系数为 c，则恢复力 $f = -cx$. 又设物体在运动过程中受到的阻力 R 的大小与速度成正比，比例系数为 μ，则

$$R = -\mu \frac{dx}{dt},$$

由牛顿第二定律得

$$m \frac{d^2 x}{dt^2} = -cx - \mu \frac{dx}{dt}.$$

移项，并记 $2n = \dfrac{\mu}{m}$，$k^2 = \dfrac{c}{m}$，则上式化为

$$\frac{d^2 x}{dt^2} + 2n \frac{dx}{dt} + k^2 x = 0,$$

这就是在有阻尼的情况下，物体自由振动的微分方程.

如果振动物体还受到铅直扰力

$$F = H \sin pt$$

的作用，则有

$$\frac{d^2 x}{dt^2} + 2n \frac{dx}{dt} + k^2 x = h \sin pt,$$

其中 $h = \dfrac{H}{m}$. 这就是强迫振动的微分方程.

例 10-18　设有一个由电阻 R、自感 L、电容 C 和电源 E 串联组成的电路，其中 R、L

及 C 为常数，电源电动势是时间 t 的函数：$E=E_m\sin\omega t$，这里 E_m 及 ω 也是常数. 建立微分方程.

解 设电路中的电流为 $i(t)$，电容器极板上的电量为 $q(t)$，两极板间的电压为 u_c，自感电动势为 E_L. 由电学知识知道

$$i=\frac{dq}{dt},\quad u_c=\frac{q}{C},\quad E_L=-L\frac{di}{dt},$$

根据回路电压定律，得

$$E-L\frac{di}{dt}-\frac{q}{C}-Ri=0,$$

即

$$LC\frac{d^2u_c}{dt^2}+RC\frac{du_c}{dt}+u_c=E_m\sin\omega t,$$

或写成

$$\frac{d^2u_c}{dt^2}+2\beta\frac{du_c}{dt}+\omega_0^2 u_c=\frac{E_m}{LC}\sin\omega t,$$

其中 $\beta=\dfrac{R}{2L}$，$\omega_0=\dfrac{1}{\sqrt{LC}}$. 这就是串联电路的振荡方程.

如果电容器经充电后撤去外电源（$E=0$），则上式成为

$$\frac{d^2u_c}{dt^2}+2\beta\frac{du_c}{dt}+\omega_0^2 u_c=0.$$

通过上面两个不同的实际问题，可得到二阶线性微分方程的一般形式为

$$y''+P(x)y'+Q(x)y=f(x),$$

若当方程右端 $f(x)\equiv 0$ 时，方程称为齐次的，否则称为非齐次的.

二、二阶线性微分方程的解的结构

先讨论二阶齐次线性方程

$$y''+P(x)y'+Q(x)y=0,\quad 即 \frac{d^2y}{dx^2}+P(x)\frac{dy}{dx}+Q(x)y=0.$$

定理 10–1 如果函数 $y_1(x)$ 与 $y_2(x)$ 是方程

$$y''+P(x)y'+Q(x)y=0$$

的两个解，那么

$$y=C_1 y_1(x)+C_2 y_2(x)$$

也是该方程的解，其中 C_1、C_2 是任意常数.

证
$$(C_1 y_1+C_2 y_2)'=C_1 y_1'+C_2 y_2',$$
$$(C_1 y_1+C_2 y_2)''=C_1 y_1''+C_2 y_2''.$$

因为 y_1 与 y_2 是方程 $y''+P(x)y'+Q(x)y=0$ 的解，所以有

$$y_1''+P(x)y_1'+Q(x)y_1=0 \text{ 及 } y_2''+P(x)y_2'+Q(x)y_2=0,$$

从而 $(C_1 y_1+C_2 y_2)''+P(x)(C_1 y_1+C_2 y_2)'+Q(x)(C_1 y_1+C_2 y_2)=C_1[y_1''+P(x)y_1'+Q(x)y_1]+C_2[y_2''+P(x)y_2'+Q(x)y_2]=0+0=0.$

这就证明了 $y=C_1y_1(x)+C_2y_2(x)$ 也是方程 $y''+P(x)y'+Q(x)y=0$ 的解.

下面引入函数的线性相关与线性无关的概念.

设 $y_1(x),y_2(x),\cdots,y_n(x)$ 为定义在区间 I 上的 n 个函数. 如果存在 n 个不全为零的常数 k_1, $k_2,\cdots,k_n$, 使得当 $x\in I$ 时有恒等式

$$k_1y_1(x)+k_2y_2(x)+\cdots+k_ny_n(x)\equiv 0$$

成立, 那么称这 n 个函数在区间 I 上线性相关; 否则称为线性无关.

判别两个函数线性相关性的方法: 对于两个函数, 它们线性相关与否, 只要看它们的比值是否为常数, 如果比值为常数, 那么它们就线性相关, 否则就线性无关.

例如, 1, $\cos^2 x$, $\sin^2 x$ 在整个数轴上是线性相关的. 函数 1, x, x^2 在任何区间 (a,b) 内是线性无关的.

定理 10-2　如果函数 $y_1(x)$ 与 $y_2(x)$ 是方程

$$y''+P(x)y'+Q(x)y=0$$

的两个线性无关的解, 那么

$$y=C_1y_1(x)+C_2y_2(x) \quad (C_1、C_2 \text{是任意常数})$$

是方程的通解.

例 10-19　验证 $y_1=\cos x$ 与 $y_2=\sin x$ 是方程 $y''+y=0$ 的线性无关解, 并写出其通解.

解　因为

$$y_1''+y_1=-\cos x+\cos x=0,$$
$$y_2''+y_2=-\sin x+\sin x=0,$$

所以 $y_1=\cos x$ 与 $y_2=\sin x$ 都是方程的解.

因为对于任意两个常数 k_1、k_2, 要使

$$k_1\cos x+k_2\sin x\equiv 0,$$

只有 $k_1=k_2=0$, 所以 $\cos x$ 与 $\sin x$ 在 $(-\infty,+\infty)$ 内是线性无关的.

因此, $y_1=\cos x$ 与 $y_2=\sin x$ 是方程 $y''+y=0$ 的线性无关解. 故该方程的通解为

$$y=C_1\cos x+C_2\sin x.$$

例 10-20　验证 $y_1=x$ 与 $y_2=e^x$ 是方程 $(x-1)y''-xy'+y=0$ 的线性无关解, 并写出其通解.

解　因为

$$(x-1)y_1''-xy_1'+y_1=0-x+x=0,$$
$$(x-1)y_2''-xy_2'+y_2=(x-1)e^x-xe^x+e^x=0,$$

所以 $y_1=x$ 与 $y_2=e^x$ 都是方程的解. 因为比值 e^x/x 不恒为常数, 所以 $y_1=x$ 与 $y_2=e^x$ 在 $(-\infty,+\infty)$ 内是线性无关的. 因此, $y_1=x$ 与 $y_2=e^x$ 是方程 $(x-1)y''-xy'+y=0$ 的线性无关解. 从而方程的通解为

$$y=C_1x+C_2e^x.$$

推论　如果 $y_1(x),y_2(x),\cdots,y_n(x)$ 是方程

$$y^{(n)}+a_1(x)y^{(n-1)}+\cdots+a_{n-1}(x)y'+a_n(x)y=0$$

的 n 个线性无关的解, 那么, 此方程的通解为

$$y=C_1y_1(x)+C_2y_2(x)+\cdots+C_ny_n(x),$$

其中 $C_1, C_2, \cdots, C_n$ 为任意常数.

二阶常系数线性微分方程的解的结构性定理:

把方程
$$y''+P(x)y'+Q(x)y=0$$
叫作与非齐次方程
$$y''+P(x)y'+Q(x)y=f(x)$$
对应的齐次方程.

定理 10-3 设 $y^*(x)$ 是二阶非齐次线性方程
$$y''+P(x)y'+Q(x)y=f(x)$$
的一个特解, $Y(x)$ 是对应的齐次方程的通解, 那么
$$y=Y(x)+y^*(x)$$
是二阶非齐次线性微分方程的通解.

证
$$[Y(x)+y^*(x)]''+P(x)[Y(x)+y^*(x)]'+Q(x)[Y(x)+y^*(x)]$$
$$=[Y''+P(x)Y'+Q(x)Y]+[y^{*\prime\prime}+P(x)y^{*\prime}+Q(x)y^*]$$
$$=0+f(x)=f(x).$$

例如, $Y=C_1\cos x+C_2\sin x$ 是齐次方程 $y''+y=0$ 的通解, $y^*=x^2-2$ 是 $y''+y=x^2$ 的一个特解, 因此
$$y=C_1\cos x+C_2\sin x+x^2-2$$
是方程 $y''+y=x^2$ 的通解.

定理 10-4 设非齐次线性微分方程 $y''+P(x)y'+Q(x)y=f(x)$ 的右端 $f(x)$ 是两个函数之和, 即
$$y''+P(x)y'+Q(x)y=f_1(x)+f_2(x),$$
而 $y_1^*(x)$ 与 $y_2^*(x)$ 分别是方程
$$y''+P(x)y'+Q(x)y=f_1(x) \text{ 与 } y''+P(x)y'+Q(x)y=f_2(x)$$
的特解, 那么 $y_1^*(x)+y_2^*(x)$ 就是原方程的特解.

证
$$[y_1^*+y_2^*]''+P(x)[y_1^*+y_2^*]'+Q(x)[y_1^*+y_2^*]$$
$$=[y_1^{*\prime\prime}+P(x)y_1^{*\prime}+Q(x)y_1^*]+[y_2^{*\prime\prime}+P(x)y_2^{*\prime}+Q(x)y_2^*]$$
$$=f_1(x)+f_2(x).$$

三、二阶常系数齐次线性微分方程

二阶常系数齐次线性微分方程:
$$y''+py'+qy=0$$
称为二阶常系数齐次线性微分方程, 其中 p、q 均为常数.

如果 y_1、y_2 是二阶常系数齐次线性微分方程的两个线性无关解, 那么 $y=C_1y_1+C_2y_2$ 就是它的通解.

下面看一下, 能否适当选取 r, 使 $y=e^{rx}$ 满足二阶常系数齐次线性微分方程, 为此将 $y=e^{rx}$

代入方程
$$y''+py'+qy=0,$$
得
$$(r^2+pr+q)e^{rx}=0.$$
由此可见，只要 r 满足代数方程 $r^2+pr+q=0$，函数 $y=e^{rx}$ 就是微分方程的解.

特征方程：方程 $r^2+pr+q=0$ 叫作微分方程 $y''+py'+qy=0$ 的特征方程. 特征方程的两个根 r_1、r_2 可用公式
$$r_{1,2}=\frac{-p\pm\sqrt{p^2-4q}}{2}$$
求出.

特征方程的根与通解的关系如下.

（1）当特征方程有两个不相等的实根 r_1、r_2 时，函数 $y_1=e^{r_1x}$、$y_2=e^{r_2x}$ 是方程的两个线性无关的解.

这是因为，函数 $y_1=e^{r_1x}$、$y_2=e^{r_2x}$ 是方程的解，又 $\dfrac{y_1}{y_2}=\dfrac{e^{r_1x}}{e^{r_2x}}=e^{(r_1-r_2)x}$ 不是常数. 因此，方程的通解为
$$y=C_1e^{r_1x}+C_2e^{r_2x}.$$

（2）当特征方程有两个相等的实根 $r_1=r_2$ 时，函数 $y_1=e^{r_1x}$、$y_2=xe^{r_1x}$ 是二阶常系数齐次线性微分方程的两个线性无关的解.

这是因为 $y_1=e^{r_1x}$ 是方程的解，又
$$(xe^{r_1x})''+p(xe^{r_1x})'+q(xe^{r_1x})=(2r_1+xr_1^2)e^{r_1x}+p(1+xr_1)e^{r_1x}+qxe^{r_1x}$$
$$=e^{r_1x}(2r_1+p)+xe^{r_1x}(r_1^2+pr_1+q)=0,$$
所以 $y_2=xe^{r_1x}$ 也是方程的解，且 $\dfrac{y_2}{y_1}=\dfrac{xe^{r_1x}}{e^{r_1x}}=x$ 不是常数.

因此，方程的通解为
$$y=C_1e^{r_1x}+C_2xe^{r_1x}.$$

（3）当特征方程有一对共轭复根 $r_{1,2}=\alpha\pm i\beta$ 时，函数 $y=e^{(\alpha+i\beta)x}$、$y=e^{(\alpha-i\beta)x}$ 是微分方程的两个线性无关的复数形式的解. 函数 $y=e^{\alpha x}\cos\beta x$、$y=e^{\alpha x}\sin\beta x$ 是微分方程的两个线性无关的实数形式的解.

函数 $y_1=e^{(\alpha+i\beta)x}$ 和 $y_2=e^{(\alpha-i\beta)x}$ 都是方程的解，而由欧拉公式，得
$$y_1=e^{(\alpha+i\beta)x}=e^{\alpha x}(\cos\beta x+i\sin\beta x),$$
$$y_2=e^{(\alpha-i\beta)x}=e^{\alpha x}(\cos\beta x-i\sin\beta x),$$
$$y_1+y_2=2e^{\alpha x}\cos\beta x,\quad e^{\alpha x}\cos\beta x=\frac{1}{2}(y_1+y_2),$$
$$y_1-y_2=2ie^{\alpha x}\sin\beta x,\quad e^{\alpha x}\sin\beta x=\frac{1}{2i}(y_1-y_2).$$

故 $e^{\alpha x}\cos\beta x$、$e^{\alpha x}\sin\beta x$ 也是方程的解.

可以验证，$y_1=e^{\alpha x}\cos\beta x$、$y_2=e^{\alpha x}\sin\beta x$ 是方程的线性无关解.

因此，方程的通解为
$$y=e^{\alpha x}(C_1\cos\beta x+C_2\sin\beta x).$$

综上所述，求二阶常系数齐次线性微分方程 $y''+py'+qy=0$ 的通解的步骤为：

第一步　写出二阶常系数齐次线性微分方程的特征方程
$$r^2+pr+q=0;$$

第二步　求出特征方程的两个根 r_1、r_2；

第三步　根据特征方程的两个根的不同情况，写出微分方程的通解.

例 10-21　求微分方程 $y''-2y'-3y=0$ 的通解.

解　所给微分方程的特征方程为
$$r^2-2r-3=0，即 (r+1)(r-3)=0.$$

其根 $r_1=-1$，$r_2=3$ 是两个不相等的实根，因此，所求通解为
$$y=C_1e^{-x}+C_2e^{3x}.$$

例 10-22　求方程 $y''+2y'+y=0$ 满足初始条件 $y|_{x=0}=4$，$y'|_{x=0}=-2$ 的特解.

解　所给方程的特征方程为
$$r^2+2r+1=0，即 (r+1)^2=0.$$

其根 $r_1=r_2=-1$ 是两个相等的实根，因此，所给微分方程的通解为
$$y=(C_1+C_2x)e^{-x}.$$

将条件 $y|_{x=0}=4$ 代入通解，得 $C_1=4$，从而
$$y=(4+C_2x)e^{-x}.$$

将上式对 x 求导，得
$$y'=(C_2-4-C_2x)e^{-x}.$$

再把条件 $y'|_{x=0}=-2$ 代入上式，得 $C_2=2$. 于是所求特解为
$$x=(4+2x)e^{-x}.$$

例 10-23　求微分方程 $y''-2y'+5y=0$ 的通解.

解　所给方程的特征方程为
$$r^2-2r+5=0.$$

特征方程的根为 $r_1=1+2i$，$r_2=1-2i$，它们是一对共轭复根，因此，所求通解为
$$y=e^x(C_1\cos 2x+C_2\sin 2x).$$

四、二阶常系数非齐次线性微分方程

方程
$$y''+py'+qy=f(x)$$
称为二阶常系数非齐次线性微分方程，其中 p、q 是常数.

二阶常系数非齐次线性微分方程的通解是对应的齐次方程的通解 $y=Y(x)$ 与非齐次方程本身的一个特解 $y=y^*(x)$ 之和，即
$$y=Y(x)+y^*(x).$$

下面考虑当 $f(x)$ 为两种特殊形式时，方程特解的求解方法．

1. $f(x)=P_m(x)\mathrm{e}^{\lambda x}$ 型

当 $f(x)=P_m(x)\mathrm{e}^{\lambda x}$ 时，可以猜想，方程的特解也应具有这种形式．因此，设特解形式为 $y^{*}=Q(x)\mathrm{e}^{\lambda x}$，将其代入方程，得等式

$$Q''(x)+(2\lambda+p)Q'(x)+(\lambda^2+p\lambda+q)Q(x)=P_m(x).$$

（1）如果 λ 不是特征方程 $r^2+pr+q=0$ 的根，则 $\lambda^2+p\lambda+q\neq 0$．要使上式成立，$Q(x)$ 应设为 m 次多项式：

$$Q_m(x)=b_0x^m+b_1x^{m-1}+\cdots+b_{m-1}x+b_m,$$

通过比较等式两边同次项系数，可确定 $b_0, b_1, \cdots, b_m$，并得所求特解

$$y^{*}=Q_m(x)\mathrm{e}^{\lambda x}.$$

（2）如果 λ 是特征方程 $r^2+pr+q=0$ 的单根，则 $\lambda^2+p\lambda+q=0$，但 $2\lambda+p\neq 0$，要使等式

$$Q''(x)+(2\lambda+p)Q'(x)+(\lambda^2+p\lambda+q)Q(x)=P_m(x)$$

成立，$Q(x)$ 应设为 $m+1$ 次多项式：

$$Q(x)=xQ_m(x),$$

$$Q_m(x)=b_0x^m+b_1x^{m-1}+\cdots+b_{m-1}x+b_m,$$

通过比较等式两边同次项系数，可确定 $b_0, b_1, \cdots, b_m$，并得所求特解

$$y^{*}=xQ_m(x)\mathrm{e}^{\lambda x}.$$

（3）如果 λ 是特征方程 $r^2+pr+q=0$ 的二重根，则 $\lambda^2+p\lambda+q=0$，$2\lambda+p=0$，要使等式

$$Q''(x)+(2\lambda+p)Q'(x)+(\lambda^2+p\lambda+q)Q(x)=P_m(x)$$

成立，$Q(x)$ 应设为 $m+2$ 次多项式：

$$Q(x)=x^2Q_m(x),$$

$$Q_m(x)=b_0x^m+b_1x^{m-1}+\cdots+b_{m-1}x+b_m,$$

通过比较等式两边同次项系数，可确定 $b_0, b_1, \cdots, b_m$，并得所求特解

$$y^{*}=x^2Q_m(x)\mathrm{e}^{\lambda x}.$$

综上所述，有以下结论：如果 $f(x)=P_m(x)\mathrm{e}^{\lambda x}$，则二阶常系数非齐次线性微分方程 $y''+py'+qy=f(x)$ 有形如

$$y^{*}=x^kQ_m(x)\mathrm{e}^{\lambda x}$$

的特解，其中 $Q_m(x)$ 是与 $P_m(x)$ 同次的多项式，而 k 按 λ 不是特征方程的根、是特征方程的单根或是特征方程的重根依次取为 0、1 或 2．

例 10-24 求微分方程 $y''-2y'-3y=3x+1$ 的一个特解．

解 这是二阶常系数非齐次线性微分方程，且函数 $f(x)$ 是 $P_m(x)\mathrm{e}^{\lambda x}$ 型（其中 $P_m(x)=3x+1$，$\lambda=0$）．

与所给方程对应的齐次方程为

$$y''-2y'-3y=0,$$

它的特征方程为

$$r^2-2r-3=0.$$

由于这里 $\lambda=0$ 不是特征方程的根，所以应设特解为

$$y^* = b_0 x + b_1.$$

把它代入所给方程，得

$$-3b_0 x - 2b_0 - 3b_1 = 3x + 1,$$

比较两端 x 同次幂的系数，得

$$\begin{cases} -3b_0 = 3 \\ -2b_0 - 3b_1 = 1 \end{cases},$$

由此求得 $b_0 = -1$，$b_1 = \dfrac{1}{3}$. 于是求得一个特解为

$$y^* = -x + \dfrac{1}{3}.$$

例 10-25 求微分方程 $y'' - 5y' + 6y = x\mathrm{e}^{2x}$ 的通解.

解 所给方程是二阶常系数非齐次线性微分方程，且 $f(x)$ 是 $P_m(x)\mathrm{e}^{\lambda x}$ 型（其中 $P_m(x) = x$，$\lambda = 2$）.

与所给方程对应的齐次方程为

$$y'' - 5y' + 6y = 0,$$

它的特征方程为

$$r^2 - 5r + 6 = 0.$$

有两个实根 $r_1 = 2$，$r_2 = 3$. 于是所给方程对应的齐次方程的通解为

$$Y = C_1 \mathrm{e}^{2x} + C_2 \mathrm{e}^{3x}.$$

由于 $\lambda = 2$ 是特征方程的单根，所以应设方程的特解为

$$y^* = x(b_0 x + b_1)\mathrm{e}^{2x}.$$

把它代入所给方程，得

$$-2b_0 x + 2b_0 - b_1 = x.$$

比较两端 x 同次幂的系数，得

$$\begin{cases} -2b_0 = 1 \\ 2b_0 - b_1 = 0 \end{cases},$$

由此求得 $b_0 = -\dfrac{1}{2}$，$b_1 = -1$. 于是求得一个特解为

$$y^* = x\left(-\dfrac{1}{2}x - 1\right)\mathrm{e}^{2x}.$$

从而所给方程的通解为

$$y = C_1 \mathrm{e}^{2x} + C_2 \mathrm{e}^{3x} - \dfrac{1}{2}(x^2 + 2x)\mathrm{e}^{2x}.$$

2. $f(x) = \mathrm{e}^{\lambda x}[P_l^{(1)}(x)\cos\omega x + P_n^{(2)}(x)\sin\omega x]$ 型

求方程 $y'' + py' + qy = \mathrm{e}^{\lambda x}[P_l^{(1)}(x)\cos\omega x + P_n^{(2)}(x)\sin\omega x]$ 的特解形式 y^*.

应用欧拉公式可得

$$e^{\lambda x}[P_l^{(1)}(x)\cos\omega x+P_n^{(2)}(x)\sin\omega x]$$

$$=e^{\lambda x}[P_l^{(1)}(x)\frac{e^{i\omega x}+e^{-i\omega x}}{2}+P_n^{(2)}(x)\frac{e^{i\omega x}-e^{-i\omega x}}{2i}]$$

$$=\frac{1}{2}[P_l^{(1)}(x)-iP_n^{(2)}(x)]e^{(\lambda+i\omega)x}+\frac{1}{2}[P_l^{(1)}(x)+iP_n^{(2)}(x)]e^{(\lambda-i\omega)x}$$

$$=P(x)e^{(\lambda+i\omega)x}+\overline{P}(x)e^{(\lambda-i\omega)x},$$

其中 $P(x)=\frac{1}{2}(P_l^{(1)}(x)-P_n^{(2)}(x)i)$，$\overline{P}(x)=\frac{1}{2}(P_l^{(1)}(x)+P_n^{(2)}(x)i)$，它们是互成共轭的 m 次多项式，而

$$m=\max\{l,n\}.$$

设方程 $y''+py'+qy=P(x)e^{(\lambda+i\omega)x}$ 的特解为 $y_1^*=x^k Q_m(x)e^{(\lambda+i\omega)x}$，则 $\overline{y}_1^*=x^k\overline{Q}_m(x)e^{(\lambda-i\omega)}$ 必是方程 $y''+py'+qy=\overline{P}(x)e^{(\lambda-i\omega)}$ 的特解，其中 k 按 $\lambda\pm i\omega$ 不是特征方程的根或是特征方程的根依次取 0 或 1.

于是方程 $y''+py'+qy=e^{\lambda x}[P_l^{(1)}(x)\cos\omega x+P_n^{(2)}(x)\sin\omega x]$ 的特解为

$$y^*=x^k Q_m(x)e^{(\lambda+i\omega)x}+x^k\overline{Q}_m(x)e^{(\lambda-i\omega)x}$$

$$=x^k e^{\lambda x}[Q_m(x)(\cos\omega x+i\sin\omega x)+\overline{Q}_m(x)(\cos\omega x-i\sin\omega x)]$$

$$=x^k e^{\lambda x}[R_m^{(1)}(x)\cos\omega x+R_m^{(2)}(x)\sin\omega x].$$

综上所述，可得出以下结论：

如果 $f(x)=e^{\lambda x}[P_l^{(1)}(x)\cos\omega x+P_n^{(2)}(x)\sin\omega x]$，则二阶常系数非齐次线性微分方程

$$y''+py'+qy=f(x)$$

的特解可设为

$$y^*=x^k e^{\lambda x}[R_m^{(1)}(x)\cos\omega x+R_m^{(2)}(x)\sin\omega x],$$

其中 $R_m^{(1)}(x)$、$R_m^{(2)}(x)$ 是 m 次多项式，$m=\max\{l,n\}$，而 k 按 $\lambda+i\omega$（或 $\lambda-i\omega$）不是特征方程的根或是特征方程的单根依次取 0 或 1.

例 10-26 求微分方程 $y''+y=x\cos 2x$ 的一个特解.

解 所给方程是二阶常系数非齐次线性微分方程，且 $f(x)$ 属于 $e^{\lambda x}[P_l^{(1)}(x)\cos\omega x+P_n^{(2)}(x)\sin\omega x]$ 型（其中 $\lambda=0$，$\omega=2$，$P_l^{(1)}(x)=x$，$P_n^{(2)}(x)=0$）.

所给方程对应的齐次方程为

$$y''+y=0,$$

它的特征方程为

$$r^2+1=0.$$

由于这里 $\lambda+i\omega=2i$ 不是特征方程的根，所以应设特解为

$$y^*=(ax+b)\cos 2x+(cx+d)\sin 2x,$$

把上式代入所给方程，得

$$(-3ax-3b+4c)\cos 2x-(3cx+3d+4a)\sin 2x=x\cos 2x,$$

比较两端同类项的系数，得 $a=-\frac{1}{3}$，$b=0$，$c=0$，$d=\frac{4}{9}$. 于是求得一个特解为

$$y^* = -\frac{1}{3}x\cos 2x + \frac{4}{9}\sin 2x.$$

习 题 10-4

1. 验证 $y_1 = \cos\omega x$ 与 $y_2 = \sin\omega x$ 都是方程 $y'' + \omega^2 y = 0$ 的解，并写出该方程的通解.

2. 求下列微分方程的通解.

(1) $y'' + 7y' + 12y = 0$； (2) $y'' - 12y' + 36y = 0$；

(3) $y'' + y' + y = 0$； (4) $y'' + \mu y = 0$（μ 为实数）.

3. 求下列微分方程满足所给初始条件的特解.

(1) $y'' - 4y' + 3y = 0$，$y(0) = 6$，$y'(0) = 10$；

(2) $4y'' + 4y' + y = 0$，$y(0) = 2$，$y'(0) = 0$；

(3) $y'' + 25y = 0$，$y(0) = 2$，$y'(0) = 5$；

(4) $y'' - 2y' + 10y = 0$，$y\big|_{x=\frac{\pi}{6}} = 0$，$y'\big|_{x=\frac{\pi}{6}} = e^{\frac{\pi}{6}}$.

4. 验证

(1) $y = C_1 e^x + C_2 e^{2x} + \frac{1}{12} e^{5x}$（$C_1$，$C_2$ 是任意常数）是方程 $y'' - 3y' + 2y = e^{5x}$ 的通解.

(2) $y = C_1 \cos 3x + C_2 \sin 3x + \frac{1}{32}(4x\cos x + \sin x)$（$C_1$，$C_2$ 是任意常数）是方程 $y'' + 9y = x\cos x$ 的通解.

5. 求下列微分方程的通解.

(1) $2y'' + y' - y = 2e^x$； (2) $y'' + a^2 y = e^x$（a 为实常数）；

(3) $y'' + 9y' = x^2 - 4$； (4) $y'' - 5y' + 6y = xe^{2x}$.

6. 求下列微分方程满足已给初始条件的特解.

(1) $y'' - 3y' + 2y = 5$，$y(0) = 1$，$y'(0) = 2$；

(2) $y'' + y + \sin 2x = 0$，$y(\pi) = 1$，$y'(\pi) = 1$；

(3) $y'' - y = 4xe^x$，$y(0) = 0$，$y'(0) = 1$.

7. 求下列微分方程的通解.

(1) $y'' = x + \sin x$； (2) $y'' = xe^x$；

(3) $y'' = 1 + (y')^2$； (4) $y'' = y' + x$；

(5) $xy'' + y' = 0$； (6) $y^3 y'' - 1 = 0$.

8. 求下列微分方程的通解.

(1) $y'' - 6y' + 9y = 5(x+1)e^{3x}$； (2) $y'' - 2y' + 5y = e^x \sin 2x$；

(3) $y'' + 4y = x\cos x$； (4) $y'' + y = e^x + \cos x$.

9. 求下列微分方程满足已给初始条件的特解.

(1) $y'' - a(y')^2 = 0$，$y(0) = 0$，$y'(0) = -1$；

(2) $y'' = e^{2y}$，$y(0) = 0$，$y'(0) = 0$；

(3) $x^2 y'' + xy' = 1$，$y(1) = 0$，$y'(1) = 1$.

10. 设函数 $\varphi(x)$ 连续，且满足 $\varphi(x) = e^x + \int_0^x t\varphi(t)dt - x\int_0^x \varphi(t)dt$，求 $\varphi(x)$.

11. 设某商品的供给函数与需求函数分别为
$$Q_d = 42 - 4P - 4P' + P'',\quad Q_s = -6 + 8P,$$
初始条件为 $P(0) = 6$，$P'(0) = 4$. 若在每一时刻市场均是出清的，求价格函数 $P(t)$.

第五节　差分与差分方程的概念　常系数线性差分方程解的结构

在科学技术和经济管理的许多实际问题中，经济变量的数据大多按照等间隔时间周期统计. 因此，各有关变量的取值是离散变化的，如何寻求它们之间的关系和变化规律呢？差分方程是研究这类离散数学模型的有力工具.

一、差分的概念

设变量 y 是时间 t 的函数，如果函数 $y = y(t)$ 不仅连续而且可导，则变量 y 对时间 t 的变化率用 $\dfrac{dy}{dt}$ 来刻画；但在某些场合，时间 t 只能离散地取值，从而变量 y 也只能按规定的离散时间而相应离散地变化，这时常用规定的时间区间上的差商 $\dfrac{\Delta y}{\Delta t}$ 来刻画 y 的变化速率. 若取 $\Delta t = 1$，那么 $\Delta y = y(t+1) - y(t)$ 就可近似地代表变量 y 的变化速率.

定义 10 - 2　设函数 $y = f(x)$，当自变量 x 依次取遍非负整数时，相应的函数值可以排成一个数列
$$f(0), f(1), \cdots, f(x), f(x+1), \cdots,$$
将之简记为
$$y_0, y_1, \cdots, y_x, y_{x+1}, \cdots.$$
当自变量从 x 到 $x+1$ 时，函数的改变量 $y_{x+1} - y_x$ 称为函数 y 在点 x 的**差分**，记为 Δy_x，即
$$\Delta y_x = y_{x+1} - y_x \quad (x = 0, 1, 2, \cdots).$$

例 10 - 27　已知 $y_x = C$（C 为常数），求 Δy_x.

解　$$\Delta y_x = y_{x+1} - y_x = C - C = 0,$$
所以常数的差分为零.

例 10 - 28　设 $y_x = a^x$（其中 $a > 0$ 且 $a \neq 1$），求 Δy_x.

解　$$\Delta y_x = y_{x+1} - y_x = a^{x+1} - a^x = a^x(a-1),$$
可见，指数函数的差分等于指数函数乘上一个常数.

例 10 - 29　设 $y_x = \sin ax$，求 Δy_x.

解 $\Delta y_x = \sin(a(x+1)) - \sin ax = 2\cos a\left(x+\dfrac{1}{2}\right)\sin\dfrac{1}{2}a.$

例 10 – 30 设 $y_x = x^2$,求 Δy_x.

解 $\Delta y_x = y_{x+1} - y_x = (x+1)^2 - x^2 = 2x + 1.$

例 10 – 31 设阶乘函数 $y_x = x^{(n)} = x(x-1)\cdots(x-n+1)$ ($x^{(0)} = 1$) 求 Δy_x.

解 $\Delta y_x = y_{x+1} - y_x = (x+1)^{(n)} - x^{(n)}$
$= (x+1)x(x-1)\cdots(x+1-n+1) - x(x-1)\cdots(x-n+1)$
$= [(x+1)-(x-n+1)]x(x-1)\cdots(x-n+2)$
$= nx^{(n-1)}.$

这个结果与 $y = x^n$ 的一阶导数等于 nx^{n-1} 的形式相类似.

由一阶差分的定义，容易得到差分的四则运算法则：

（1） $\Delta(Cy_x) = C\Delta y_x$;

（2） $\Delta(y_x \pm z_x) = \Delta y_x \pm \Delta z_x$;

（3） $\Delta(y_x \cdot z_x) = y_{x+1}\cdot \Delta z_x + z_x\cdot\Delta y_x = y_x\cdot\Delta z_x + z_{x+1}\cdot\Delta y_x$;

（4） $\Delta\left(\dfrac{y_x}{z_x}\right) = \dfrac{z_x\cdot\Delta y_x - y_x\cdot\Delta z_x}{z_x\cdot z_{x+1}} = \dfrac{z_{x+1}\cdot\Delta y_x - y_{x+1}\cdot\Delta z_x}{z_x\cdot z_{x+1}}.$

这里仅给出（3）式的证明

$\Delta(y_x \cdot z_x) = y_{x+1}\cdot z_{x+1} - z_x\cdot y_x$
$= y_{x+1}\cdot z_{x+1} - y_{x+1}\cdot z_x + y_{x+1}\cdot z_x - y_x\cdot z_x$
$= y_{x+1}\cdot(z_{x+1}-z_x) + z_x\cdot(y_{x+1}-y_x)$
$= y_{x+1}\cdot\Delta z_x + z_x\cdot\Delta y_x.$

类似可证 $\Delta(y_x \cdot z_x) = y_x\cdot\Delta z_x + z_{x+1}\cdot\Delta y_x.$

下面给出高阶差分的定义.

定义 10 – 3 当自变量从 x 变到 $x+1$ 时，一阶差分的差分

$\Delta(\Delta y_x) = \Delta(y_{x+1}-y_x) = \Delta y_{x+1} - \Delta y_x$
$= (y_{x+2}-y_{x+1}) - (y_{x+1}-y_x)$
$= y_{x+2} - 2y_{x+1} + y_x$

称为函数 $y = f(x)$ 的**二阶差分**，记为 $\Delta^2 y_x$，即

$$\Delta^2 y_x = y_{x+2} - 2y_{x+1} + y_x.$$

同样，二阶差分的差分称为**三阶差分**，记为 $\Delta^3 y_x$，即

$$\Delta^3 y_x = y_{x+3} - 3y_{x+2} + 3y_{x+1} - y_x.$$

以此类推，$y = f(x)$ 的 n 阶差分

$$\Delta^n y_x = \Delta(\Delta^{n-1} y_x).$$

例 10-32 设 $y_x = e^{2x}$,求 $\Delta^2 y_x$.

解 $\Delta y_x = y_{x+1} - y_x = e^{2(x+1)} - e^{2x} = e^{2x}(e^2 - 1).$

$\Delta^2 y_x = \Delta(\Delta y_x) = \Delta\left[e^{2x}(e^2 - 1)\right]$

$\qquad = (e^2 - 1)\Delta e^{2x} = (e^2 - 1)^2 e^{2x}.$

例 10-33 设 $y_x = 3x^2 - 4x + 2$,求 $\Delta^2 y_x$,$\Delta^3 y_x$.

解 $\Delta y_x = 3\Delta(x^2) - 4\Delta(x) + \Delta(2)$

$\qquad = 3(2x+1) - 4 + 0$

$\qquad = 6x - 1,$

$\Delta^2 y_x = \Delta(\Delta y_x) = \Delta(6x - 1)$

$\qquad = \Delta(6x) - \Delta(1)$

$\qquad = 6\Delta(x) - 0 = 6,$

$\Delta^3 y_x = \Delta(6) = 0.$

一般地,对于 k 次多项式,它的 k 阶差分为常数,而 k 阶以上的差分均为零.

二、差分方程的概念

定义 10-4 含有未知函数及其差分或含有未知函数几个不同时期值的符号的方程称为**差分方程**,其一般形式为

$$F(x, y_x, \Delta y_x, \Delta^2 y_x, \cdots, \Delta^n y_x) = 0,$$

或

$$G(x, y_x, y_{x+1}, y_{x+2}, \cdots, y_{x+n}) = 0,$$

或

$$H(x, y_x, y_{x-1}, y_{x-2}, \cdots, y_{x-n}) = 0.$$

由差分的定义及性质可知,差分方程的不同表达形式之间可以相互转化. 例如,差分方程 $y_{x+2} - 2y_{x+1} - y_x = 3^x$ 可转化成 $y_x - 2y_{x-1} - y_{x-2} = 3^{x-2}$,若将原方程的左边写成

$$(y_{x+2} - y_{x+1}) - (y_{x+1} - y_x) - 2y_x$$

$$= \Delta y_{x+1} - \Delta y_x - 2y_x$$

$$= \Delta^2 y_x - 2y_x,$$

则原方程又可化为

$$\Delta^2 y_x - 2y_x = 3^x.$$

在定义 10-4 中,未知函数的最大下标与最小下标的差称为差分方程的阶. 如 $y_{x+5} - 4y_{x+3} + 3y_{x+2} - 2 = 0$ 是三阶差分方程,又如差分方程 $\Delta^3 y_x + y_x + 1 = 0$,虽然它含有三阶差分 $\Delta^3 y_x$,但它实际上是二阶差分方程. 由于该方程可化为

$$y_{x+3} - 3y_{x+2} + 3y_{x+1} + 1 = 0.$$

因此,它是二阶差分方程,事实上,作代换 $t = x + 1$,即可写成

$$y_{t+2} - 3y_{t+1} + 3y_t + 1 = 0.$$

定义 10-5 如果一个函数代入差分方程，使方程两边恒等，则称此函数为差分方程的**解**. 若在差分方程的解中，含有相互独立的任意常数的个数与该方程的阶数相同，则称这个解为差分方程的**通解**.

例 10-34 设有差分方程 $y_{x+1} - y_x = 2$，求通解.

解 把函数 $y_x = 15 + 2x$ 代入此方程，则左边 $= [15 + 2(x+1)] - (15 + 2x) = 2 =$ 右边，所以 $y_x = 15 + 2x$ 是该差分方程的解. 同样，可以验证 $y_x = C + 2x$（C 为任意常数）也是该差分方程的解，它含有一个任意常数，而所给差分方程又是一阶的，故 $y_x = C + 2x$ 是该差分方程的通解.

为了反映某一事物在变化过程中的客观规律性，往往根据事物在初始时刻所处状态，对差分方程附加一定的条件，称之为初值条件. 当通解中任意常数被初始条件确定后，这个解称为差分方程的特解.

三、常系数线性差分方程解的结构

为后面几节讨论的需要，这里将给出常系数线性差分方程的解的结构定理. 下面出现的差分方程均以含有未知函数不同时期值的形式表示.

n 阶常系数线性差分方程的一般形式为

$$y_{x+n} + a_1 y_{x+n-1} + \cdots + a_{n-1} y_{x+1} + a_n y_x = f(x), \tag{10-36}$$

其中 $a_i(i = 1, 2, \cdots, n)$ 为常数，且 $a_n \neq 0$，$f(x)$ 为已知函数. 当 $f(x) \equiv 0$ 时，差分方程（10-36）称为齐次的；当 $f(x) \not\equiv 0$ 时，差分方程（10-36）称为非齐次的.

式（10-36）是 n 阶常系数非齐次线性差分方程，则其所对应的 n 阶常系数齐次线性差分方程为

$$y_{x+n} + a_1 y_{x+n-1} + \cdots + a_{n-1} y_{x+1} + a_n y_x = 0, a_n \neq 0. \tag{10-37}$$

关于 n 阶常系数线性差分方程（10-37）的解有以下一些结论.

定理 10-5 若函数 $y_1(x), y_2(x), \cdots, y_k(x)$ 都是常系数齐次线性差分方程（10-37）的解，则它们的线性组合

$$y(x) = C_1 y_1(x) + C_2 y_2(x) + \cdots + C_k y_k(x)$$

也是方程（10-37）的解，其中 $C_1, C_2, \cdots, C_k$ 为常数.

下面将两个函数的线性相关、线性无关的概念推广到 n 个函数的情形.

定义 10-6 设有 n 个函数 $y_1(x), y_2(x), \cdots, y_n(x)$ 都在某一区间 I 上有定义，若存在一组不全为零的数 $k_1, \cdots, k_n$ 使对一切 $x \in I$ 有

$$k_1 y_1 + \cdots + k_n y_n = 0,$$

则称函数 $y_1(x), y_2(x), \cdots, y_n(x)$ 在区间 I 上**线性相关**，否则，称之为**线性无关**.

定理 10-6 若函数 $y_1(x), y_2(x), \cdots, y_n(x)$ 是 n 阶常系数齐次线性差分方程（10-37）的 n 个线性无关的解，则

$$Y_x = C_1 y_1(x) + C_2 y_2(x) + \cdots + C_n y_n(x)$$

就是方程（10-37）的通解（其中 $C_1, C_2, \cdots, C_k$ 为常数）.

由此定理可知，要求出 n 阶常系数齐次线性差分方程（10-37）的通解，只需求出其 n 个线性无关的特解. 该定理称为常系数齐次线性差分方程的通解的结构定理.

定理 10-7 若 y_x^* 是非齐次线性差分方程（10-36）的一个特解，Y_x 是它对应的齐次方程（10-37）的通解，则非齐次方程（10-36）的通解为
$$y_x = Y_x + y_x^*.$$

该定理说明，要求非齐次方程（10-36）的通解，可先求对应的齐次方程（10-37）的通解，再找非齐次方程（10-36）的一个特解，然后相加. 该定理称为 n 阶常系数非齐次线性差分方程的通解的结构定理.

定理 10-8 若 y_1^*，y_2^* 分别为非齐次方程
$$y_{x+n} + a_1 y_{x+n-1} + \cdots + a_{n-1} y_{x+1} + a_n y_x = f_1(x),$$
$$y_{x+n} + a_1 y_{x+n-1} + \cdots + a_{n-1} y_{x+1} + a_n y_x = f_2(x)$$
的特解，则 $y^* = y_1^* + y_2^*$ 是方程
$$y_{x+n} + a_1 y_{x+n-1} + \cdots + a_{n-1} y_{x+1} + a_n y_x = f_1(x) + f_2(x)$$
的特解.

习 题 10-5

1. 求下列函数的一阶与二阶差分.

（1）$y_x = 2x^3 - x^2$；　　　　　　（2）$y_x = e^{3x}$；

（3）$y_x = \log_a x \ (a > 0, a \neq 1)$；　（4）$y_x = x^{(4)}$.

2. 证明 $\Delta \left(\dfrac{y_x}{z_x} \right) = \dfrac{z_x \cdot \Delta y_x - y_x \cdot \Delta z_x}{z_x \cdot z_{x+1}}$.

3. 已知 $y_x = e^x$ 是方程 $y_{x+1} + a y_{x-1} = 2 e^x$ 的一个解，求 a.

4. 确定下列差分方程的阶.

（1）$y_{x+3} - x^2 y_{x+1} + 3 y_x = 2$；　　（2）$y_{x-2} - y_{x-4} = y_{x+2}$.

第六节　一阶常系数线性差分方程

一阶常系数线性差分方程的一般形式为
$$y_{x+1} - a y_x = f(x), \tag{10-38}$$
其中 $a \neq 0$ 为常数，$f(x)$ 为已知函数.

当 $f(x) \equiv 0$ 时，称方程
$$y_{x+1} - a y_x = 0, \ a \neq 0 \tag{10-39}$$
为一阶常系数齐次线性差分方程.

当 $f(x) \not\equiv 0$ 时，则（10-38）称为一阶常系数非齐次线性差分方程.

下面介绍它们的求解方法.

一、一阶常系数齐次线性差分方程的求解

对于一阶常系数齐次线性差分方程（10-39），通常有以下两种解法.

1. 迭代法

若 y_0 已知，由方程（10-39）依次可得出

$$y_1 = ay_0,$$
$$y_2 = ay_1 = a^2 y_0,$$
$$y_3 = ay_2 = a^3 y_0,$$
$$\vdots$$

于是 $y_x = a^x y_0$，令 $y_0 = C$ 为任意常数，则齐次方程的通解为 $Y_x = Ca^x$。

2. 特征根法

由于方程 $y_{x+1} - ay_x = 0$ 等同于 $\Delta y_x + (1-a)y_x = 0$，可以看出 y_x 的形式一定为某个指数函数. 于是，设 $y_x = \lambda^x (\lambda \neq 0)$，代入方程可得

$$\lambda^{x+1} - a\lambda^x = 0,$$
$$\lambda - a = 0, \qquad\qquad (10-40)$$

即得 $\lambda = a$. 称方程（10-40）为齐次方程（10-39）的特征方程，而 $\lambda = a$ 为特征方程的根（简称特征根）. 于是 $y_x = a^x$ 是齐次方程的一个解，从而

$$y_x = Ca^x \quad (C\text{ 为任意常数}) \qquad\qquad (10-41)$$

是齐次方程的通解.

例 10-35 求 $2y_{x+1} + y_x = 0$ 的通解.

解 特征方程为

$$2\lambda + 1 = 0,$$

特征方程的根为 $\lambda = -\dfrac{1}{2}$. 于是原方程的通解为

$$y_x = C\left(-\dfrac{1}{2}\right)^x \quad (C\text{ 为任意常数}).$$

例 10-36 求方程 $3y_x - y_{x-1} = 0$ 满足初值条件 $y_0 = 2$ 的解.

解 原方程 $3y_x - y_{x-1} = 0$ 可以改写为

$$3y_{x+1} - y_x = 0,$$

特征方程为

$$3\lambda - 1 = 0,$$

其根为 $\lambda = \dfrac{1}{3}$. 于是原方程的通解为

$$y_x = C\left(\dfrac{1}{3}\right)^x.$$

把初值条件 $y_0 = 2$ 代入，定出 $C = 2$，因此，所求特解为

$$y_x = 2\left(\dfrac{1}{3}\right)^x.$$

二、一阶常系数非齐次线性差分方程的求解

由上节定理 10-7 可知，一阶常系数非齐次线性差分方程（10-38）的通解由该方程的一个特解 y_x^* 与相应的齐次方程的通解之和构成. 由于相应的齐次方程的通解的求法已经解决. 因此，只需要讨论非齐次方程特解 y_x^* 的求法.

当右端 $f(x)$ 是某些特殊形式的函数时，采用待定系数法求其特解 y_x^* 较为方便.

1. $f(x)=P_n(x)$ 型

$P_n(x)$ 表示 x 的 n 次多项式，此时方程（10-38）为

$$y_{x+1} - ay_x = P_n(x) \quad (a \neq 0),$$

由 $\Delta y_x = y_{x+1} - y_x$，上式可改写成

$$\Delta y_x + (1-a)y_x = P_n(x) \quad (a \neq 0).$$

设 y_x^* 是它的解，代入上式得

$$\Delta y_x^* + (1-a)y_x^* = P_n(x).$$

由于 $P_n(x)$ 是多项式，因此，y_x^* 也应该是多项式（因为当 y_x^* 是 m 次多项式时，Δy_x^* 是 $(m-1)$ 次多项式）.

如果 1 不是齐次方程的特征方程的根，即 $1-a \neq 0$，那么 y_x^* 也是一个 n 次多项式，于是令

$$y_x^* = Q_n(x) = b_0 x^n + b_1 x^{n-1} + \cdots + b_{n-1} x + b_n,$$

把它代入方程，比较两端同次幂的系数，便可得 $Q_n(x)$.

如果 1 是齐次方程的特征方程的根，即 $1-a = 0$，那么 y_x^* 满足 $\Delta y_x^* = P_n(x)$，因此，应取 y_x^* 为一个 $(n+1)$ 次多项式，于是令

$$y_x^* = xQ_n(x) = x(b_0 x^n + b_1 x^{n-1} + \cdots + b_{n-1} x + b_n),$$

将它代入方程，比较同次幂的系数，即可确定各系数 $b_i (i=0,1,2,\cdots,n)$.

综上所述，有以下结论.

结论 若 $f(x) = P_n(x)$，则一阶常系数非齐次线性差分方程（10-38）具有形如

$$y_x^* = x^k Q_n(x)$$

的特解，其中 $Q_n(x)$ 是与 $P_n(x)$ 同次的特定多项式，而 k 的取值确定如下：

（1）若 1 不是特征方程的根，$k=0$；

（2）若 1 是特征方程的根，$k=1$.

例 10-37 求差分方程 $y_{x+1} - 3y_x = -2$ 的通解.

解 （1）先求对应的齐次方程

$$y_{x+1} - 3y_x = 0$$

的通解 Y_x.

由于齐次方程的特征方程为 $\lambda - 3 = 0$，$\lambda = 3$ 是特征方程的根. 故 $Y_x = C3^x$ 是齐次方程的通解.

（2）再求非齐次方程的一个特解 y_x^*.

由于 1 不是特征方程的根，于是令 $y_x^* = a$，代入原方程得
$$a - 3a = -2,$$
即 $a = 1$，从而 $y_x^* = 1$.

（3）原方程的通解为
$$y_x = Y_x + y_x^* = C3^x + 1 \quad (C \text{ 为任意常数}).$$

例 10-38 求差分方程 $y_{x+1} - 2y_x = 3x^2$ 的通解.

解 （1）先求对应的齐次方程
$$y_{x+1} - 2y_x = 0$$
的通解 Y_x.

由于齐次方程的特征方程为 $\lambda - 2 = 0$，$\lambda = 2$ 是特征方程的根，故 $Y_x = C2^x$ 是齐次方程的通解.

（2）再求非齐次方程的一个特解 y_x^*.

由于 1 不是特征方程的根，于是令 $y_x^* = b_0 x^2 + b_1 x + b_2$，代入原方程得
$$b_0(x+1)^2 + b_1(x+1) + b_2 - 2(b_0 x^2 + b_1 x + b_2) = 3x^2.$$
比较两边同次幂的系数，得
$$b_0 = -3, \quad b_1 = -6, \quad b_2 = -9.$$
于是
$$y_x^* = -3x^2 - 6x - 9.$$

（3）原方程的通解为
$$y_x = C2^x - 3x^2 - 6x - 9 \quad (C \text{ 为任意常数}).$$

例 10-39 求差分方程 $y_{t+1} - y_t = t + 1$ 满足 $y_0 = 1$ 的特解.

解 （1）先求对应的齐次方程
$$y_{t+1} - y_t = 0$$
的通解 $Y_x = C$.

（2）再求原方程的一个特解 y_t^*.

由于 1 是特征方程的根，于是令 $y_t^* = t(b_0 t + b_1) = b_0 t^2 + b_1 t$，代入原方程得
$$b_0(t+1)^2 + b_1(t+1) - b_0 t^2 - b_1 t = t + 1.$$
比较两边同次幂的系数，得
$$b_0 = \frac{1}{2}, \quad b_1 = \frac{1}{2},$$
于是
$$y_t^* = \frac{1}{2}t^2 + \frac{1}{2}t.$$

（3）原方程的通解为

$$y_t = C + \frac{1}{2}t^2 + \frac{1}{2}t \text{ （}C\text{ 为任意常数）}.$$

（4）由 $y_0 = 1$, 得 $C = 1$, 故原方程满足初值条件的特解为

$$y_t = 1 + \frac{1}{2}t^2 + \frac{1}{2}t.$$

例 10-40 求差分方程

$$y_{x+1} - y_x = x^3 - 3x^2 + 2x$$

的通解.

解 由于 1 是原方程所对应的齐次方程的特征方程的根，这类方程可用另一种较简单的方法求解. 方程的左端为 Δy_x, 而右端可化为

$$x^3 - 3x^2 + 2x = x(x^2 - 3x + 2) = x(x-1)(x-2) = x^{(3)},$$

故 $\Delta y_x = x^{(3)}$. 于是原方程的通解为

$$y_x = \frac{x^{(4)}}{4} + C \text{ （}C\text{ 为任意常数）}.$$

2. $f(x) = \mu^x P_n(x)$ 型

这里 μ 为常数，$\mu \neq 0$ 且 $\mu \neq 1$, $P_n(x)$ 表示 x 的 n 次多项式，此时，只需作变换

$$y_x = \mu^x \cdot z_x,$$

将上式代入原方程 $y_{x+1} - ay_x = \mu^x \cdot P_n(x)$, 有

$$\mu^{x+1} z_{x+1} - a\mu^x \cdot z_x = \mu^x \cdot P_n(x),$$

消去 μ^x, 即得

$$\mu z_{x+1} - az_x = P_n(x),$$

对该方程已经能求出其一个解 z_x^*, 于是

$$y_x^* = \mu^x \cdot z_x^*,$$

例 10-41 求 $y_{x+1} + y_x = x \cdot 2^x$ 的通解.

解 （1）先求对应的齐次方程

$$y_{x+1} + y_x = 0$$

的通解 Y_x.

由于齐次方程的特征方程为 $\lambda + 1 = 0$, $\lambda = -1$ 是特征方程的根. 故 $Y_x = C(-1)^x$ 是齐次方程的通解.

（2）再求非齐次方程的一个特解 y_x^*.

令 $y_x = 2^x \cdot z_x$, 原方程化为

$$2z_{x+1} + z_x = x.$$

不难求得上式的一个特解为

$$z_x^* = \frac{1}{3}x - \frac{2}{9},$$

于是
$$y_x^* = 2^x\left(\frac{1}{3}x - \frac{2}{9}\right).$$

（3）原方程的通解为
$$y_x = Y_x + y_x^* = C(-1)^x + 2^x\left(\frac{1}{3}x - \frac{2}{9}\right).$$

例 10-42 求 $y_{t+1} - ay_t = 2^t$ 的通解.

解 （1）先求对应的齐次方程
$$y_{t+1} - ay_t = 0$$
的通解 $Y_t = Ca^t$.

（2）求原方程的一个特解 y_t^*.

令 $y_t = 2^t \cdot z_t$，原方程化为
$$2z_{t+1} - az_t = 1.$$

当 $a \neq 2$ 时，上述方程的一个特解为 $z_t^* = \dfrac{1}{2-a}$.

当 $a = 2$ 时，上述方程的一个特解为 $z_t^* = \dfrac{1}{2}t$. 于是

$$y_t^* = \begin{cases} \dfrac{1}{2-a} \cdot 2^t & a \neq 2 \\ \dfrac{1}{2}t \cdot 2^t & a = 2 \end{cases}.$$

（3）原方程的通解为
$$y_t = Y_t + y_t^*,$$
即
$$y_t = \begin{cases} Ca^t + \dfrac{1}{2-a} \cdot 2^t & a \neq 2 \\ C \cdot 2^t + \dfrac{1}{2}t \cdot 2^t & a = 2 \end{cases}.$$

3. $f(x) = b_1\cos\omega x + b_2\sin\omega x$ 型

当 $f(x) = b_1\cos\omega x + b_2\sin\omega x$ 时，其中 b_1，b_2，ω 均为常数，这时差分方程（10-38）成为
$$y_{x+1} - ay_x = b_1\cos\omega x + b_2\sin\omega x. \quad (10-42)$$

它的特解可按下列方法而求得. 令
$$y_x^* = B_1\cos\omega x + B_2\sin\omega x\,(B_1,\ B_2 \text{ 为待定常数}), \quad (10-43)$$

将式（10-43）代入式（10-42），得
$$\begin{cases} B_1(\cos\omega - a) + B_2\sin\omega = b_1 \\ -B_1\sin\omega + B_2(\cos\omega - a) = b_2 \end{cases}. \quad (10-44)$$

(1) 当 $D = (\cos\omega - a)^2 + \sin^2\omega \neq 0$ 时，易求得 B_1, B_2 的唯一解.

$$\begin{cases} B_1 = \bar{B}_1 = \dfrac{1}{D}[b_1(\cos\omega - a) - b_2\sin\omega] \\ B_2 = \bar{B}_2 = \dfrac{1}{D}[b_2(\cos\omega - a) + b_1\sin\omega] \end{cases}. \tag{10-45}$$

于是

$$y_x^* = \bar{B}_1 \cos\omega x + \bar{B}_2 \sin\omega x, \tag{10-46}$$

这时，原方程的通解为

$$y_x = Ca^x + \bar{B}_1 \cos\omega x + \bar{B}_2 \sin\omega x. \tag{10-47}$$

(2) 当 $D = (\cos\omega - a)^2 + \sin^2\omega = 0$ 时，令

$$y_x^* = x(B_1 \cos\omega x + B_2 \sin\omega x), \tag{10-48}$$

将其代入差分方程（10-42）中得

$$\begin{aligned}&\{[(\cos\omega - a)B_1 + B_2\sin\omega]x + (B_1\cos\omega + B_2\sin\omega)\}\cos\omega x \\ &+ \{[(\cos\omega - a)B_2 + B_1\sin\omega]x + (B_2\cos\omega + B_1\sin\omega)\}\sin\omega x \\ &= b_1\cos\omega x + b_2\cos\omega x.\end{aligned} \tag{10-49}$$

注意到 $D = 0$ 的充要条件为

$$\begin{cases} \cos\omega - a = 0 \\ \sin\omega = 0 \end{cases},$$

即 $\begin{cases} \omega = 2k\pi \\ a = 1 \end{cases}$ 或 $\begin{cases} \omega = (2k+1)\pi \\ a = -1 \end{cases}$,

其中 k 为整数，将上式代入式（10-49）分别得到

$$B_1 = b_1, \ B_2 = b_2 \text{ 或 } B_1 = -b_1, \ B_2 = -b_2.$$

于是当 $a = 1$ 时，

$$y_x^* = x(b_1\cos 2k\pi x + b_2\sin 2k\pi x),$$

当 $a = -1$ 时，

$$y_x^* = -x(b_1\cos(2k+1)\pi x + b_2\sin(2k+1)\pi x). \tag{10-50}$$

从而方程（10-42）的通解为：

当 $a = 1$ 时，

$$y_x = c + x(b_1\cos 2k\pi x + b_2\sin 2k\pi x);$$

当 $a = -1$ 时，

$$y_x = c(-1)^x - x[b_1\cos(2k+1)\pi x + b_2\sin(2k+1)\pi x].$$

注 若 $f(x) = b_1\cos\omega x$ 或 $f(x) = b_2\sin\omega x$，视 $D \neq 0$ 或 $D = 0$，仍然分别设式（10-46）或式（10-48）为方程的特解形式.

例 10-43 求差分方程 $y_{x+1} - 5y_x = \cos\dfrac{\pi}{2}x$ 的通解.

解 显然，对应的一阶齐次线性差分方程的通解为

$$Y_x = C5^x \quad (C \text{ 为任意常数}),$$

因为 $\omega = \dfrac{\pi}{2}$，$a = 5$，$D = (a - \cos\omega)^2 + \sin^2\omega = 5^2 + 1 = 26 \neq 0$. 故设

$$y_x^* = B_1\cos\dfrac{\pi}{2}x + B_2\sin\dfrac{\pi}{2}x,$$

将之代入原方程，即可得式（10-44），将 $\omega = \dfrac{\pi}{2}$，$a = 5$，$b_1 = 1$，$b_2 = 0$ 代入式（10-44）得

$$\begin{cases} -5B_1 + B_2 = 1 \\ -B_1 - 5B_2 = 0 \end{cases},$$

解得

$$\begin{cases} B_1 = \bar{B}_1 = -\dfrac{5}{26} \\ B_2 = \bar{B}_2 = \dfrac{1}{26} \end{cases},$$

所以通解为

$$y_x = C5^x - \dfrac{5}{26}\cos\dfrac{\pi}{2}x + \dfrac{1}{26}\sin\dfrac{\pi}{2}x \quad (C \text{ 为任意常数}).$$

习　题　10-6

1. 求下列差分方程的通解.

（1）$y_{x+1} - 3y_x = 0$；

（2）$5y_x = 2y_{x-1}$；

（3）$y_{x+1} - y_x = 5$；

（4）$3y_{x+1} + 2y_x = 2$.

2. 求下列差分方程满足给定初始条件的特解.

（1）$2y_{x+1} - 3y_x = 0$（$y_0 = 1$）；

（2）$y_{x+1} - y_x = 10$（$y_0 = 2$）；

（3）$y_{x+1} + 5y_x = x$（$y_0 = 3$）；

（4）$2y_{x+1} - y_x = 2 + x$（$y_0 = 4$）.

3. 设 a，b 为非零常数且 $1 + a \neq 0$，验证：通过变换 $z_x = y_x - \dfrac{b}{1+a}$ 可将非齐次方程 $y_{x+1} + ay_x = b$ 化为齐次方程，并求解 y_x.

4. 求下列差分方程的解.

（1）$y_{x+1} + 3y_x - 6x = 0$；

（2）$2y_{x+1} + 4y_x = 3^x$；

（3）$y_{x+1} + y_x = 2^x$（$y_0 = 2$）；

（4）$y_{x+1} + 4y_x = 3\sin\pi x$（$y_0 = 1$）.

5. 设某产品在时期 t 的价格为 P_t，总供给量为 S_t，总需求量为 D_t.并且有

$$S_t = 1 + 2P_t, \quad D_t = 5 - 4P_{t-1}, \quad S_t = D_t \quad (t = 1, 2, \cdots).$$

（1）求证：由上述关系可得到差分方程 $P_{t+1}+2P_t=2$；

（2）当已知 P_0 时，求出 P_t.

第七节　二阶常系数线性差分方程

二阶常系数线性差分方程的一般形式为
$$y_{x+2}+ay_{x+1}+by_x=f(x), \tag{10-51}$$
其中 a，b 为常数，且 $b\neq 0$，$f(x)$ 为 x 的已知函数.

当 $f(x)\equiv 0$ 时，称方程
$$y_{x+2}+ay_{x+1}+by_x=0$$
为二阶常系数齐次线性差分方程.

当 $f(x)\not\equiv 0$ 时，则式（10-51）称为二阶常系数非齐次线性差分方程.

下面介绍它们的求解方法.

一、二阶常系数齐次线性差分方程的求解

对于二阶常系数齐次线性差分方程，
$$y_{x+2}+ay_{x+1}+by_x=0\ (b\neq 0), \tag{10-52}$$
根据通解的结构定理，为了求出其通解，只需求出它的两个线性无关的特解，然后作它们的线性组合，即得通解.

显然，原方程（10-52）可以改写成
$$\Delta^2 y_x+(2+a)\Delta y_x+(1+a+b)y_x=0\ (b\neq 0). \tag{10-53}$$

由此可以看出，可用指数函数 $y=\lambda^x$ 来尝试求解，看是否可以找到适当的常数 λ，使得 $y=\lambda^x$ 满足方程（10-52）.

令 $y_x=\lambda^x$，代入方程（10-52），得
$$\lambda^x(\lambda^2+a\lambda+b)=0.$$
又因 $\lambda^x\neq 0$，即得
$$\lambda^2+a\lambda+b=0, \tag{10-54}$$
称它为齐次方程的特征方程. 特征方程的根简称为特征根. 由此可见，$y_x=\lambda^x$ 为齐次方程（10-52）的特解的充要条件为 λ 是特征方程（10-54）的根.

和二阶常系数齐次线性微分方程一样，根据特征根的 3 种不同情况，可分别确定出齐次方程（10-52）的通解.

(1) 若特征方程（10-54）有两个不相等的实根 λ_1 与 λ_2，此时 λ_1^x 与 λ_2^x 是齐次方程（10-52）的两个特解，且线性无关. 于是齐次差分方程（10-52）的通解为
$$y_x=C_1\lambda_1^x+C_2\lambda_2^x\ (C_1, C_2\text{ 为任意常数}).$$

(2) 若特征方程（10-54）有两个相等的实根 $\lambda=\lambda_1=\lambda_2$，此时得齐次差分方程（10-52）的一个特解

$$y_x^{(1)} = \lambda^x.$$

为求出另一个与 $y_x^{(1)}$ 线性无关的特解，不妨令 $y_x^{(2)} = u_x \cdot \lambda^x$（$u_x$ 不为常数），将它代入齐次差分方程（10-52）得

$$u_{x+2}\lambda^{x+2} + au_{x+1}\lambda^{x+1} + bu_x\lambda^x = 0.$$

由于 $\lambda^x \neq 0$，故

$$u_{x+2}\lambda^2 + au_{x+1}\lambda + bu_x = 0.$$

将之改写为

$$(u_x + 2\Delta u_x + \Delta^2 u_x) \cdot \lambda^2 + a\lambda(u_x + \Delta u_x) + bu_x = 0,$$

即

$$\lambda^2 \Delta^2 u_x + \lambda(2\lambda + a)\Delta u_x + (\lambda^2 + a\lambda + b)u_x = 0.$$

由于 λ 是特征方程（10-54）的二重根，因此，$\lambda^2 + a\lambda + b = 0$ 且 $2\lambda + a = 0$，于是得出

$$\Delta^2 u_x = 0.$$

显然 $u_x = x$ 是可选取的函数中的最简单的一个，于是可得差分方程（10-52）的另一个解为

$$y_x^{(2)} = x \cdot \lambda^x.$$

从而差分方程（10-52）的通解为

$$y_x = C_1 y_x^{(1)} + C_2 y_x^{(2)} = (C_1 + C_2 x)\lambda^x \quad (C_1, C_2 \text{ 为任意常数}).$$

（3）若特征方程（10-54）有一对共轭复根

$$\lambda_1 = \alpha + \beta\mathrm{i}, \quad \lambda_2 = \alpha - \beta\mathrm{i},$$

这时，可以验证差分方程（10-52）有两个线性无关的解：

$$y_x^{(1)} = r^x \cdot \cos\theta x, \quad y_x^{(2)} = r^x \cdot \sin\theta x,$$

其中 $r = \sqrt{\alpha^2 + \beta^2}$，$\tan\theta = \dfrac{\beta}{\alpha}(0 < \theta < \pi, \beta > 0)$，从而差分方程（10-52）的通解为

$$\begin{aligned}y_x &= C_1 y_x^{(1)} + C_2 y_x^{(2)} \\ &= r^x(C_1 \cos\theta x + C_2 \sin\theta x) \quad (C_1, C_2 \text{ 为任意常数}).\end{aligned}$$

从上面的讨论看出，求解二阶常系数齐次线性差分方程的步骤和求解二阶常系数齐次线性微分方程的步骤完全类似，总结如下：

第一步　写出差分方程（10-52）的特征方程

$$\lambda^2 + a\lambda + b = 0 \quad (b \neq 0);$$

第二步　求特征方程的两个根 λ_1, λ_2；

第三步　根据特征方程的两个根的不同情形，按照下列表格写出差分方程的通解.

特征方程 $\lambda^2 + a\lambda + b = 0$ 的两个根 λ_1, λ_2	差分方程 $y_{x+2} + ay_{x+1} + by_x = 0(b \neq 0)$ 的通解
两个不相等的实根 λ_1, λ_2	$y_x = C_1 \lambda_1^x + C_2 \lambda_2^x$
两个相等的实根 λ_1, λ_2	$y_x = (C_1 + C_2 x)\lambda_1^x$

特征方程 $\lambda^2 + a\lambda + b = 0$ 的两个根 λ_1, λ_2	差分方程 $y_{x+2} + ay_{x+1} + by_x = 0 (b \neq 0)$ 的通解
一对共轭复根 $\lambda_{1,2} = \alpha \pm \beta i$	$y_x = r^x(C_1 \cos\theta x + C_2 \sin\theta x)$, 其中 $r = \sqrt{\alpha^2 + \beta^2}$, $\tan\theta = \dfrac{\beta}{\alpha} (\beta > 0, 0 < \theta < \pi)$.

例 10-44 求差分方程 $y_{x+2} - y_{x+1} - 6y_x = 0$ 的通解.

解 特征方程

$$\lambda^2 - \lambda - 6 = 0$$

有两个不相等的实根 $\lambda_1 = 3$, $\lambda_2 = -2$, 从而原方程的通解为

$$y_x = C_1 3^x + C_2 (-2)^x \quad (C_1, C_2 为任意常数).$$

例 10-45 求差分方程 $\Delta^2 y_x + \Delta y_x - 3y_{x+1} + 4y_x = 0$ 的通解.

解 原方程可改写成以下形式

$$y_{x+2} - 4y_{x+1} + 4y_x = 0.$$

它是一个二阶常系数齐次线性差分方程, 其特征方程为

$$\lambda^2 - 4\lambda + 4 = 0.$$

它有两个相等的实根 $\lambda_1 = \lambda_2 = 2$, 所以原方程的通解为

$$y_x = (C_1 + C_2 x) \cdot 2^x \quad (C_1, C_2 为任意常数).$$

例 10-46 求差分方程 $y_{x+2} + \dfrac{1}{4} y_x = 0$ 的通解.

解 所给方程为二阶常系数齐次线性差分方程, 其特征方程为

$$\lambda^2 + \dfrac{1}{4} = 0,$$

特征方程的根为 $\lambda_{1,2} = \pm \dfrac{1}{2} i$, 即 $\alpha = 0$, $\beta = \dfrac{1}{2}$, 从而 $r = \sqrt{x^2 + \beta^2} = \dfrac{1}{2}$, $\theta = \dfrac{\pi}{2}$, 所以原方程的通解为

$$y_x = \left(\dfrac{1}{2}\right)^x \left(C_1 \cos\dfrac{\pi}{2} x + C_2 \sin\dfrac{\pi}{2} x\right).$$

例 10-47 求差分方程 $y_{x+2} - 4y_{x+1} + 16y_x = 0$ 的满足初值条件 $y_0 = 1$, $y_1 = 2 + 2\sqrt{3}$ 的特解.

解 先求所给二阶常系数线性差分方程的通解, 特征方程为

$$\lambda^2 - 4\lambda + 16 = 0,$$

特征方程的根为 $\lambda_{1,2} = 2 \pm 2\sqrt{3} i$, $\alpha = 2$, $\beta = 2\sqrt{3}$, 于是

$$r = \sqrt{\alpha^2 + \beta^2} = 4,$$
$$\tan\theta = \dfrac{\beta}{\alpha} = \sqrt{3}, \quad \theta = \dfrac{\pi}{3},$$

故原方程的通解为

$$y_x = 4^x\left(C_1 \cos\frac{\pi}{3}x + C_2 \sin\frac{\pi}{3}x\right).$$

由初值条件 $y_0 = 1$，$y_1 = 2 + 2\sqrt{3}$ 可得

$$\begin{cases} C_1 = 1 \\ C_1 + \sqrt{3}C_2 = \sqrt{3} + 1 \end{cases},$$

解之得 $C_1 = 1$，$C_2 = 1$. 故所求特解为

$$y_x = 4^x\left(\cos\frac{\pi}{3}x + \sin\frac{\pi}{3}x\right).$$

二、二阶常系数非齐次线性差分方程的求解

对于二阶常系数非齐次线性差分方程

$$y_{x+2} + ay_{x+1} + by_x = f(x) \quad (a, b \text{ 为常数，且 } b \neq 0). \tag{10-55}$$

根据通解的结构定理，求差分方程（10-55）的通解，归结为求对应的齐次方程

$$y_{x+2} + ay_{x+1} + by_x = 0 \tag{10-56}$$

的通解和非齐次方程（10-55）本身的一个特解. 由于二阶常系数齐次线性差分方程的通解的求法前面已得到解决，所以这里只需要讨论求二阶常系数非齐次线性差分方程的一个特解 y_x^* 的方法.

在实际经济应用中，方程（10-55）的右端 $f(x)$ 的常见类型是 $f(x) = P_n(x)$（$P_n(x)$ 表示 n 次多项式）及 $f(x) = \mu^x P_n(x)$（μ 为常数，$\mu \neq 0$ 且 $\mu \neq 1$）两种类型. 下面介绍用待定系数法求 $f(x)$ 为上述两种情形时 y_x^* 的求法.

1. $f(x) = P_n(x)$（$P_n(x)$ 为 n 次多项式）

此时，方程（10-55）为

$$y_{x+2} + ay_{x+1} + by_x = P_n(x) \quad (b \neq 0),$$

可改写为

$$\Delta^2 y_x + (2+a)\Delta y_x + (1+a+b)y_x = P_n(x),$$

设 y_x^* 是它的解，代入上式，即得

$$\Delta^2 y_x^* + (2+a)\Delta y_x^* + (1+a+b)y_x^* = P_n(x).$$

由于 $P_n(x)$ 是一个已知的多项式，因此，y_x^* 应该也是一个多项式. 由于齐次方程（10-56）的特征方程为

$$\lambda^2 + a\lambda + b = 0,$$

因此，有

（1）若 1 不是特征方程的根，即 $1 + a + b \neq 0$，那么说明 y_x^* 应是一个 n 次多项式，于是令

$$y_x^* = Q_n(x) = b_0 x^n + b_1 x^{n-1} + \cdots + b_{n-1}x + b_n \quad (b_0 \neq 0),$$

把它代入方程，比较两边的同次幂的系数，便可以求出 $b_i (i = 0, 1, 2, \cdots, n)$，从而求得 y_x^*.

（2）若 1 是特征方程的单根，即 $1 + a + b = 0$ 且 $2 + a \neq 0$，那么说明 y_x^* 是一个 n 次多项式，

即说明 y_x^* 应该是一个 $n+1$ 次多项式，于是令

$$y_x^* = xQ_n(x) = x(b_0x^n + b_1x^{n-1} + \cdots + b_{n-1}x + b_n),$$

把它代入方程，比较两边的同次幂的系数，便可以求出 $b_i(i=0,1,2,\cdots,n)$，从而求得 y_x^*.

（3）若 1 是特征方程的二重根，即 $1+a+b=0$ 且 $2+a=0$，那么说明 $\Delta^2 y_x^*$ 是一个 n 次多项式，即说明 y_x^* 应是一个 $n+2$ 次多项式，于是令

$$y_x^* = x^2 Q_n(x) = x^2(b_0x^n + b_1x^{n-1} + \cdots + b_{n-1}x + b_n),$$

把它代入方程，比较两边的同次幂的系数，便可以求出 $b_i(i=0,1,2,\cdots,n)$，从而求得 y_x^*.

综上所述，可得以下结论：

如果 $f(x)=P_n(x)$，则二阶常系数非齐次线性差分方程（10-55）具有形如

$$y_x^* = x^k Q_n(x)$$

的特解，其中 $Q_n(x)$ 是与 $P_n(x)$ 同次（n 次）的待定多项式，而 k 的取值由以下条件确定：

（1）若 1 不是特征方程的根，$k=0$；
（2）若 1 是特征方程的单根，$k=1$；
（3）若 1 是特征方程的二重根，$k=2$。

例 10-48 求差分方程 $y_{x+2} + 5y_{x+1} + 4y_x = x$ 的通解.

解 （1）先求对应的齐次方程

$$y_{x+2} + 5y_{x+1} + 4y_x = 0$$

的通解 Y_x.

特征方程为

$$\lambda^2 + 5\lambda + 4 = 0,$$

特征方程的根为 $\lambda_1 = -1$，$\lambda_2 = -4$，于是

$$Y_x = C_1(-1)^x + C_2(-4)^x.$$

（2）再求原方程的一个特解 y_x^*，由于 1 不是特征方程的根，于是令

$$y_x^* = b_0 x + b_1,$$

代入原方程得

$$b_0(x+2) + b_1 + 5[b_0(x+1) + b_1] + 4(b_0 x + b_1) = x,$$

解得 $b_0 = \dfrac{1}{10}$，$b_1 = -\dfrac{7}{100}$，于是

$$y_x^* = \frac{1}{10}x - \frac{7}{100}.$$

（3）原方程的通解为

$$y_x = Y_x + y_x^* = C_1(-1)^x + C_2(-4)^x + \frac{1}{10}x - \frac{7}{100}.$$

例 10-49 求差分方程 $y_{x+2}+3y_{x+1}-4y_x=3x$ 的通解.

解 （1）先求对应的齐次方程
$$y_{x+2}+3y_{x+1}-4y_x=0$$
的通解 Y_x. 其特征方程为
$$\lambda^2+3\lambda-4=0,$$
特征方程的根为 $\lambda_1=1$，$\lambda_2=-4$，于是
$$Y_x=C_1+C_2(-4)^x.$$

（2）再求原方程的一个特解 y_x^*，由于 1 是特征方程的单根，于是令
$$y_x^*=x(b_0x+b_1)=b_0x^2+b_1x,$$
代入原方程，并比较同次幂的系数，可得
$$\begin{cases}10b_0=3\\7b_0+5b_1=0\end{cases},$$
解得 $b_0=\dfrac{3}{10}$，$b_1=-\dfrac{21}{50}$，于是
$$y_x^*=\dfrac{3}{10}x^2-\dfrac{21}{50}x.$$

（3）原方程的通解为
$$y_x=Y_x+y_x^*=C_1+C_2(-4)^x+\dfrac{3}{10}x^2-\dfrac{21}{50}x.$$

例 10-50 求差分方程 $y_{x+2}-2y_{x+1}+y_x=8$ 的特解.

解 先求对应的齐次方程
$$y_{x+2}-2y_{x+1}+y_x=0$$
的通解 Y_x.

特征方程为
$$\lambda^2-2\lambda+1=0,$$
特征方程的根为 $\lambda_1=\lambda_2=1$，由于 1 是特征方程的二重根，于是令
$$y_x^*=ax^2,$$
代入原方程，并比较同次幂的系数，可得
$$a(x+2)^2-2a(x+1)^2+ax^2=8,$$
解得 $a=4$，于是
$$y_x^*=4x^2.$$

2. $f(x)=\mu^x P_n(x)$（μ 为常数且 $\mu\neq 0$，$\mu\neq 1$）

此时，方程（10-55）成为
$$y_{x+2}+ay_{x+1}+by_x=\mu^x P_n(x)\ (b\neq 0),$$

引入变换，令 $y_x = \mu^x z_x$，则原方程化为
$$\mu^{x+2} z_{x+2} + a\mu^{x+1} z_{x+1} + b\mu^x z_x = \mu^x P_n(x),$$
即
$$\mu^2 z_{x+2} + a\mu z_{x+1} + b z_x = P_n(x),$$
这是右端为一个 n 次多项式的情况.

按前面所讨论的方法，即可求出 z_x^*，从而
$$y_x^* = \mu^x z_x^*.$$

例 10-51　求差分方程 $y_{x+2} - y_{x+1} - 6y_x = 3^x(2x+1)$ 的通解.

解　(1) 先求对应的齐次方程
$$y_{x+2} - y_{x+1} - 6y_x = 0$$
的通解 Y_x. 其特征方程为
$$\lambda^2 - \lambda - 6 = 0,$$
特征方程的根为 $\lambda_1 = -2$，$\lambda_2 = 3$. 故 $y_x = c_1 \cdot 3^x + c_2(-2)^x$. 于是再求出其特解 y_x^*.

由于 $f(x) = 3^x(2x+1)$，故令 $y_x = 3^x \cdot z_x$，
代入原方程得
$$9z_{x+2} - 3z_{x+1} - 6z_x = 2x + 1,$$
下面先求出方程的一个特解 z_x^*.

由于该方程所对应的齐次方程的特征方程为
$$9\lambda^2 - 3\lambda - 6 = 0,$$
其根为 $\lambda_1 = 1$，$\lambda_2 = -\dfrac{2}{3}$. 因为 1 是特征方程的单根，于是令
$$z_x^* = x(b_0 x + b_1) = b_0 x^2 + b_1 x,$$
将它代入方程 $9z_{x+2} - 3z_{x+1} - 6z_x = 2x + 1$ 并比较同次幂的系数，得 $b_0 = \dfrac{1}{15}$，$b_1 = -\dfrac{2}{25}$. 于是 $z_x^* = \dfrac{1}{15}x^2 - \dfrac{2}{25}x$，因此
$$y_x^* = 3^x \left(\frac{1}{15}x^2 - \frac{2}{25}x \right).$$

(2) 原方程的通解为
$$y_x = C_1 \cdot 3^x + C_2(-2)^x + 3^x \left(\frac{1}{15}x^2 - \frac{2}{25}x \right) \quad (C_1, C_2 \text{ 是任意常数}).$$

习　题　10-7

1. 求下列二阶常系数齐次线性方程的通解或在给定的初始条件下的特解.

(1) $y_{x+2} - 5y_{x+1} + 6y_x = 0$； (2) $y_{x+2} + 10y_{x+1} + 25y_x = 0$；

(3) $y_{x+2} + \dfrac{1}{9} y_x = 0$； (4) $y_x - 3y_{x-1} - 4y_{x-2} = 0$.

2. 求下列二阶常系数非齐次线性差分方程的通解或在给定的初始条件下的特解.

(1) $y_{x+2} + 3y_{x+1} - 4y_x = 5$； (2) $4y_{x+2} - 4y_{x+1} + y_x = 8$；

(3) $y_{x+2} + 3y_{x+1} + 2y_x = 6x^2 + 4x + 20$； (4) $y_{x+2} - 3y_{x+1} + 2y_x = 3 \times 5^x$；

(5) $y_{x+2} + 3y_{x+1} - 4y_x = x$； (6) $\Delta^2 y_x = 4$（$y_0 = 3$，$y_1 = 8$）；

(7) $y_{x+2} + y_{x+1} - 2y_x = 12$（$y_0 = 0$，$y_1 = 0$）.

3. 求下列差分方程的解.

(1) $y_{x+2} + y_{x+1} - 12y_x = 0$（$y_0 = 1$，$y_1 = 10$）；

(2) $y_{x+2} + 3y_{x+1} - 4y_x = x$；

(3) $\Delta^2 y_x = 4$（$y_0 = 3$，$y_1 = 8$）；

(4) $y_{x+2} + y_{x+1} - 2y_x = 12$（$y_0 = 0$，$y_1 = 0$）.

4. 已知 $x_1 = a$，$x_2 = b$，$x_{n+2} = \dfrac{x_{n+1} + x_n}{2}$（$n = 1, 2, 3, \cdots$），求通项 x_n 及 $\lim\limits_{n \to \infty} x_n$.

第八节　微分方程和差分方程的简单经济应用

一、微分方程的简单经济应用

例 10-52 已知某商品的需求价格弹性为 $\dfrac{E_Q}{E_P} = -P(\ln P + 1)$，且当 $P = 1$ 时，需求量 $Q = 1$.

（1）求商品对价格的需求函数；

（2）当 $P \to \infty$ 时，需求是否趋于稳定.

解　（1）由 $\dfrac{E_Q}{E_P} = \dfrac{P}{Q} \cdot \dfrac{dQ}{dP} = -P(\ln P + 1)$ 得到

$$\dfrac{dQ}{Q} = -(1 + \ln P)dP.$$

两端积分得

$$\ln Q = C - P \ln P.$$

将初始条件当 $P = 1$ 时，$Q = 1$ 代入上式得 $C = 0$，于是所求的需求函数为 $Q = P^{-P}$.

（2）因为当 $P \to \infty$ 时，$Q \to 0$，即需求趋于稳定.

例 10-53 已知某商品的需求量 Q 对价格 P 的弹性 $\eta = -3P^3$，而市场对该商品的最大需求量为 1 万件，求需求函数.

解　由 $\dfrac{E_Q}{E_P} = \dfrac{P}{Q} \cdot \dfrac{dQ}{dP} = -3P^3$ 得到

$$\frac{\mathrm{d}Q}{Q} = -3P^2 \mathrm{d}P,$$

两边积分，得 $\ln Q = -P^3 + C_1$，即

$$Q = \mathrm{e}^{-P^3 + C_1} = C\mathrm{e}^{-P^3}.$$

又当 $P=0$ 时，$Q=1$，故 $C=1$，于是所求的需求函数为 $Q = \mathrm{e}^{-P^3}$.

例 10-54 已知某商品的需求量 Q 与供给量 S 都是价格 P 的函数：$Q = Q(P) = \dfrac{a}{P^2}$，$S = S(P) = bP$. 其中 $a>0, b>0$ 为常数，价格 P 是时间 t 的函数，且满足 $\dfrac{\mathrm{d}P}{\mathrm{d}t} = k[Q(P) - S(P)]$（$K$ 为正常数），假设当 $t=0$ 时，价格为 1，试求：

（1）需求量等于供给量的均衡价格 P_e；

（2）价格函数 $P(t)$；

（3）$\lim\limits_{t \to +\infty} P(t)$.

解（1）由 $\dfrac{a}{P^2} = bP$，即得 $P = P_e = \left(\dfrac{a}{b}\right)^{\frac{1}{3}}$.

（2）由（1）得 $\dfrac{a}{b} = P_e^3$，将其代入方程

$$\frac{\mathrm{d}P}{\mathrm{d}t} = k[Q(P) - S(P)] = k\left[\frac{a}{P^2} - bP\right]$$

$$= \frac{kb}{P^2}\left(\frac{a}{b} - P^3\right),$$

得到

$$\frac{\mathrm{d}P}{\mathrm{d}t} = \frac{kb}{P^2}(P_e^3 - P^3),$$

即 $\dfrac{P^2 \mathrm{d}P}{P^3 - P_e^3} = -kb\mathrm{d}t$. 两边积分，得

$$P^3 = P_e^3 + C\mathrm{e}^{-3kbt}.$$

将 $t=0, P=1$ 代入上式，得 $C = 1 - P_e^3$，于是

$$P(t) = \left[P_e^3 + (1 - P_e^3)\mathrm{e}^{-3kbt}\right]^{\frac{1}{3}}.$$

（3）因为 $\lim\limits_{t \to +\infty} \mathrm{e}^{-3kbt} = 0$（$k>0, b>0$），故

$$\lim_{t \to +\infty} P(t) = P_e.$$

例 10-55 某银行账户以连续复利方式计息，年利率为 5%，希望连续 20 年以每年 12 000 元人民币的速率用这一账户支付职工工资，若 t 以年为单位，账户中余额所满足的微分方程 $B = f(t)$，问当初始存入的数额 B_0 为多少时，才能使 20 年后账户中的余额精确地减至 0.

解 账户余额的变化速率=利息盈取速率－工资支付速率

因为时间 t 以年为单位，银行账户余额的变化速率为 $\dfrac{\mathrm{d}B}{\mathrm{d}t}$，利息盈取的速率为每年 $0.05B$ 元，工资支付的速率为每年 12 000 元，于是，有

$$\frac{\mathrm{d}B}{\mathrm{d}t}=0.05B-12\,000,$$

利用分离变量法解此方程得

$$B=C\mathrm{e}^{0.05t}+240\,000.$$

由 $B|_{t=0}=B_0$，得 $\qquad C=B_0-240\,000,$

故 $B=(B_0-240\,000)\mathrm{e}^{0.05t}+240\,000.$

由题意，当令 $t=20$ 时，$B=0$，即

$$0=(B_0-240\,000)\mathrm{e}+240\,000.$$

由此得当 $B_0=240\,000-240\,000\times\mathrm{e}^{-1}$ 时，20 年后银行账户中的余额为零.

例 10-56　在某池塘内养鱼，该池塘内最多能养 1 000 尾鱼，设在 t 时刻该池塘内鱼数 y 是时间 t 的函数 $y=y(t)$，其变化率与鱼数 y 及 $1\,000-y$ 的乘积成正比，比例常数为 $k>0$，已知当在池塘内放养鱼 100 尾时，3 个月后池塘内有鱼 250 尾，求放养 t 个月后池塘内鱼数 $y(t)$ 的公式，放养 6 个月后有多少鱼？

解　时间 t 以月为单位，依题意有

$$\frac{\mathrm{d}y}{\mathrm{d}t}=ky(1\,000-y),\quad y|_{t=0}=100,\quad y|_{t=3}=250,$$

对方程分离变量且积分，得到

$$\frac{y}{1\,000-y}=C\mathrm{e}^{1\,000kt},$$

将 $t=0$，$y=100$ 代入，得 $C=\dfrac{1}{9}$，于是

$$\frac{y}{1\,000-y}=\frac{1}{9}\mathrm{e}^{1\,000kt},$$

再将 $t=3$，$y=250$ 代入，求出 $k=\dfrac{\ln 3}{1\,000}$.

于是，放养 t 个月后池塘内的鱼数为

$$y(t)=\frac{(1\,000\cdot 3^{\frac{t}{3}})}{9+3^{\frac{t}{3}}}(\text{尾}).$$

放养 6 个月后池塘内的鱼数为

$$y(t)=500(\text{尾}).$$

例 10-57　设总人数 N 是不变的，t 时刻得某种传染病的人数为 $x(t)$，设 t 时刻 $x(t)$ 对时间的变化率与当时未得病的人数成正比，$x(0)=x_0$（比例常数 $r>0$，表示传染给正常人的传染率）. 求 $\lim\limits_{t\to+\infty}x(t)$，并对所求结果予以解释.

解　由题意，有

$$\begin{cases} \dfrac{\mathrm{d}x}{\mathrm{d}t} = r(N-x), \\ x(0) = x_0 \end{cases}$$

求解这一问题,可得

$$x(t) = N\left[1 - \left(1 - \dfrac{x_0}{N}\right)\mathrm{e}^{-rt}\right],$$

令 $t \to +\infty$,得

$$\lim_{t \to +\infty} x(t) = N.$$

这表明,在题目给出的条件下,最终每个人都要染上传染病.

例 10-58 已知某地区在一个已知时期内国民收入的增长率为 $\dfrac{1}{10}$,国民债务的增长率为国民收入的 $\dfrac{1}{20}$. 若当 $t=0$ 时,国民收入为 5 亿元,国民债务为 0.1 亿元. 试分别求出国民收入及国民债务与时间 t 的函数关系.

解 设该时期内任一时刻的国民收入为 $y = y(t)$,国民债务为 $D = D(t)$,由题意

$$\dfrac{\mathrm{d}y}{\mathrm{d}t} = \dfrac{1}{10}, \tag{1}$$

$$\dfrac{\mathrm{d}D}{\mathrm{d}t} = \dfrac{1}{20}y, \tag{2}$$

由(1)得

$$y = \dfrac{1}{10}t + C_1,$$

由当 $t=0$ 时,$y=5$,得 $C_1 = 5$.

故

$$y = \dfrac{1}{10}t + 5. \tag{3}$$

将式(3)代入式(2)得

$$\dfrac{\mathrm{d}D}{\mathrm{d}t} = \dfrac{1}{20}\left(\dfrac{1}{10}t + 5\right).$$

于是

$$D(t) = \dfrac{1}{400}t^2 + \dfrac{1}{4}t + C_2.$$

由当 $t=0$ 时,$D=0.1$,可得 $C_2 = \dfrac{1}{10}$.

故 $D(t) = \dfrac{1}{400}t^2 + \dfrac{1}{4}t + \dfrac{1}{10}.$

因此,国民收入为 $y(t) = \dfrac{1}{10}t + 5$,国民债务为 $D(t) = \dfrac{1}{400}t^2 + \dfrac{1}{4}t + \dfrac{1}{10}$.

例 10-59 某汽车公司在长期的运营中发现每辆汽车的总维修成本 y 对汽车大修时间间

隔 x 的变化率等于 $\dfrac{2y}{x} - \dfrac{81}{x^2}$，已知当大修时间间隔 $x = 1$（年）时，总维修成本 $y = 27.5$（百元）.试求每辆汽车的总维修成本 y 与大修时间间隔 x 的函数关系.并问每辆汽车多少年大修一次，可使每辆汽车的总维修成本最低？

解 设时间间隔 x 以年为单位，由题意

$$\begin{cases} \dfrac{dy}{dx} = \dfrac{2y}{x} - \dfrac{81}{x^2}, \\ y|_{x=1} = 27.5 \end{cases}$$

从而

$$y = e^{\int \frac{2}{x} dx} \left[\int -\dfrac{81}{x^2} e^{-\int \frac{2}{x} dx} dx + c \right]$$

$$= x^2 \left[\dfrac{27}{x^3} + c \right]$$

$$= \dfrac{27}{x} + cx^2.$$

由 $y|_{x=1} = 27.5$，可得 $C = \dfrac{1}{2}$. 因此，

$$y = \dfrac{27}{x} + \dfrac{1}{2} x^2.$$

又 $y' = -\dfrac{27}{x^2} + x$，令 $y' = 0$，得 $x = 3$（负根舍去）. 由于

$$y'' = \dfrac{54}{x} + 1, \quad y''(3) > 0,$$

因此，$x = 3$ 是 y 的极小值点，从而也是最小值点，即每辆汽车 3 年大修一次，可使每辆汽车的总维修成本最低.

例 10–60 某汽车公司的小汽车运行成本 y 及小汽车的转卖值 s 均是时间 t 的函数，若已知 $\dfrac{dy}{dt} = \dfrac{2}{s}$，$\dfrac{ds}{dt} = -\dfrac{1}{3} s$，且当 $t = 0$ 时 $y = 0$，$s = 4.5$（万元/辆）.试求小汽车的运行成本及转卖值各自与时间 t 的函数关系.

解 由 $\dfrac{ds}{dt} = -\dfrac{1}{3} s$，得 $s = Ce^{-\frac{1}{3}t}$. 代入初始条件：$t = 0$，$s = 4.5$，得

$$C = 4.5.$$

于是 $s = 4.5 e^{-\frac{1}{3}t}$. 将该式代入方程 $\dfrac{dy}{dt} = \dfrac{2}{s}$，得

$$\dfrac{dy}{dt} = \dfrac{2}{4.5} e^{\frac{1}{3}t},$$

解之得 $y = \dfrac{4}{3}\mathrm{e}^{\frac{1}{3}t} + c$.

代入初始条件：$t = 0$，$y = 0$，得 $C = -\dfrac{4}{3}$. 于是

$$y = \dfrac{4}{3}\left(\mathrm{e}^{\frac{1}{3}t} - 1\right).$$

例 10 – 61 人们往往对工资收入在整个社会中的分布感兴趣，帕雷托（Pareto）定律认为，每个社会都有一个常数 K（$K > 1$）使得所有比你富有的人的平均收入是你的收入的 K 倍，如果 $P(x)$ 表示社会中收入为 x 或高于 x 的人的数量，对充分小的 $\Delta x > 0$，定义 $\Delta P = P(x + \Delta x) - P(x)$.

（1）说明收入在 x 和 $x + \Delta x$ 之间的人和数量可由 $-\Delta P$ 表示，从而证明收入在 x 和 $x + \Delta x$ 之间的人的收入总数可近似表示为 $-x\Delta P$；

（2）利用帕雷托定律，证明收入为 x 和 x 以上的人的总收入为 $kxP(x)$，然后证明收入在 x 和 $x + \Delta x$ 之间的人的收入总数可近似地表示为 $-K \cdot P \cdot \Delta x - Kx\Delta P$；

（3）证明 $P(x)$ 满足微分方程：$(1 - K)xP' = KP$；

（4）解上面的微分方程，求出 $P(x)$；

（5）分别取 $k = 1.5$，2，3，画出 $P(x)$ 的草图，由此说明不同的 K 的值是如何影响 $P(x)$ 随 x 变化的.

解 （1）因为 $P(x)$ 为收入为 x 或高于 x 的人的数量，$P(x + \Delta x)$ 为收入为 $x + \Delta x$ 或高于 $x + \Delta x$ 的人的数量，显然，$P(x) > P(x + \Delta x)$. 于是，收入在 x 和 $x + \Delta x$ 之间的人的数量为 $P(x) - P(x + \Delta x) = -\Delta P$.

由于考虑的是整个社会，因此，可以把 $P(x)$ 看作一个连续函数，甚至还假设它是可导的，因 $\Delta x > 0$ 很小，当收入在 x 和 $x + \Delta x$ 之间时，将之近似看作 x，从而收入在 x 与 $x + \Delta x$ 之间的人的收入总数近似为 $-x\Delta P$.

（2）设某人收入为 x，由帕雷托定律，社会中收入为 x 或高于 x 的人的平均收入为 Kx（$K > 1$），而社会中收入为 x 或 x 以上的人为 $P(x)$. 因此，收入为 x 或 x 以上的人的总收入为 $KxP(x)$. 由此可知，收入在 $x + \Delta x$ 或 $x + \Delta x$ 以上的人的总收入为 $K \cdot (x + \Delta x)P(x + \Delta x)$.于是，收入在 x 和 $x + \Delta x$ 之间的人的总收入为

$$KxP(x) - K \cdot (x + \Delta x)P(x + \Delta x) = Kx\big[P(x) - P(x + \Delta x)\big] - K\Delta xP(x + \Delta x)$$
$$\approx -Kx\Delta P - K\Delta xP(x),$$

即收入在 x 和 $x + \Delta x$ 之间的人的总收入可近似表示为

$$-KP\Delta x - Kx\Delta P.$$

（3）由（1）和（2）的分析可知，在相差一个关于 Δx 的高阶无穷小的意义下，有

$$-KP\Delta x - Kx\Delta P = -x\Delta P,$$

两边除以 Δx，得

$$-KP - Kx\dfrac{\Delta P}{\Delta x} = -x\dfrac{\Delta P}{\Delta x},$$

令 $\Delta x \to 0$，则

$$-KP - KxP' = -xP',\quad 即\ (1-K)xP' = KP.$$

此即为 $P(x)$ 所满足的微分方程.

（4）对方程 $(1-K)xP' = KP$ 分离变量，得

$$\frac{\mathrm{d}p}{p} = \frac{k}{1-k}\frac{\mathrm{d}x}{x},$$

积分得 $\ln P = \dfrac{K}{1-K}\ln x + \ln C$，即

$$P = CX^{\frac{k}{1-k}}\quad (x>0).$$

由实际意义，这里的 C 为任意正常数.

（5）当 $K = 1.5$ 时，$P(x) = Cx^{-3}\ (x>0)$；

当 $K = 2$ 时，$P(x) = Cx^{-2}\ (x>0)$；

当 $K = 3$ 时，$P(x) = Cx^{-1.5}\ (x>0)$.

显然，对同一个 x，K 的值越小，相应的 $P(x)$ 就越小，即社会中收入为 x 或高于 x 的人的数量越少，社会的贫富悬殊就越小.

例 10-62（新产品的推销问题） 设有某种耐用商品在某地区进行推销，最初商家会采取各种宣传活动以打开销路，假设该商品确实受欢迎，则消费者会相互宣传，使购买人数逐渐增加，销售速率逐渐增大，但由于该地区潜在消费总量有限，所以当购买者占到潜在消费总量的一定比例时，销售速率又会逐渐下降，且该比例越接近于 1，销售速率越低，这时商家就应更新商品了.

（1）假设消费者总量为 N，任一时刻 t 已出售的新商品总量为 $x(t)$，试建立 $x(t)$ 所应满足的微分方程；

（2）假设当 $t = 0$ 时，$x(t) = x_0$，求出 $x(t)$；

（3）分析 $x(t)$ 的形态，给出商品的宣传和生产策略.

解（1）设在该地区 t 时刻已售出的该新商品的总量为 $x(t)$，由于潜在消费者总量为 N，则在销售初期或当 N 很大时，该商品销售速率主要受已购者数量 $x(t)$ 的影响，即每一个已购者在一定时间内吸引若干个欲购者，所以销售速率近似值比于已购者的数量 $x(t)$.

但在销售后期或当 N 很小时，该商品的销售速率将主要受未购者数量 $(N - x(t))$ 的影响，即销售速率近似值比于未购者的数量 $(N - x(t))$. 综合考虑上述因素，可以为产品销售速率值比于 $x(t)$ 与 $(N - x(t))$ 的乘积，即

$$\frac{\mathrm{d}x}{\mathrm{d}t} = kx(N-x),$$

其中 K 是比例常数，这一模型正是 Logistic 模型，在许多情况下，统计资料证实它与实际情况相符得很好.

（2）已求出该方程的通解为

$$x(t) = \frac{N}{1 + Be^{-NKt}}\quad (B\ 为任意常数),$$

由初始条件 $x|_{t=0} = x_0$，可解得

$$B = \frac{N}{x_0} - 1 > 0.$$

（3）由（2）所求得的解，可画出 Logistic 模型的曲线，对所求的解求导，

$$x'(t) = \frac{BN^2 K e^{-NKt}}{(1 + Be^{-NKt})^2},$$

$$x''(t) = \frac{BN^3 K^2 e^{-NKt}(Ce^{-NKt} - 1)}{(1 + Ce^{-NKt})^3},$$

易见，$x'(t) > 0$，即 $x(t)$ 单调增加，从以上实际情况看，这是显然的. 令 $x''(t) = 0$，有

$$Be^{-NKt} - 1 = 0.$$

此时 $x(t) = \dfrac{N}{2}$，它所对应的是 t_0 时刻，即对应的是曲线上的锚点，当 $t < t_0$ 时，$x''(t) > 0$，曲线是凹的，显示销售率不断增大；当 $t > t_0$ 时，$x''(t) < 0$ 曲线是凸的，显示销售率不断减少. 这说明，当销售量小于最大需求量的一半时，销售速率不断增大，而当销售量大于最大需求量的一半时，销售速率不断减少，当销售量在最大需求量的一半左右时，商品最为畅销.

通过对 Logistic 模型的分析，普遍认为，从 20%到 80%的用户采用某种新产品的这段时期，应为该产品正式大批量生产的时期.初期应以较小批量生产并加强宣传，而到后期则应适时转产了.

二、差分方程的简单经济应用

例 10-63 设某产品在时期 t 的价格，总供给与总需求分别为 P_t、S_t 与 D_t，并设对于 $t = 0, 1, 2, \cdots$，有 ① $S_t = 2P_t + 1$；② $D_t = -4P_{t-1} + 5$；③ $S_t = D_t$.

（1）求证：由①、②、③可推出差分方程 $P_{t+1} + 2P_t = 2$.

（2）当已知 P_0 时，求上述方程的解.

解 （1）由 $S_t = D_t$，知 $2P_t + 1 = -4P_{t-1} + 5$，即

$$P_t + 2P_{t-1} = 2,$$

有

$$P_{t+1} + 2P_t = 2.$$

（2）不难求得上述方程的通解为

$$P_t = c(-2)^t + \frac{2}{3},$$

由 $t = 0$，$P_t = P_0$ 得

$$P_0 = c + \frac{2}{3}, \quad c = P_0 - \frac{2}{3},$$

故 $P_t = \dfrac{2}{3} + \left(P_0 - \dfrac{2}{3}\right)(-2)^t$.

例 10-64 设 Y_t 为 t 时期国民收入，C_t 为 t 时期消费，I 为投资（各时期相同），设三者

有关系 $Y_t = C_t + I, C_t = 2y_{t-1} + \beta$，且已知当 $t=0$ 时，$y_t = y_0$，其中 $0 < \alpha < 1$，$\beta > 0$，试求 Y_t 和 C_t.

解 由 $Y_t = C_t + I$，$C_t = \alpha Y_{t-1} + \beta$，得差分方程
$$Y_t - \alpha Y_{t-1} = \beta + I,$$
解特征方程 $\lambda - \alpha = 0$，得 $\lambda = \alpha$，该方程所对应的齐次差分方程的通解为
$$Y_t = c\alpha^t.$$
由于 1 不是特征方程的根，故可设
$$y_t^* = a$$
为非齐次方程的一个特解，将之代入原方程，得
$$a = \frac{\beta + I}{1 - \alpha}.$$
因此，上述差分方程的通解为
$$Y_t = C\alpha^t + \frac{\beta + I}{1 - \alpha},$$
由 $t = 0$，$y_t = y_0$，得
$$C = y_0 - \frac{\beta + I}{1 - \alpha},$$
故
$$Y_t = \left(y_0 - \frac{\beta + I}{1 - \alpha}\right)\alpha^t + \frac{\beta + I}{1 - \alpha}.$$
从而
$$C_t = Y_t - I = \left(Y_0 - \frac{\beta + I}{1 - \alpha}\right)\alpha^t + \frac{\beta + I}{1 - \alpha} - I = \left(Y_0 - \frac{\beta + I}{1 - \alpha}\right)\alpha^t + \frac{\alpha I + \beta}{1 - \alpha}.$$

例 10-65 设某商品在 t 时期的供给量 S_t 与需求量 D_t 都是这一时期该商品的价格 P_t 的线性函数，已知 $S_t = 3P_t - 2$，$D_t = 4 - 5P_t$. 且在 t 时期的价格 P_t 由 $t-1$ 时期的价格 P_{t-1} 及供给量与需求量之差 $S_{t-1} - D_{t-1}$ 按关系式 $P_t = P_{t-1} - \frac{1}{16}(S_{t-1} - D_{t-1})$ 确定，试求商品的价格随时间变化的规律.

解 将 $S_t = 3P_t - 2$，$D_t = 4 - 5P_t$ 代入关系式
$$P_t = P_{t-1} - \frac{1}{16}(S_{t-1} - D_{t-1}), \quad 得 P_t - \frac{1}{2}P_{t-1} = \frac{3}{8},$$
解此一阶差分方程，得
$$P_t = C\left(\frac{1}{2}\right)^t + \frac{3}{4}.$$

例 10-66 设某商品的供需方程分别为
$$S_t = 12 + 3\left(P_{t-1} - \frac{1}{3}\Delta P_{t-1}\right), \quad D_t = 40 - 4P_t,$$

且以箱为计量单位，设 P_{t-1} 和 P_{t-2} 分别为第 $t-1$ 时期和第 $t-2$ 时期的价格（单位：百元/箱），供方在 t 时期售价为 $P_{t-1} - \frac{1}{3}\Delta P_{t-1}$，需方以价格 P_t 就可使该商品在第 t 时期的供给量售完，已知 $P_0 = 4$，$P_1 = \frac{13}{4}$，试求出 P_t 的表达式.

解 因为 $S_t = 12 + 3\left(P_{t-1} - \frac{1}{3}\Delta P_{t-1}\right) = 12 + 3\left(P_{t-1} - \frac{1}{3}P_{t-1} + \frac{1}{3}P_{t-2}\right) = 12 + 2P_{t-1} + P_{t-2}$,

$$D_t = 40 - 4P_t,$$

根据题意，在 t 时期内有 $S_t = D_t$，即

$$12 + 2P_{t-1} + P_{t-2} = 40 - 4P_t,$$

也即 $4P_t + 2P_{t-1} + P_{t-2} = 28$.

解特征方程 $4\lambda^2 + 2\lambda + 1 = 0$，得 $\lambda_{1,2} = -\frac{1}{4} \pm \frac{\sqrt{3}}{4}\mathrm{i}$，$\alpha = -\frac{1}{4}$，

$\beta = \frac{\sqrt{3}}{4}$，$\gamma = \sqrt{\alpha^2 + \beta^2} = \frac{1}{2}$，$\tan\theta = \frac{\beta}{\alpha} = -\sqrt{3}$，$\theta = \frac{2\pi}{3}$,

故对应的齐次方程的通解为

$$\left(\frac{1}{2}\right)^t \left(c_1 \cos\frac{2\pi t}{3} + c_2 \sin\frac{2\pi t}{3}\right).$$

因 1 不是特征方程的根，故可设上述非齐次方程的一个特解为

$$P_t^* = a，代入原方程，得 a = 4,$$

故原方程的通解为

$$P_t = 4 + \left(\frac{1}{2}\right)^t \left(c_1 \cos\frac{2\pi t}{3} + c_2 \sin\frac{2\pi t}{3}\right).$$

由初始条件 $P_0 = 4$，$P_1 = \frac{13}{4}$，得

$$\begin{cases} 4 = 4 + c_1 \\ \dfrac{13}{4} = 4 + \dfrac{1}{2}\left(c_1 \cos\dfrac{2\pi}{3} + c_2 \sin\dfrac{2\pi}{3}\right) \end{cases},$$

由此得 $\begin{cases} c_1 = 0 \\ c_2 = -\sqrt{3} \end{cases}$，故所求的满足初始条件的特解为

$$P_t = 4 - \sqrt{3}\left(\frac{1}{2}\right)^t \sin\frac{2\pi}{3}t.$$

本 章 习 题

一、选择题

1. 微分方程 $y'' + (y')^4 - y^3 = 0$ 的阶数是_____.

A. 1　　　　　　　B. 2　　　　　　　C. 3　　　　　　　D. 4

2. 方程 $(y-3x)dx-(x+y)dy=0$ 是_____.

A. 可分离变量微分方程　　　　　B. 齐次方程

C. 一阶非齐次线性微分方程　　　D. 一阶齐次线性微分方程

3. 方程 $xdy+ydx=0$ 的通解为_____.

A. $xy=1$　　　B. $xy=3$　　　C. $xy=-3$　　　D. $xy=C$

4. 方程 $y''+y'-2y=0$ 的通解为_____.

A. $y=e^{-2x}+e^x$　　　　　　　B. $y=Ce^{-2x}+e^x$

C. $y=C_1e^{-2x}+C_2e^x$　　　　D. $y=e^{-2x}+Ce^x$

5. 函数 $y=A\cdot 2^x+8$ 是差分方程_____的通解.

A. $y_{x+2}-3y_{x+1}+2y_x=0$　　　B. $y_x-3y_{x-1}+2y_{x-2}=0$

C. $y_{x+1}-2y_x=-8$　　　　　　D. $y_{x+2}-2y_x=8$

6. 下面的方程是一阶微分方程的有_____.

A. $(y-xy)dx+2x^2dy=0$　　　B. $L\dfrac{d^2Q}{dt^2}+R\dfrac{dQ}{dt}+\dfrac{Q}{c}=0$

C. $x^4y'''-y''+2xy^6=0$　　　D. $\dfrac{d^3\rho}{d\theta^3}+\rho=\cos^2\theta$

7. 下列等式是差分方程的是_____.

A. $-3y_x=3y_x+a^x$　　　　B. $\Delta^2y_x=y_{x+2}-2y_{x+1}+y_x$,

C. $y_x-2y_{x-1}+3y_{x-2}=4$　D. $y_x=3^x$.

8. 下面说法错误的是_____.

A. 微分方程 $xy'-y\ln y=0$ 的通解为 $y=e^{Cx}$（其中 C 为任意常数）

B. 微分方程 $y''-y'=3$ 的一个特解为 $y^*=-3x$

C. 若函数 $y_x=x^2$，则其一阶差分 $\Delta y_x=2x+1$

D. 一阶常系数线性差分方程 $2y_{x+1}+y_x=0$ 的通解为 $y_x=C\left(\dfrac{1}{2}\right)^x$（其中 C 为任意常数）

9. 下列函数是微分方程 $y''-2y'+y=0$ 的解的是_____.

A. x^2e^x　　　B. x^2e^{-x}　　　C. xe^{-x}　　　D. xe^x

10. 求微分方程 $y''+6y'+25y=0$ 的特征方程是_____.

A. $r^2+6r+25=0$　　　B. $r^2-6r+25=0$

C. $r^2+6r-25=0$　　　D. $r^2-6r-25=0$

二、填空题

1. 微分方程 $dx=e^{x-y}dy$ 的通解是_____.

2. 微分方程 $y' = e^{2x-y}$ 的满足初始条件 $y(0) = 0$ 的特解是_____.

3. 当用待定系数法求解二阶常系数非齐次线性常微分方程 $y'' - 3y' + 2y = xe^x$ 的特解时,所设特解的形式为 $y^* = $_____.

4. 当用待定系数法求解二阶非齐次线性常微分方程 $y'' - 2y' + 2y = e^x \sin x$ 的特解时,所设特解的形式为 $y^* = $_____.

5. 由一阶差分的定义可得:$\Delta(Cy_x) = $_____(其中 C 为任意常数).

6. 差分方程 $5y_{x+1} + y_x = 0$ 的通解为 $y_x = $_____.

三、计算题

1. 已知 $f(x)$ 满足 $f(x) = x + \int_0^x f(t)dt$,求 $f(x)$.

2. 求微分方程 $\sin x \cos x dy - y \ln y dx = 0$ 的通解.

3. 求微分方程 $(x^2 + y^2)dx = 2xydy$,满足初始条件 $y|_{x=1} = 0$ 的特解.

4. 设可导函数 $\varphi(x)$ 满足 $\varphi(x)\cos x + 2\int_0^x \varphi(t)\sin t dt = x + 1$,求 $\varphi(x)$.

5. 求微分方程 $yy'' - (y')^2 = 0$ 的通解.

6. 设可导函数 $f(x)$ 满足 $f(x) + \int_0^x \cos t f(t)dt = \sin x$,求 $f(x)$.

7. 求下列微分方程的通解.
(1) $y'' = \sin x - 2x$;(2) $y''' = e^{2x} - \cos x$;(3) $xy'' - 2y' = 0$;(4) $xy'' + y' = 4x$;
(5) $y'' = 2(y')^2$;(6) $y^3 y'' = 1$.

8. 求微分方程 $2y'' + y' - y = 3e^x$ 满足初始条件 $y(0) = 2$,$y'(0) = 1$ 的特解.

9. 求方程 $y'' - 4y' + 3y = 3x^2 + 4x + 1$ 的通解.

10. 求解下列初值问题.
(1) $y'' + 2y' + y = 0$,$y|_{x=0} = 4$,$y'|_{x=0} = -2$;(2) $y'' - 2y' + y = 0$,$y(0) = y'(0) = 1$.

11. 求微分方程 $y'' + 4y = 4\cos 2x$ 满足条件 $y(0) = y'(0) = 1$ 的特解.

12. 设 $y_t = t^2 + 2t - 3$,求 Δy_t,$\Delta^2 y_t$.

13. 求解差分方程 $y_{t+1} - \frac{2}{3}y_t = \frac{1}{5}$.

14. 求下列一阶常系数线性非齐次差分方程的通解.
(1) $y_{t+1} + 2y_t = 3$;(2) $y_{t+1} - y_t = -3$;(3) $y_{t+1} - 2y_t = 3t^2$;(4) $y_{t+1} - y_t = t + 1$;
(5) $y_{t+1} - \frac{1}{2}y_t = \left(\frac{5}{2}\right)^t$.

15. 求下列差分方程在给定初始条件下的特解.
(1) $y_{t+1} - y_t = 3 + 2t$,且 $y_0 = 5$;
(2) $2y_{t+1} + y_t = 3 + t$,且 $y_0 = 1$;
(3) $y_{t+1} - y_t = 2^t - 1$,且 $y_0 = 1$.

四、应用题

1. 一曲线在两坐标轴间的任一切线线段均被切点所平分,且通过点(1,2),求该曲线方程.

2. 已知曲线过点(0,0),且该曲线上任意点 $p(x,y)$ 处的切线的斜率为该点的横坐标与纵坐标之和,求此曲线方程.

第十一章 无穷级数

通常人们在研究事物的数量特征时会有一个从近似值到精确值的过程. 在这个分析过程中往往会遇到由有限个数相加到无限个数相加的转变，而无限个数相加就会形成无穷级数，其相关性质对于分析事物的数量特征尤为重要. 本章将给出无穷级数的概念及相关性质.

第一节 常数项级数的概念和性质

一、引例

引例 11-1 计算半径为 R 的圆面积问题.

在半径为 R 的圆内作内接正六边形，其面积记为 a_1，它是圆面积 A 的一个粗略的近似值（见图 11-1）. 再以这正六边形的每一个边为底边，在弓形内作顶点在圆上的等腰三角形，则可得到圆内接正十二边形，设这 6 个等腰三角形的面积为 a_2，那么 a_1+a_2（圆内接正十二边形的面积）就是圆面积 A 的一个较好的近似值. 同样以这正十二边形的每一个边为底边，在弓形内作顶点在圆上的等腰三角形，得圆内接正二十四边形，再设这 12 个等腰三角形的面积为 a_3，于是 $a_1+a_2+a_3$（圆内接正二十四边形的面积）是圆面积 A 的一个更好的近似值. 如此继续进行 n 次，内接正 3×2^n 边形的面积就逐渐逼近圆面积，即

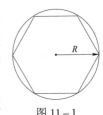

图 11-1

$$A \approx s_n = a_1 + a_2 + \cdots + a_n.$$

显然，n 越大近似程度就越好. 如果内接正多边形的边无限增加，即 n 无限增大，那么和 $s_n = a_1 + a_2 + \cdots + a_n$ 的极限就是所求的圆面积 A，此时 s_n 中的项数无限增多，于是出现了无穷多个数依次相加的式子，即常数项无穷级数. 下面给出常数项无穷级数的概念.

二、常数项无穷级数的概念

定义 11-1 设给定一个数列 $u_1, u_2, u_3, \cdots, u_n, \cdots$，表达式

$$u_1 + u_2 + u_3 + \cdots + u_n + \cdots$$

就称为（常数项）**无穷级数**，简称级数，记为 $\sum\limits_{n=1}^{\infty} u_n$，即

$$\sum_{n=1}^{\infty} u_n = u_1 + u_2 + u_3 + \cdots + u_n + \cdots,$$

其中第 n 项 u_n 称为级数 $\sum\limits_{n=1}^{\infty} u_n$ 的**一般项**或**通项**.

级数 $\sum\limits_{n=1}^{\infty} u_n$ 前面 n 项的和 $s_n = \sum\limits_{i=1}^{n} u_i = u_1 + u_2 + u_3 + \cdots + u_n$ 称为该级数的部分和. 当 n 依次取

1,2,3,…时，级数的部分和就构成一个新的数列

$$s_1=u_1, s_2=u_1+u_2, s_3=u_1+u_2+u_3,\cdots,s_n=u_1+u_2+\cdots+u_n,\cdots.$$

根据部分和数列 $\{s_n\}$ 有没有极限，进一步引进无穷级数 $\sum_{n=1}^{\infty}u_n$ 的收敛与发散的概念.

定义 11-2 如果级数 $\sum_{n=1}^{\infty}u_n$ 的部分和数列 $\{s_n\}$ 有极限 s，即

$$\lim_{n\to\infty}s_n=s,$$

则称级数 $\sum_{n=1}^{\infty}u_n$ **收敛**，极限 s 叫作此级数的**和**，记为

$$s=u_1+u_2+\cdots+u_n+\cdots,$$

如果数列 $\{s_n\}$ 没有极限，则称级数 $\sum_{n=1}^{\infty}u_n$ **发散**，此级数 $\sum_{n=1}^{\infty}u_n$ 没有和.

显然，当级数 $\sum_{n=1}^{\infty}u_n$ 收敛时，其部分和 s_n 是级数和 s 的近似值，其差

$$r_n=s-s_n=u_{n+1}+u_{n+2}+\cdots+u_{n+k}+\cdots$$ 称为级数 $\sum_{n=1}^{\infty}u_n$ 的余项.

例 11-1 讨论级数 $1+2+3+\cdots+n+\cdots$ 的收敛性.

解 级数部分和 $s_n=1+2+3+\cdots+n=\dfrac{n(n+1)}{2}$，显然 $\lim_{n\to\infty}s_n=\infty$，由级数收敛性定义知，此级数是发散的.

例 11-2 讨论级数 $\dfrac{1}{1\times 3}+\dfrac{1}{3\times 5}+\cdots+\dfrac{1}{(2n-1)(2n+1)}+\cdots$ 的收敛性.

解 级数的一般项 $u_n=\dfrac{1}{(2n-1)(2n+1)}=\dfrac{1}{2}\left(\dfrac{1}{2n-1}-\dfrac{1}{2n+1}\right)$，级数部分和 s_n 为

$$s_n=\dfrac{1}{1\times 3}+\dfrac{1}{3\times 5}+\cdots+\dfrac{1}{(2n-1)(2n+1)}$$
$$=\dfrac{1}{2}\left[\left(1-\dfrac{1}{3}\right)+\left(\dfrac{1}{3}-\dfrac{1}{5}\right)+\cdots+\left(\dfrac{1}{2n-1}-\dfrac{1}{2n+1}\right)\right]=\dfrac{1}{2}\left(1-\dfrac{1}{2n+1}\right).$$

所以有

$$\lim_{n\to\infty}s_n=\lim_{n\to\infty}\dfrac{1}{2}\left(1-\dfrac{1}{2n+1}\right)=\dfrac{1}{2},$$

则此级数收敛且和为 $\dfrac{1}{2}$.

例 11-3 讨论公比为 q 的等比级数（又称几何级数）$\sum_{n=0}^{\infty}aq^n$（$a\neq 0$）的收敛性.

解 当 $|q|\neq 1$ 时，部分和

$$s_n = a + aq + aq^2 + \cdots + aq^{n-1} = \frac{a - aq^n}{1-q} = \frac{a}{1-q} - \frac{aq^n}{1-q}.$$

当 $|q| < 1$ 时，$\lim\limits_{n \to \infty} q^n = 0$，故 $\lim\limits_{n \to \infty} s_n = \dfrac{a}{1-q}$，等比级数 $\sum\limits_{n=0}^{\infty} aq^n$ 收敛，其级数和为 $\dfrac{a}{1-q}$.

当 $|q| > 1$ 时，$\lim\limits_{n \to \infty} q^n = \infty$，故 $\lim\limits_{n \to \infty} s_n = \infty$，等比级数 $\sum\limits_{n=0}^{\infty} aq^n$ 发散.

当 $q = 1$ 时，级数 $\sum\limits_{n=0}^{\infty} aq^n = a + a + a + a + \cdots$，部分和 $s_n = na$，故 $\lim\limits_{n \to \infty} s_n = \infty$，等比级数 $\sum\limits_{n=0}^{\infty} aq^n$ 发散.

当 $q = -1$ 时，级数 $\sum\limits_{n=0}^{\infty} aq^n = a - a + a - a + \cdots$，部分和 $s_n = \begin{cases} a & n\text{为奇数} \\ 0 & n\text{为偶数} \end{cases}$，故 $\lim\limits_{n \to \infty} s_n$ 不存在，等比级数 $\sum\limits_{n=0}^{\infty} aq^n$ 发散.

综上可知，当 $|q| < 1$ 时，等比级数 $\sum\limits_{n=0}^{\infty} aq^n$ 收敛，且级数和为 $\dfrac{a}{1-q}$；当 $|q| \geq 1$ 时，等比级数 $\sum\limits_{n=0}^{\infty} aq^n$ 发散.

三、收敛级数的基本性质

根据无穷级数收敛、发散及和的概念，可以得出收敛级数的以下基本性质.

性质 11-1 如果级数 $\sum\limits_{n=1}^{\infty} u_n$，$\sum\limits_{n=1}^{\infty} v_n$ 分别收敛于和 s、σ，则级数 $\sum\limits_{n=1}^{\infty} (u_n \pm v_n)$ 必收敛，且其和为 $s \pm \sigma$.

证 设级数 $\sum\limits_{n=1}^{\infty} u_n$、$\sum\limits_{n=1}^{\infty} v_n$ 和 $\sum\limits_{n=1}^{\infty} (u_n \pm v_n)$ 的部分和分别为 s_n、σ_n 和 τ_n，则

$$\tau_n = s_n \pm \sigma_n \to s \pm \sigma \quad (n \to \infty).$$

这表明级数 $\sum\limits_{n=1}^{\infty} (u_n \pm v_n)$ 收敛，且其和为 $s \pm \sigma$.

注 ① 性质 11-1 表明，两个收敛级数逐项相加（逐项相减）所得的级数仍收敛.

② 若 $\sum\limits_{n=1}^{\infty} u_n$ 收敛，$\sum\limits_{n=1}^{\infty} v_n$ 发散，则 $\sum\limits_{n=1}^{\infty} (u_n \pm v_n)$ 必定发散.

③ 若 $\sum\limits_{n=1}^{\infty} u_n$ 发散，$\sum\limits_{n=1}^{\infty} v_n$ 也发散，但 $\sum\limits_{n=1}^{\infty} (u_n \pm v_n)$ 不一定发散.

例如，级数 $1 + 1 + 1 + 1 + \cdots$ 发散；级数 $-1 - 1 - 1 - 1 - \cdots$ 发散，但级数 $(1-1) + (1-1) + \cdots$ 却收敛.

性质 11-2 如果级数 $\sum\limits_{n=1}^{\infty} u_n$ 收敛于和 s，则它的各项同乘一个常数 k 所得的级数 $\sum\limits_{n=1}^{\infty} ku_n$ 也收敛，且其和为 ks；如果级数 $\sum\limits_{n=1}^{\infty} u_n$ 发散，则当 $k \neq 0$ 时，级数 $\sum\limits_{n=1}^{\infty} ku_n$ 也发散.

换言之，级数的每一项同乘一个非零常数，级数的收敛性不变.

证 设级数 $\sum_{n=1}^{\infty} u_n$ 和级数 $\sum_{n=1}^{\infty} ku_n$ 的部分和分别为 s_n、σ_n，则 $\sigma_n = ks_n$. 若级数 $\sum_{n=1}^{\infty} u_n$ 收敛，由 $s_n \to s \ (n \to \infty)$，得 $\sigma_n = ks_n \to ks \ (n \to \infty)$. 则 $\sum_{n=1}^{\infty} ku_n$ 也收敛，且其和为 ks.

若级数 $\sum_{n=1}^{\infty} u_n$ 发散，当 $k \neq 0$ 时，其部分和数列 $\{s_n\}$ 的极限不存在，则数列 $\{\sigma_n\}$ 的极限也不存在，因此，级数 $\sum_{n=1}^{\infty} ku_n$ 也发散.

例 11-4 判定级数 $\sum_{n=1}^{\infty} \dfrac{5}{2^n}$ 的收敛性.

解 显然 $\sum_{n=1}^{\infty} \dfrac{5}{2^n} = \sum_{n=1}^{\infty} 5 \times \dfrac{1}{2^n}$，而几何级数 $\sum_{n=1}^{\infty} \dfrac{1}{2^n}$ 收敛，由性质 11-2 知级数 $\sum_{n=1}^{\infty} \dfrac{5}{2^n}$ 也收敛.

性质 11-3 在级数中去掉、加上或改变有限项，不改变级数的收敛性.

证 仅需要证明"在级数的前面部分去掉或加上有限项，不会改变级数的敛散性"，其他情形（在级数中任意去掉、加上或改变有限项的情形）都可以看成在级数中先部分去掉有限项（加上有限项不用去掉有限项），然后再在级数前面加上有限项的结果.

设级数为 $\sum_{n=1}^{\infty} u_n = u_1 + u_2 + \cdots + u_k + u_{k+1} + u_{k+2} + \cdots + u_{k+n} + \cdots$，将此级数的前 k 项去掉，得新级数，$u_{k+1} + u_{k+2} + \cdots + u_{k+n} + \cdots$.

设 $\sum_{n=1}^{\infty} u_n$ 的部分和为 s_n，则新级数的部分和为

$$\sigma_n = u_{k+1} + u_{k+2} + \cdots + u_{k+n} = s_{n+k} - s_k.$$

由于 s_k 为常数，所以部分和数列 $\{\sigma_n\}$ 和 $\{s_{n+k}\}$ 同时收敛或同时发散，故两个级数同时收敛或同时发散. 同样可以证明在级数的前面加上有限项，也不会改变级数的收敛性.

性质 11-4 如果级数 $\sum_{n=1}^{\infty} u_n$ 收敛，则对此级数的项任意加括号后所成的级数

$$(u_1 + \cdots + u_{n_1}) + (u_{n_1+1} + \cdots + u_{n_2}) + \cdots + (u_{n_{k-1}+1} + \cdots + u_{n_k}) + \cdots$$

仍收敛，且其和不变.

也就是说，当原级数收敛时，任意加括号后所成的新级数也收敛. 反之则不然，如果加括号后的级数收敛，去括号后的级数未必收敛.

注 ① 由性质 11-4 可推出，如果加括号后所成的级数发散，那么原级数也发散.

② 收敛级数去括号后所成的级数不一定收敛. 例如，级数 $(1-1) + (1-1) + \cdots$ 收敛于零，但级数 $1 - 1 + 1 - 1 + \cdots$ 却是发散的.

③ 若级数 $\sum_{n=1}^{\infty} u_n$ 发散，则添加括号后所成的新级数不一定发散.

④ 如果级数的各项都大于零，且按某种规律加括号后所成的级数收敛，则去括号后所成

的级数也收敛.

性质 11-5 （级数收敛的必要条件）如果级数 $\sum_{n=1}^{\infty} u_n$ 收敛，则必有 $\lim_{n \to \infty} u_n = 0$.

证 设 $\sum_{n=1}^{\infty} u_n$ 的部分和为 s_n，且 $s_n \to s\ (n \to \infty)$，则 $u_n = s_n - s_{n-1} \to s - s = 0\ (n \to \infty)$，即 $\lim_{n \to \infty} u_n = 0$.

若 $u_n \nrightarrow 0\ (n \to \infty)$，则级数 $\sum_{n=1}^{\infty} u_n$ 必定发散.

性质 11-5 的逆否命题是：若级数一般项不趋向于零，则该级数必发散. 常用它来判断一个级数的发散.

例 11-5 证明级数 $\sum_{n=1}^{\infty} \dfrac{n-1}{2n+1}$ 发散.

证 因级数的一般项 u_n 满足

$$\lim_{n \to \infty} u_n = \lim_{n \to \infty} \frac{n-1}{2n+1} = \frac{1}{2} \neq 0,$$

由性质 11-5 的逆否命题知此级数发散.

注 ① 当 $\lim_{n \to \infty} u_n \neq 0$ 或 $\lim_{n \to \infty} u_n$ 不存在时，则级数 $\sum_{n=1}^{\infty} u_n$ 必定发散.

② 级数 $\sum_{n=1}^{\infty} u_n$ 收敛 $\Rightarrow \lim_{n \to \infty} u_n = 0$，但反之不然，级数的一般项的极限为零，并不一定能保证级数 $\sum_{n=1}^{\infty} u_n$ 收敛. 因此，级数的一般项趋于零只是级数收敛的必要条件，而非充分条件. 有些级数虽然一般项趋于零，但仍然是发散的.

例如，调和级数

$$1 + \frac{1}{2} + \frac{1}{3} + \cdots + \frac{1}{n} + \cdots,$$

虽然它的一般项 $u_n = \dfrac{1}{n} \to 0\ (n \to \infty)$，但是它是发散的.

习 题 11-1

1. 已知下列级数的前 n 项部分和 s_n，写出该级数的一般项，并求级数的和.

（1） $s_n = \dfrac{n+1}{n}$； （2） $s_n = \dfrac{2^n - 1}{2^n}$.

2. 根据级数收敛和发散的定义判定下列级数的收敛性，若是收敛级数求其和.

（1） $\sum_{n=1}^{\infty} (\sqrt{3n-1} - \sqrt{3n+2})$； （2） $\sum_{n=1}^{\infty} \dfrac{(-1)^{n-1}}{3^n}$；

(3) $\sum_{n=1}^{\infty}(\sqrt{n+2}-2\sqrt{n+1}+\sqrt{n})$;　　　(4) $\sum_{n=1}^{\infty}\frac{1}{n(n+1)}$.

3. 根据级数收敛的性质判定下列级数的收敛性,若是收敛级数求其和.

(1) $\sum_{n=1}^{\infty}2^{n-1}$;　　　(2) $\sum_{n=1}^{\infty}\frac{2+(-1)^n}{2^n}$;

(3) $\left(\frac{1}{2}+\frac{1}{3}\right)+\left(\frac{1}{2^2}+\frac{1}{3^2}\right)+\left(\frac{1}{2^3}+\frac{1}{3^3}\right)+\cdots$;

(4) $\frac{1}{2}+\frac{1}{10}+\frac{1}{4}+\frac{1}{20}+\cdots+\frac{1}{2^n}+\frac{1}{10n}+\cdots$;

(5) $\frac{1}{\sqrt{2}-1}-\frac{1}{\sqrt{2}+1}+\frac{1}{\sqrt{3}-1}-\frac{1}{\sqrt{3}+1}+\cdots+\frac{1}{\sqrt{n}-1}-\frac{1}{\sqrt{n}+1}+\cdots$;

(6) $\sum_{n=1}^{\infty}\frac{2n-2}{2n+1}$.

第二节　正项级数及其审敛法

一般情况下,利用级数收敛的定义或级数的性质来判定级数的收敛性较难,由于很多常数项级数的收敛性问题可归结为正项级数的收敛性问题,因而正项级数的收敛性判定就显得十分重要.下面给出正项级数的定义及收敛性判定方法.

定义 11-3 若级数 $\sum_{n=1}^{\infty}u_n$ 中的每一项都是非负的($u_n\geqslant 0$, $n=1,2,\cdots$),则称级数 $\sum_{n=1}^{\infty}u_n$ 为**正项级数**.

对于正项级数 $\sum_{n=1}^{\infty}u_n=u_1+u_2+\cdots+u_n+\cdots$,其部分和

$$s_n=\sum_{k=1}^{n}u_k \quad (n=1,2,\cdots),$$

由于 $u_n\geqslant 0$,则 $s_{n+1}=s_n+u_{n+1}\geqslant s_n$ $(n=1,2,\cdots)$,即正项级数 $\sum_{n=1}^{\infty}u_n$ 的部分和数列 $\{s_n\}$ 是一个单调递增数列.

(1) 若当 $n\to\infty$ 时, $s_n\to +\infty$,此时正项级数 $\sum_{n=1}^{\infty}u_n$ 发散.

(2) 若正项级数 $\sum_{n=1}^{\infty}u_n$ 的部分和数列 $\{s_n\}$ 有界,根据单调有界的数列必有极限的准则知, $\lim_{n\to\infty}s_n$ 存在,此时正项级数 $\sum_{n=1}^{\infty}u_n$ 收敛.

定理 11-1 正项级数 $\sum_{n=1}^{\infty}u_n$ 收敛的充要条件是它的部分和数列 $\{s_n\}$ 有界.

推论 11-1 正项级数 $\sum_{n=1}^{\infty} u_n$ 发散 $\Leftrightarrow \lim_{n \to \infty} s_n = +\infty$.

以此定理为基础,可给出判定正项级数是否收敛的几种方法,如比较审敛法、比值审敛法.

定理 11-2(比较审敛法) 设 $\sum_{n=1}^{\infty} u_n$ 和 $\sum_{n=1}^{\infty} v_n$ 都是正项级数,且 $u_n \leqslant v_n (n=1,2,\cdots)$.

(1) 如果级数 $\sum_{n=1}^{\infty} v_n$ 收敛,则级数 $\sum_{n=1}^{\infty} u_n$ 也收敛;

(2) 如果级数 $\sum_{n=1}^{\infty} u_n$ 发散,则级数 $\sum_{n=1}^{\infty} v_n$ 也发散.

证 由定理 11-1 可知,当正项级数 $\sum_{n=1}^{\infty} v_n$ 收敛时,其部分和数列必有界,即当 $M > 0$ 时,

$$0 \leqslant \sum_{k=1}^{n} v_k \leqslant M.$$

又因 $u_n \leqslant v_n (n=1,2,\cdots)$,故

$$0 \leqslant \sum_{k=1}^{n} u_k \leqslant \sum_{k=1}^{n} v_k \leqslant M.$$

因而正项级数 $\sum_{n=1}^{\infty} u_n$ 的部分和数列有界,由定理 11-1 知级数 $\sum_{n=1}^{\infty} u_n$ 收敛.

反之,若级数 $\sum_{n=1}^{\infty} u_n$ 发散,则级数 $\sum_{n=1}^{\infty} v_n$ 必发散. 否则,若级数 $\sum_{n=1}^{\infty} v_n$ 收敛, $\sum_{n=1}^{\infty} u_n$ 也收敛,这与级数 $\sum_{n=1}^{\infty} u_n$ 发散矛盾,所以级数 $\sum_{n=1}^{\infty} v_n$ 发散.

注意到级数的每一项同乘不为零的常数 k 不会影响级数的收敛性,于是可得以下的推论.

推论 11-2 设 $\sum_{n=1}^{\infty} u_n$ 和 $\sum_{n=1}^{\infty} v_n$ 都是正项级数,并且 $u_n \leqslant kv_n$ ($k > 0$, $n \geqslant N$, N 为某一正整数). (1) 如果级数 $\sum_{n=1}^{\infty} v_n$ 收敛,则级数 $\sum_{n=1}^{\infty} u_n$ 也收敛;(2) 如果级数 $\sum_{n=1}^{\infty} u_n$ 发散,则级数 $\sum_{n=1}^{\infty} v_n$ 也发散.

例 11-6 基于比较审敛法讨论调和级数 $\sum_{n=1}^{\infty} \frac{1}{n}$ 的收敛性.

解 设调和级数为 $\sum_{n=1}^{\infty} v_n$,则

$$\sum_{n=1}^{\infty} v_n = \sum_{n=1}^{\infty} \frac{1}{n} = 1 + \frac{1}{2} + \frac{1}{3} + \cdots + \frac{1}{n} + \cdots$$

$$= \left(1 + \frac{1}{2}\right) + \left(\frac{1}{3} + \frac{1}{4}\right) + \left(\frac{1}{5} + \frac{1}{6} + \frac{1}{7} + \frac{1}{8}\right) + \left(\frac{1}{9} + \cdots + \frac{1}{16}\right) + \cdots + \left(\frac{1}{2^{n-1}+1} + \cdots + \frac{1}{2^n}\right) + \cdots$$

$$> \frac{1}{2} + \left(\frac{1}{4} + \frac{1}{4}\right) + \left(\frac{1}{8} + \frac{1}{8} + \frac{1}{8} + \frac{1}{8}\right) + \left(\frac{1}{16} + \cdots + \frac{1}{16}\right) + \cdots + \underbrace{\left(\frac{1}{2^n} + \cdots + \frac{1}{2^n}\right)}_{2^{n-1}} + \cdots$$

$$= \frac{1}{2} + \frac{1}{2} + \frac{1}{2} + \frac{1}{2} + \cdots,$$

而级数 $\sum_{n=1}^{\infty} u_n = \frac{1}{2} + \frac{1}{2} + \frac{1}{2} + \cdots$ 是发散的，故由比较审敛法可知，调和级数 $\sum_{n=1}^{\infty} \frac{1}{n}$ 发散.

例 11-7 讨论 p-级数

$$\sum_{n=1}^{\infty} \frac{1}{n^p} = 1 + \frac{1}{2^p} + \frac{1}{3^p} + \cdots + \frac{1}{n^p} + \cdots$$

的收敛性，其中 $p > 0$.

解 （1）若 $0 < p \leqslant 1$，则 $n^p \leqslant n$，可得 $\frac{1}{n^p} \geqslant \frac{1}{n}$. 又因调和级数 $\sum_{n=1}^{\infty} \frac{1}{n}$ 发散，由定理 11-2 知 $\sum_{n=1}^{\infty} \frac{1}{n^p}$ 发散.

（2）若 $p > 1$，$\sum_{n=1}^{\infty} \frac{1}{n^p} = 1 + \frac{1}{2^p} + \frac{1}{3^p} + \cdots + \frac{1}{(2^n-1)^p} + \cdots$

$$= 1 + \left(\frac{1}{2^p} + \frac{1}{3^p}\right) + \left(\frac{1}{4^p} + \frac{1}{5^p} + \frac{1}{6^p} + \frac{1}{7^p}\right) + \left(\frac{1}{8^p} + \cdots + \frac{1}{15^p}\right) + \cdots +$$

$$\left(\frac{1}{(2^{n-1})^p} + \cdots + \frac{1}{(2^n-1)^p}\right) + \cdots$$

$$\leqslant 1 + \frac{2}{2^p} + \frac{4}{4^p} + \frac{8}{8^p} + \cdots + \frac{2^{n-1}}{(2^{n-1})^p} + \cdots$$

$$= 1 + \frac{1}{2^{p-1}} + \left(\frac{1}{2^{p-1}}\right)^2 + \left(\frac{1}{2^{p-1}}\right)^3 + \cdots + \left(\frac{1}{2^{p-1}}\right)^{n-1} + \cdots,$$

$$s_{2^n-1} \leqslant \frac{1 - \left(\frac{1}{2^{p-1}}\right)^n}{1 - \frac{1}{2^{p-1}}} \leqslant \frac{1}{1 - \frac{1}{2^{p-1}}} \left(p > 1, \frac{1}{2^{p-1}} < 1\right).$$

即 s_{2^n-1} 有上界. 因为对任意的 n，都有 $n \leqslant 2^n - 1$，所以 $s_n \leqslant s_{2^n-1}$，故部分和数列 $\{s_n\}$ 有界. 因此，级数 $\sum_{n=1}^{\infty} \frac{1}{n^p}$（$p > 1$）是收敛的.

综上，当 $0 < p \leqslant 1$ 时，p-级数 $\sum_{n=1}^{\infty} \frac{1}{n^p}$ 是发散的；当 $p > 1$ 时，p-级数 $\sum_{n=1}^{\infty} \frac{1}{n^p}$ 是收敛的. p-级数是一个很重要的级数，在利用比较审敛法分析级数收敛性时，往往利用此级数作为比较对象进行判定，其他常用的比较对象有等比级数、调和级数等.

例 11-8 讨论级数

$$\sum_{n=1}^{\infty}\frac{1}{n\times 3^n}=\frac{1}{1\times 3}+\frac{1}{2\times 3^2}+\frac{1}{3\times 3^3}+\cdots$$

的收敛性.

解 因为 $\frac{1}{n\times 3^n}\leqslant \frac{1}{3^n}(n=1,2,\cdots)$，而级数 $\sum_{n=1}^{\infty}\frac{1}{3^n}=\frac{1}{3}+\frac{1}{3^2}+\frac{1}{3^3}+\cdots$ 为公比 $q=\frac{1}{3}$ 的收敛等比级数，故由比较审敛法知，级数 $\sum_{n=1}^{\infty}\frac{1}{n\times 3^n}$ 收敛.

例 11-9 判定级数 $\sum_{n=1}^{\infty}\frac{1}{1+a^n}(a>0)$ 的收敛性.

解 （1）当 $a>1$ 时，级数 $\sum_{n=1}^{\infty}\frac{1}{1+a^n}$ 的一般项 $\frac{1}{1+a^n}<\frac{1}{a^n}$，而 $\sum_{n=1}^{\infty}\frac{1}{a^n}$ 是一个公比为 $\frac{1}{a}$ 的等比级数，且 $\frac{1}{a}<1$，则 $\sum_{n=1}^{\infty}\frac{1}{a^n}$ 收敛，故级数 $\sum_{n=1}^{\infty}\frac{1}{1+a^n}$ 收敛.

（2）当 $a=1$ 时，级数 $\sum_{n=1}^{\infty}\frac{1}{1+a^n}$ 的一般项 $\frac{1}{1+a^n}=\frac{1}{2}$，且 $\sum_{n=1}^{\infty}\frac{1}{2}$ 发散，故级数 $\sum_{n=1}^{\infty}\frac{1}{1+a^n}$ 发散.

（3）当 $a<1$ 时，级数 $\sum_{n=1}^{\infty}\frac{1}{1+a^n}$ 的一般项 $\frac{1}{1+a^n}>\frac{1}{2}$，而 $\sum_{n=1}^{\infty}\frac{1}{2}$ 发散，由比较审敛法知级数 $\sum_{n=1}^{\infty}\frac{1}{1+a^n}$ 发散.

例 11-10 讨论级数 $\sum_{n=1}^{\infty}\left(1-\cos\frac{\pi}{n}\right)$ 的收敛性.

解 由于 $1-\cos\frac{\pi}{n}=2\sin^2\frac{\pi}{2n}\leqslant 2\left(\frac{\pi}{2n}\right)^2=\frac{\pi^2}{2}\cdot\frac{1}{n^2}$，而 $\sum_{n=1}^{\infty}\frac{1}{n^2}$ 为 $p=2$ 的收敛 p-级数，$\frac{\pi^2}{2}$ 为常数，则由性质 11-2 知级数 $\sum_{n=1}^{\infty}\frac{\pi^2}{2}\cdot\frac{1}{n^2}$ 收敛. 由比较审敛法知，级数 $\sum_{n=1}^{\infty}\left(1-\cos\frac{\pi}{n}\right)$ 收敛.

为了应用上的方便，下面给出比较审敛法的极限形式.

定理 11-3（比较审敛法的极限形式） 设 $\sum_{n=1}^{\infty}u_n$ 和 $\sum_{n=1}^{\infty}v_n$ 都是正项级数，则

（1）如果 $\lim_{n\to\infty}\frac{u_n}{v_n}=l\,(0\leqslant l<+\infty)$，且级数 $\sum_{n=1}^{\infty}v_n$ 收敛，则级数 $\sum_{n=1}^{\infty}u_n$ 收敛；

（2）如果 $\lim_{n\to\infty}\frac{u_n}{v_n}=l>0$ 或 $\lim_{n\to\infty}\frac{u_n}{v_n}=+\infty$，且级数 $\sum_{n=1}^{\infty}v_n$ 发散，则级数 $\sum_{n=1}^{\infty}u_n$ 发散.

证 （1）由极限的定义可知，对 $\varepsilon=1$，且存在正整数 N，当 $n>N$ 时，有

$$\frac{u_n}{v_n}<l+1, \text{ 即 } u_n<(l+1)v_n,$$

而级数 $\sum_{n=1}^{\infty}v_n$ 收敛，根据推论 11-2 可知，级数 $\sum_{n=1}^{\infty}u_n$ 收敛.

（2）（反证法）因为 $\lim\limits_{n\to\infty}\dfrac{v_n}{u_n}$ 存在，如果级数 $\sum\limits_{n=1}^{\infty}u_n$ 收敛，则由结论（1）必有 $\sum\limits_{n=1}^{\infty}v_n$ 收敛，这与级数 $\sum\limits_{n=1}^{\infty}v_n$ 发散矛盾，因此，级数 $\sum\limits_{n=1}^{\infty}u_n$ 不可能收敛，即级数 $\sum\limits_{n=1}^{\infty}u_n$ 发散.

定理 11-3 表明：当 $n\to\infty$ 时，在两个正项级数的一般项均趋向于零的情况下，如果 u_n 与 v_n 是同阶无穷小或 u_n 是比 v_n 高阶的无穷小，而级数 $\sum\limits_{n=1}^{\infty}v_n$ 收敛，则级数 $\sum\limits_{n=1}^{\infty}u_n$ 必收敛；如果 u_n 是与 v_n 同阶或是比 v_n 低阶的无穷小，而级数 $\sum\limits_{n=1}^{\infty}v_n$ 发散，则级数 $\sum\limits_{n=1}^{\infty}u_n$ 必发散.

例 11-11 基于比较审敛法的极限形式判定下列级数的收敛性.

（1） $\sum\limits_{n=1}^{\infty} 2^n \sin\dfrac{\pi}{3^n}$； （2） $\sum\limits_{n=1}^{\infty} \ln\left(1+\dfrac{1}{n}\right)$.

解（1）因为当 $n\to\infty$ 时，$\sin\dfrac{\pi}{3^n} \sim \dfrac{\pi}{3^n}$，可令 $u_n = 2^n \sin\dfrac{\pi}{3^n}$，$v_n = \left(\dfrac{2}{3}\right)^n$，则极限 $\lim\limits_{n\to\infty}\dfrac{u_n}{v_n} =$

$$\lim_{n\to\infty}\frac{2^n \sin\dfrac{\pi}{3^n}}{\left(\dfrac{2}{3}\right)^n} = \pi \lim_{n\to\infty}\frac{\sin\dfrac{\pi}{3^n}}{\dfrac{\pi}{3^n}} = \pi.$$

由于等比级数 $\sum\limits_{n=1}^{\infty}v_n = \sum\limits_{n=1}^{\infty}\left(\dfrac{2}{3}\right)^n$ 收敛，故由比较审敛法的极限形式知，级数 $\sum\limits_{n=1}^{\infty} 2^n \sin\dfrac{\pi}{3^n}$ 收敛.

（2）因为当 $n\to\infty$ 时，$\ln\left(1+\dfrac{1}{n}\right) \sim \dfrac{1}{n}$，可令 $u_n = \ln\left(1+\dfrac{1}{n}\right)$，$v_n = \dfrac{1}{n}$，则极限

$$\lim_{n\to\infty}\frac{u_n}{v_n} = \lim_{n\to\infty}\frac{\ln\left(1+\dfrac{1}{n}\right)}{\dfrac{1}{n}} = \lim_{n\to\infty}\ln\left(1+\dfrac{1}{n}\right)^n = 1.$$

由于调和级数 $\sum\limits_{n=1}^{\infty}\dfrac{1}{n}$ 发散，故由比较审敛法的极限形式知，级数 $\sum\limits_{n=1}^{\infty}\ln\left(1+\dfrac{1}{n}\right)$ 发散.

对于比较审敛法，需要适当地选取一个已知收敛性的级数作为比较的基准. 常使用的已知级数为等比级数、p-级数和调和级数. 若不借助于其他级数而直接判别级数的收敛性会更方便，下面给出判别级数收敛性的另一种方法，即比值审敛法.

定理 11-4（比值审敛法，达朗贝尔（D'Alembert）判别法） 设 $\sum\limits_{n=1}^{\infty}u_n$ 为正项级数，且

$$\lim_{n\to\infty}\frac{u_{n+1}}{u_n} = \rho.$$

则当 $\rho < 1$ 时，级数收敛；当 $\rho > 1$（或 $\rho = +\infty$）时，级数发散；当 $\rho = 1$ 时，级数可能收敛也可能发散.

证（1）当 $\rho < 1$ 时，取一个适当小的正数 ε，使得 $\rho + \varepsilon = r < 1$，根据数列极限定义，

存在正整数 N，当 $n > N$ 时，有不等式

$$\frac{u_{n+1}}{u_n} < \rho + \varepsilon = r.$$

因此

$$u_{N+1} < ru_N, u_{N+2} < ru_{N+1} < r^2 u_N, u_{N+3} < ru_{N+2} < r^3 u_N, \cdots.$$

而级数 $\sum_{k=1}^{\infty} r^k u_N$ 收敛（公比 $r < 1$），根据推论 11-2 知，级数 $\sum_{n=1}^{\infty} u_n$ 收敛.

（2）当 $\rho > 1$ 时，取一个适当小的正数 ε，使得 $\rho - \varepsilon > 1$. 根据数列极限定义，存在正整数 N，当 $n > N$ 时，有不等式

$$\frac{u_{n+1}}{u_n} > \rho - \varepsilon > 1.$$

也就是 $u_{n+1} > u_n$，所以当 $n > N$ 时，级数的一般项 u_n 随着 n 的增大而增大，从而 $\lim_{n \to \infty} u_n \neq 0$. 根据级数收敛的必要条件可知，级数 $\sum_{n=1}^{\infty} u_n$ 发散.

类似可证当 $\rho = \infty$ 时，级数 $\sum_{n=1}^{\infty} u_n$ 发散.

（3）当 $\rho = 1$ 时，级数 $\sum_{n=1}^{\infty} u_n$ 可能收敛也可能发散.

例如，p-级数 $\sum_{n=1}^{\infty} \frac{1}{n^p}$，不论 p 为何值都有

$$\lim_{n \to \infty} \frac{u_{n+1}}{u_n} = \lim_{n \to \infty} \frac{\frac{1}{(n+1)^p}}{\frac{1}{n^p}} = \lim_{n \to \infty} \left(\frac{n}{n+1}\right)^p = \lim_{n \to \infty} \left(\frac{1}{1+\frac{1}{n}}\right)^p = 1.$$

但是当 $p > 1$ 时 p-级数收敛，当 $p \leqslant 1$ 时 p-级数发散. 因此，根据 $\rho = 1$ 不能判别级数的收敛性.

例 11-12 判定下列正项级数的收敛性.

（1）$\sum_{n=1}^{\infty} \frac{1}{n!}$；

（2）$\sum_{n=1}^{\infty} \frac{n^n}{n!}$；

（3）$\sum_{n=1}^{\infty} n \cdot \sin \frac{\pi}{2^n}$；

（4）$\sum_{n=1}^{\infty} \frac{c^n n!}{n^n} (c > 0)$.

解 （1）因为一般项 $u_n = \frac{1}{n!}$，故

$$\rho = \lim_{n \to \infty} \frac{u_{n+1}}{u_n} = \lim_{n \to \infty} \frac{1}{n+1} = 0 < 1,$$

由比值审敛法知该级数是收敛的.

（2）因为一般项 $u_n = \frac{n^n}{n!}$，故

$$\rho = \lim_{n\to\infty} \frac{u_{n+1}}{u_n} = \lim_{n\to\infty} \frac{(n+1)^{n+1} \cdot n!}{n^n \cdot (n+1)!} = \lim_{n\to\infty}\left(1+\frac{1}{n}\right)^n = e > 1,$$

由比值审敛法知,该级数是发散的.

(3) 因为一般项 $u_n = n \cdot \sin\dfrac{\pi}{2^n}$,故

$$\rho = \lim_{n\to\infty} \frac{u_{n+1}}{u_n} = \lim_{n\to\infty} \frac{n+1}{n} \cdot \frac{\sin\dfrac{\pi}{2^{n+1}}}{\sin\dfrac{\pi}{2^n}} = \lim_{n\to\infty} \frac{\dfrac{\pi}{2^{n+1}}}{\dfrac{\pi}{2^n}} = \frac{1}{2} < 1,$$

由比值审敛法知该级数是收敛的.

(4) 因为一般项 $u_n = \dfrac{c^n n!}{n^n}$,故

$$\rho = \lim_{n\to\infty}\frac{u_{n+1}}{u_n} = \lim_{n\to\infty}\frac{c^{n+1}(n+1)!}{(n+1)^{(n+1)}} \cdot \frac{n^n}{c^n n!} = \lim_{n\to\infty} c \cdot \frac{n^n}{(n+1)^n} = \frac{c}{e},$$

所以当 $\dfrac{c}{e}<1$ 时,即当 $0<c<e$ 时,该级数收敛;当 $\dfrac{c}{e}>1$ 时,即当 $c>e$ 时,该级数发散;当 $\dfrac{c}{e}=1$ 时,比值审敛法失效.

当 $c = e$ 时,$\dfrac{u_{n+1}}{u_n} = e \cdot \dfrac{n^n}{(n+1)^n} = \dfrac{e}{\left(1+\dfrac{1}{n}\right)^n} > 1$,即 u_n 随着 n 的增大而增大. 而 $u_1 = e$,故 $\lim\limits_{n\to\infty} u_n \neq 0$,由性质 11-5 知,级数 $\sum\limits_{n=1}^{\infty} \dfrac{e^n n!}{n^n}$ 发散.

综上可知,当 $0<c<e$ 时,该级数收敛;当 $c \geq e$ 时,该级数发散.

注 比值审敛法通常可用于一般项 u_n 包含 c^n (c 为非零常数) 或 $n!$ 等情形的级数收敛性判别.

定理 11-5 (根值审敛法,柯西(Cauchy)判别法) 设 $\sum\limits_{n=1}^{\infty} u_n$ 为正项级数,且

$$\lim_{n\to\infty} \sqrt[n]{u_n} = \rho,$$

则当 $\rho<1$ 时,级数收敛;当 $\rho>1$ (或 $\lim\limits_{n\to\infty}\sqrt[n]{u_n} = +\infty$) 时,级数发散;当 $\rho=1$ 时,级数可能收敛也可能发散.

证 (1) 当 $\rho<1$ 时,可取一足够小的正数 ε,使得 $\rho+\varepsilon = r < 1$,由极限的定义可知,存在正整数 N,当 $n > N$ 时有 $\sqrt[n]{u_n} < \rho+\varepsilon = r$,即 $u_n < r^n$. 而等比级数 $\sum\limits_{n=N+1}^{\infty} r^n$ ($0<r<1$) 是收敛的,由比较审敛法知 $\sum\limits_{n=N+1}^{\infty} u_n$ 收敛,再由性质 11-3 知,级数 $\sum\limits_{n=1}^{\infty} u_n$ 收敛.

（2）当 $\rho>1$ 时，存在充分小的正数 ε，使得 $\rho-\varepsilon>1$，由极限定义可知，当 $n>N$ 时，有 $\sqrt[n]{u_n}>\rho-\varepsilon>1$，即 $u_n>1$. 因此，级数的一般项不趋向于零，由级数收敛的必要条件知，$\sum\limits_{n=1}^{\infty}u_n$ 发散.

（3）当 $\rho=1$ 时，级数可能收敛也可能发散. 如级数 $\sum\limits_{n=1}^{\infty}\dfrac{1}{n^2}$ 是收敛的，而级数 $\sum\limits_{n=1}^{\infty}\dfrac{1}{n}$ 是发散的. 但 $\lim\limits_{n\to\infty}\sqrt[n]{\dfrac{1}{n^2}}=\lim\limits_{n\to\infty}\left(\dfrac{1}{\sqrt[n]{n}}\right)^2=1$，$\lim\limits_{n\to\infty}\sqrt[n]{\dfrac{1}{n}}=\lim\limits_{n\to\infty}\dfrac{1}{\sqrt[n]{n}}=1$.

例 11-13 判定下列正项级数的收敛性.

（1）$\sum\limits_{n=1}^{\infty}\left(\dfrac{2n}{n+1}\right)^n$； (2) $\sum\limits_{n=1}^{\infty}\dfrac{1}{n^n}$.

解 （1）因为一般项 $u_n=\left(\dfrac{2n}{n+1}\right)^n$，则

$$\lim_{n\to\infty}\sqrt[n]{\left(\dfrac{2n}{n+1}\right)^n}=\lim_{n\to\infty}\dfrac{2n}{n+1}=2>1,$$

由根值审敛法知，级数 $\sum\limits_{n=1}^{\infty}\left(\dfrac{2n}{n+1}\right)^n$ 发散.

（2）因为一般项 $u_n=\dfrac{1}{n^n}$，则

$$\lim_{n\to\infty}\sqrt[n]{\dfrac{1}{n^n}}=\lim_{n\to\infty}\dfrac{1}{n}=0<1,$$

由根值审敛法知，级数 $\sum\limits_{n=1}^{\infty}\dfrac{1}{n^n}$ 收敛.

习　题　11-2

1. 用比较审敛法或比较审敛法的极限形式判定下列级数的收敛性.

(1) $1+\dfrac{1}{3}+\dfrac{1}{5}+\dfrac{1}{7}+\cdots$；

(2) $1+\dfrac{1+2}{1+2^2}+\dfrac{1+3}{1+3^2}+\cdots$；

(3) $\sum\limits_{n=1}^{\infty}\left(\sqrt{n^4+1}-\sqrt{n^4-1}\right)$；

(4) $\sin\dfrac{\pi}{2}+\sin\dfrac{\pi}{2^2}+\sin\dfrac{\pi}{2^3}+\cdots$；

(5) $\sum\limits_{n=1}^{\infty}\dfrac{4n-3}{n^3-5n-7}$；

(6) $\sum\limits_{n=1}^{\infty}\dfrac{1}{n\cdot\sqrt[n]{n}}$；

(7) $\sum\limits_{n=1}^{\infty}\dfrac{1}{\ln(1+n)}$.

2. 用比值审敛法判定下列级数的收敛性.

(1) $\sum_{n=1}^{\infty} \dfrac{4^n}{n \cdot 3^n}$;

(2) $\sum_{n=1}^{\infty} \dfrac{2^n \cdot n!}{n^n}$;

(3) $\sum_{n=1}^{\infty} \dfrac{n^2}{3^n}$;

(4) $\sum_{n=1}^{\infty} \dfrac{n}{2^{n+1}}$.

3. 用根值审敛法判定下列级数的收敛性.

(1) $\sum_{n=1}^{\infty} \left(\dfrac{n}{2n+1} \right)^n$;

(2) $\sum_{n=1}^{\infty} \left(\dfrac{n}{3n-1} \right)^{2n-1}$;

(3) $\sum_{n=1}^{\infty} \left(1+\dfrac{1}{2n} \right)^{n^2}$.

4. 若 x 为任意正数，求 $\lim\limits_{n \to \infty} \dfrac{3^n x^n}{n!}$.

第三节 任意项级数的绝对收敛与条件收敛

上一节讨论了正项级数的审敛法，本节讨论任意项级数即一般项可正可负或零的级数的审敛法，下面先给出交错级数的定义及其审敛法.

一、交错级数及其审敛法

定义 11-4 各项正负交错（或负正交错）的常数项级数称为**交错级数**. 设 $u_n > 0$ ($n = 1, 2, 3, \cdots$)，交错级数的一般形式为

$$\sum_{n=1}^{\infty} (-1)^{n-1} u_n = u_1 - u_2 + u_3 - u_4 + \cdots$$

或

$$\sum_{n=1}^{\infty} (-1)^{n} u_n = -u_1 + u_2 - u_3 + u_4 - \cdots .$$

下面以 $\sum_{n=1}^{\infty} (-1)^{n-1} u_n$ 的形式来给出交错级数的审敛法.

定理 11-6（莱布尼茨（Leibniz）判别法）

如果交错级数 $\sum_{n=1}^{\infty} (-1)^{n-1} u_n$ ($u_n > 0$, $n = 1, 2, \cdots$) 满足以下条件：

(1) $u_n \geqslant u_{n+1}$ ($n = 1, 2, \cdots$) ;

(2) $\lim\limits_{n \to \infty} u_n = 0$.

则级数 $\sum_{n=1}^{\infty} (-1)^{n-1} u_n$ 收敛，且其和 $s \leqslant u_1$，其余项 $r_n = s - s_n$ 的绝对值 $|r_n| \leqslant u_{n+1}$，其中 s_n 为交错级数的部分和.

证 先证明部分和数列 $\{s_n\}$ 的偶子列 $\{s_{2n}\}$ 的极限存在. 偶数项 s_{2n} 可写成两种形式

$$s_{2n} = (u_1 - u_2) + (u_3 - u_4) + \cdots + (u_{2n-2} - u_{2n})$$

及

$$s_{2n} = u_1 - [(u_2 - u_3) + (u_4 - u_5) + \cdots + (u_{2n-2} - u_{2n-1}) + u_{2n}].$$

由条件（1）知，所有括号中的差都是非负的. 由第一种形式知，数列 $\{s_{2n}\}$ 是单调增加的，由第二种形式知，$s_{2n} \leq u_1$，即数列 $\{s_{2n}\}$ 是有上界的. 于是，根据单调有界数列必有极限的准则可知，$\lim\limits_{n \to \infty} s_{2n}$ 存在，记 $\lim\limits_{n \to \infty} s_{2n} = s$，且 $s \leq u_1$.

再证明部分和数列 $\{s_n\}$ 的奇子列 $\{s_{2n+1}\}$ 的极限也是 s. 事实上，因为

$$s_{2n+1} = s_{2n} + u_{2n+1}.$$

由条件（2）知，$\lim\limits_{n \to \infty} u_{2n+1} = 0$. 所以有

$$\lim\limits_{n \to \infty} s_{2n+1} = \lim\limits_{n \to \infty} s_{2n} + \lim\limits_{n \to \infty} u_{2n+1} = s + 0 = s.$$

综合以上两种情况，就证明了 $\lim\limits_{n \to \infty} s_n = s \leq u_1$. 即级数 $\sum\limits_{n=1}^{\infty} (-1)^{n-1} u_n$ 收敛于 s，且 $s \leq u_1$.

其余项 r_n 可写成

$$r_n = s - s_n = \pm(u_{n+1} - u_{n+2} + u_{n+3} - u_{n+4} + \cdots)$$

其绝对值

$$|r_n| = |s - s_n| = u_{n+1} - u_{n+2} + u_{n+3} - u_{n+4} + \cdots$$

上式右端也是一个交错级数，它满足定理 11-6 的两个条件，所以该级数必收敛，且其和不大于级数的首项，即

$$|r_n| \leq u_{n+1}.$$

例 11-14 判定级数 $\sum\limits_{n=1}^{\infty} (-1)^{n-1} \dfrac{1}{n}$ 的收敛性.

解 此级数为交错级数，它满足

$$u_n = \frac{1}{n} > \frac{1}{n+1} = u_{n+1} \ (n=1,2,3,\cdots) \text{ 且 } u_n \to 0 \, (n \to \infty),$$

所以由定理 11-6 知，交错级数 $\sum\limits_{n=1}^{\infty} (-1)^{n-1} \dfrac{1}{n}$ 收敛.

级数和 $s < u_1 = 1$，以部分和 $s_n = 1 - \dfrac{1}{2} + \dfrac{1}{3} - \cdots + (-1)^{n-1} \dfrac{1}{n}$ 代替 s 产生的误差 r_n 满足 $|r_n| \leq u_{n+1} = \dfrac{1}{n+1}$.

例 11-15 判定级数 $\sum\limits_{n=1}^{\infty} (-1)^{n-1} \dfrac{\ln n}{n}$ 的收敛性.

解 此级数为交错级数，由于

$$\lim\limits_{x \to +\infty} \frac{\ln x}{x} = \lim\limits_{x \to +\infty} \frac{1}{x} = 0,$$

所以
$$\lim_{n\to\infty} u_n = \lim_{n\to+\infty} \frac{\ln n}{n} = 0,$$

设 $f(x) = \dfrac{\ln x}{x}$，则有 $f'(x) = \dfrac{1-\ln x}{x^2}$，故当 $x \geq 3$ 时，有 $f'(x) < 0$，从而当 $x \geq 3$ 时，$f(x)$ 单调递减. 于是，当 $n \geq 3$ 时，有 $u_n = \dfrac{\ln n}{n} > \dfrac{\ln(n+1)}{n+1} = u_{n+1}$. 由定理 11 – 6 知，该交错级数收敛.

二、绝对收敛与条件收敛

定义 11 – 5 若常数项级数

$$\sum_{n=1}^{\infty} u_n = u_1 + u_2 + \cdots + u_n + \cdots$$

的一般项 $u_n (n = 1, 2, \cdots)$ 可取任意实数，则称该级数为**任意项级数**或**一般项级数**.

任意项级数 $\sum\limits_{n=1}^{\infty} u_n$ 各项的绝对值所构成的正项级数是 $\sum\limits_{n=1}^{\infty} |u_n|$. 如果 $\sum\limits_{n=1}^{\infty} |u_n|$ 收敛，则称级数 $\sum\limits_{n=1}^{\infty} u_n$ **绝对收敛**；如果级数 $\sum\limits_{n=1}^{\infty} u_n$ 收敛，而级数 $\sum\limits_{n=1}^{\infty} |u_n|$ 发散，则称级数 $\sum\limits_{n=1}^{\infty} u_n$ **条件收敛**. 例如，级数 $\sum\limits_{n=1}^{\infty} (-1)^{n-1} \dfrac{1}{n^2}$ 绝对收敛，而级数 $\sum\limits_{n=1}^{\infty} (-1)^{n-1} \dfrac{1}{n}$ 条件收敛.

级数绝对收敛与级数收敛有以下关系.

定理 11 – 7 绝对收敛的级数必收敛，即当级数 $\sum\limits_{n=1}^{\infty} |u_n|$ 收敛时，级数 $\sum\limits_{n=1}^{\infty} u_n$ 必收敛.

证 设级数 $\sum\limits_{n=1}^{\infty} |u_n|$ 收敛. 令

$$v_n = \frac{1}{2}(u_n + |u_n|) \quad (n = 1, 2, \cdots).$$

由于 $-|u_n| \leq u_n \leq |u_n|$，所以有 $0 \leq u_n + |u_n| \leq 2|u_n|$，故 $0 \leq v_n \leq |u_n|$ $(n = 1, 2, \cdots)$. 由比较审敛法知，正项级数 $\sum\limits_{n=1}^{\infty} v_n$ 收敛. 从而由收敛级数的性质 11 – 2 知，级数 $\sum\limits_{n=1}^{\infty} 2v_n$ 也收敛. 而 $u_n = 2v_n - |u_n|$，$\sum\limits_{n=1}^{\infty} u_n = \sum\limits_{n=1}^{\infty} 2v_n - \sum\limits_{n=1}^{\infty} |u_n|$，由收敛级数的性质 11 – 1 知，级数 $\sum\limits_{n=1}^{\infty} u_n$ 收敛.

例 11 – 16 讨论下列级数的收敛性，若级数收敛，指出是绝对收敛还是条件收敛.

(1) $\sum\limits_{n=1}^{\infty} \dfrac{\cos n\alpha}{n(n+1)}$； (2) $\sum\limits_{n=1}^{\infty} (-1)^{n+1} \dfrac{1}{\ln(n+1)}$.

解 (1) 因为 $|u_n| = \left|\dfrac{\cos n\alpha}{n(n+1)}\right| \leq \dfrac{1}{n^2}$，而级数 $\sum\limits_{n=1}^{\infty} \dfrac{1}{n^2}$ 收敛，则由比较审敛法知，级数 $\sum\limits_{n=1}^{\infty} \left|\dfrac{\cos n\alpha}{n(n+1)}\right|$ 收敛. 进一步地，由定理 11 – 7 知，级数 $\sum\limits_{n=1}^{\infty} \dfrac{\cos n\alpha}{n(n+1)}$ 收敛且绝对收敛.

(2) 因为 $|u_n| = \dfrac{1}{\ln(n+1)} > \dfrac{1}{n+1}$，而级数 $\sum\limits_{n=1}^{\infty} \dfrac{1}{n+1}$ 发散，由比较审敛法知，级数 $\sum\limits_{n=1}^{\infty} |u_n|$ 发散. 又因级数 $\sum\limits_{n=1}^{\infty} (-1)^{n+1} \dfrac{1}{\ln(n+1)}$ 为交错级数，且满足定理 11-6 的两个条件，故此级数收敛且为条件收敛.

注 ① 定理 11-7 的逆命题不一定成立. 也就是说，虽然级数 $\sum\limits_{n=1}^{\infty} u_n$ 收敛，但 $\sum\limits_{n=1}^{\infty} |u_n|$ 却不一定收敛. 例如，交错级数 $\sum\limits_{n=1}^{\infty} (-1)^{n-1} \dfrac{1}{n}$ 是收敛的，但若将级数的各项均取绝对值，$\sum\limits_{n=1}^{\infty} \left| (-1)^{n-1} \dfrac{1}{n} \right| = \sum\limits_{n=1}^{\infty} \dfrac{1}{n}$ 为调和级数，它是发散的.

② 定理 11-7 表明，对于任意项级数 $\sum\limits_{n=1}^{\infty} u_n$，如果用正项级数的审敛法判别出级数 $\sum\limits_{n=1}^{\infty} |u_n|$ 收敛，则级数 $\sum\limits_{n=1}^{\infty} u_n$ 也收敛，故任意项级数的收敛性问题可转化为正项级数的收敛性问题.

③ 一般地，如果级数 $\sum\limits_{n=1}^{\infty} |u_n|$ 发散，不能断定级数 $\sum\limits_{n=1}^{\infty} u_n$ 也发散. 然而，如果用比值审敛法或根值审敛法分别基于 $\lim\limits_{n \to \infty} \left| \dfrac{u_{n+1}}{u_n} \right| = \rho > 1$ 或 $\lim\limits_{n \to \infty} \sqrt[n]{u_{n+1}} = \rho > 1$ 判定出级数 $\sum\limits_{n=1}^{\infty} |u_n|$ 发散，则可断定级数 $\sum\limits_{n=1}^{\infty} u_n$ 必定发散. 这是因为从 $\rho > 1$ 可推知 $|u_n| \nrightarrow 0 (n \to \infty)$，从而 $u_n \nrightarrow 0 (n \to \infty)$，因此，级数 $\sum\limits_{n=1}^{\infty} u_n$ 是发散的.

定理 11-8 如果任意项级数 $\sum\limits_{n=1}^{\infty} u_n$ 满足 $\lim\limits_{n \to \infty} \left| \dfrac{u_{n+1}}{u_n} \right| = \rho$ 或 $\lim\limits_{n \to \infty} \sqrt[n]{u_{n+1}} = \rho$（其中 ρ 可以为 $+\infty$）则当 $\rho < 1$ 时，级数 $\sum\limits_{n=1}^{\infty} u_n$ 收敛，且为绝对收敛；当 $\rho > 1$ 时，级数 $\sum\limits_{n=1}^{\infty} u_n$ 发散.

例 11-17 讨论下列级数的收敛性.

(1) $\sum\limits_{n=1}^{\infty} (-1)^{n-1} \dfrac{2n+1}{2^n}$；　　　　　　(2) $\sum\limits_{n=1}^{\infty} (-1)^{n+1} \dfrac{2^{n^2}}{n!}$.

解 (1) 因为 $\lim\limits_{n \to \infty} \dfrac{|u_{n+1}|}{|u_n|} = \lim\limits_{n \to \infty} \dfrac{2(n+1)+1}{2^{n+1}} \cdot \dfrac{2^n}{2n+1} = \dfrac{1}{2} < 1$，所以级数 $\sum\limits_{n=1}^{\infty} |u_n|$ 收敛，从而级数 $\sum\limits_{n=1}^{\infty} (-1)^{n-1} \dfrac{2n+1}{2^n}$ 绝对收敛.

(2) 由于 $2^n > n\ (n \geqslant 1)$，所以有 $|u_n| = \dfrac{2^{n^2}}{n!} = \dfrac{(2^n)^n}{n!} > \dfrac{n^n}{n!} > 1$（$n > 1$）. 则 $|u_n| \nrightarrow 0$，从而

有 $u_n \not\to 0$,即级数 $\sum_{n=1}^{\infty}(-1)^{n+1}\dfrac{2^{n^2}}{n!}$ 发散.

习　题　11-3

1. 判定下列交错级数的收敛性.

(1) $\sum_{n=1}^{\infty}(-1)^{n-1}\dfrac{1}{\sqrt{n}}$;

(2) $\sum_{n=1}^{\infty}\dfrac{(-1)^{n-1}}{(2n-1)}$;

(3) $\sum_{n=1}^{\infty}(-1)^{n-1}(\sqrt{n+1}-\sqrt{n})$.

2. 判定下列级数的收敛性,如果是收敛的,是绝对收敛还是条件收敛?

(1) $\sum_{n=1}^{\infty}(-1)^{n+1}\dfrac{n}{3^n}$;

(2) $\sum_{n=1}^{\infty}(-1)^n\dfrac{1}{\ln n}$;

(3) $\sum_{n=1}^{\infty}\dfrac{(-1)^n}{(2n-1)^2}$;

(4) $\sum_{n=1}^{\infty}(-1)^{\frac{n(n+1)}{2}}\sin\dfrac{\pi}{n^2+n}$;

(5) $\sum_{n=1}^{\infty}\dfrac{\sin nx}{n^2}\ (x\in \mathbf{R})$;

(6) $\sum_{n=1}^{\infty}\dfrac{n\cos\dfrac{2n\pi}{3}}{2^n}$.

3. 已知级数 $\sum_{n=1}^{\infty}\dfrac{(-1)^n+a}{n}$ 收敛,求 a 的取值范围.

第四节　幂　级　数

一、函数项级数的概念

定义 11-6　设 $u_1(x),u_2(x),u_3(x),\cdots,u_n(x),\cdots$ 是定义在同一区间 I 上的函数列,那么表达式

$$\sum_{n=1}^{\infty}u_n(x)=u_1(x)+u_2(x)+u_3(x)+\cdots+u_n(x)+\cdots$$

称为定义在区间 I 上的**函数项无穷级数**,简称函数项级数或级数.

若取固定值 $x_0\in I$,函数项级数 $\sum_{n=1}^{\infty}u_n(x)$ 就成为常数项级数

$$\sum_{n=1}^{\infty}u_n(x_0)=u_1(x_0)+u_2(x_0)+u_3(x_0)+\cdots+u_n(x_0)+\cdots.$$

如果级数 $\sum_{n=1}^{\infty} u_n(x_0)$ 收敛，则称点 x_0 是级数 $\sum_{n=1}^{\infty} u_n(x)$ 的**收敛点**；如果级数 $\sum_{n=1}^{\infty} u_n(x_0)$ 发散，则称点 x_0 是级数 $\sum_{n=1}^{\infty} u_n(x)$ 的**发散点**. 函数项级数 $\sum_{n=1}^{\infty} u_n(x)$ 的所有收敛点的全体称为它的**收敛域**，所有发散点的全体称为它的**发散域**.

对收敛域内的任意一个数 x，函数项级数成为一收敛的常数项级数，因而有一确定的和 s. 当 x 在它的收敛域内变化时，和也将随之变化. 因此，在收敛域上，函数项级数的和是 x 的函数 $S(x)$，它被称为函数项级数的**和函数**，和函数的定义域就是级数的收敛域，记作 D，和函数可写成

$$S(x) = u_1(x) + u_2(x) + u_3(x) + \cdots + u_n(x) + \cdots, \quad x \in D.$$

若把函数项级数 $\sum_{n=1}^{\infty} u_n(x)$ 的前 n 项部分和记作 $S_n(x)$，则在收敛域 D 上有

$$\lim_{n \to \infty} S_n(x) = S(x).$$

而 $r_n(x) = S(x) - S_n(x)$ 被称为函数项级数的余项，对收敛域上的每一点 x，都有

$$\lim_{n \to \infty} r_n(x) = 0.$$

例如，级数 $\sum_{n=1}^{\infty} x^n$ 为函数项级数，当 $x = \frac{1}{2}$ 时，函数项级数 $\sum_{n=1}^{\infty} x^n$ 成为收敛的常数项级数 $\sum_{n=1}^{\infty} \left(\frac{1}{2}\right)^n$，即 $x = \frac{1}{2}$ 为函数项级数 $\sum_{n=1}^{\infty} x^n$ 的收敛点；当 $x = 1$ 时，函数项级数 $\sum_{n=1}^{\infty} x^n$ 成为发散的常数项级数 $1 + 1 + 1 + \cdots$，即 $x = 1$ 为函数项级数 $\sum_{n=1}^{\infty} x^n$ 的发散点. 由等比级数的收敛性可知，当 $|x| < 1$ 时，函数项级数 $\sum_{n=1}^{\infty} x^n$ 收敛且和函数为 $S(x) = \frac{x}{1-x}$.

从以上的定义可知，函数项级数在区间上的收敛性问题是指在该区间上的每一点的收敛性，因而其实质还是常数项级数的收敛性问题. 因此，仍可以用常数项级数的审敛法来判别函数项级数的收敛性. 下面研究函数项级数中的一类重要级数——幂级数.

二、幂级数及其收敛性

定义 11-7 形如

$$\sum_{n=0}^{\infty} a_n x^n = a_0 + a_1 x + a_2 x^2 + \cdots + a_n x^n + \cdots$$

或

$$\sum_{n=0}^{\infty} a_n (x - x_0)^n = a_0 + a_1(x - x_0) + a_2(x - x_0)^2 + \cdots + a_n(x - x_0)^n + \cdots$$

的函数项级数称为**幂级数**，其中常数 $a_0, a_1, \cdots, a_n, \cdots$ 叫作幂级数的系数.

对于幂级数 $\sum_{n=0}^{\infty} a_n (x - x_0)^n$ 只要作变换 $z = x - x_0$ 就可化为 $\sum_{n=0}^{\infty} a_n x^n$ 的形式，因此，下面主要

讨论幂级数 $\sum_{n=0}^{\infty} a_n x^n$ 的收敛性. 首先讨论幂级数 $\sum_{n=0}^{\infty} a_n x^n$ 的收敛域, 显然幂级数 $\sum_{n=0}^{\infty} a_n x^n$ 不是对所有 x 都是发散的, 因为当 $x=0$ 时它总是收敛的. 下面给出判定幂级数收敛性的定理.

定理 11-9（阿贝尔（Abel）定理）

如果幂级数 $\sum_{n=0}^{\infty} a_n x^n$ 在 $x = x_0$ ($x_0 \neq 0$) 处收敛, 则对于适合 $|x| < |x_0|$ 的任何 x 值, $\sum_{n=0}^{\infty} a_n x^n$ 绝对收敛; 反之, 如果幂级数 $\sum_{n=1}^{\infty} a_n x^n$ 在 $x = x_0$ 时发散, 则对于适合 $|x| > |x_0|$ 的任何 x 值, $\sum_{n=0}^{\infty} a_n x^n$ 发散.

证 设级数 $\sum_{n=1}^{\infty} a_n x_0^n$ 收敛, 由级数收敛的必要条件知

$$\lim_{n \to \infty} a_n x_0^n = 0.$$

于是, 由收敛数列必有界可知, 存在一个常数 M, 使得

$$|a_n x_0^n| \leq M \quad (n = 0, 1, 2, \cdots).$$

幂级数 $\sum_{n=0}^{\infty} a_n x^n$ 的一般项的绝对值

$$|a_n x^n| = \left| a_n x_0^n \frac{x^n}{x_0^n} \right| = |a_n x_0^n| \cdot \left| \frac{x}{x_0} \right|^n \leq M \left| \frac{x}{x_0} \right|^n,$$

由 $|x| < |x_0|$ 可知, $\left| \frac{x}{x_0} \right| < 1$, 从而等比级数 $\sum_{n=0}^{\infty} M \left| \frac{x}{x_0} \right|^n$ 收敛. 由比较审敛法知, 级数 $\sum_{n=0}^{\infty} |a_n x^n|$ 收敛, 则级数 $\sum_{n=0}^{\infty} a_n x^n$ 绝对收敛.

下面用反证法证明定理 11-9 的第二部分结论. 假设幂级数 $\sum_{n=0}^{\infty} a_n x^n$ 在 $x = x_0$ 处发散, 而又存在一点 x_1, 满足 $|x_1| > |x_0|$, 使级数 $\sum_{n=0}^{\infty} a_n x^n$ 收敛, 则根据已经证明的定理 11-9 的第一部分知, 级数 $\sum_{n=0}^{\infty} a_n x^n$ 在 $x = x_0$ 处绝对收敛, 于是产生矛盾. 故幂级数 $\sum_{n=1}^{\infty} a_n x^n$ 在 $x = x_0$ 处发散, 对于适合 $|x| > |x_0|$ 的任何 x 值, $\sum_{n=0}^{\infty} a_n x^n$ 均发散.

定理 11-9 表明: 若幂级数 $\sum_{n=0}^{\infty} a_n x^n$ 在 x_0 处收敛, 那么该幂级数在开区间 $(-|x_0|, |x_0|)$ 内必处处收敛; 若幂级数 $\sum_{n=0}^{\infty} a_n x^n$ 在 x_0 ($x_0 \neq 0$) 处发散, 那么该幂级数必在开区间 $(-\infty, -|x_0|)$ 和 $(|x_0|, +\infty)$ 内都发散.

设幂级数在数轴上既有收敛点（不仅是原点）也有发散点. 现在从原点沿数轴向右方走, 最初只遇到收敛点, 然后就只遇到发散点. 这两部分的界点可能是收敛点也可能是发散点. 从

原点沿数轴向左方走情形也如此. 两个界点 P 与 P' 在原点的两侧, 且由定理 11-9 可以证明它们到原点的距离是一样的（见图 11-2）.

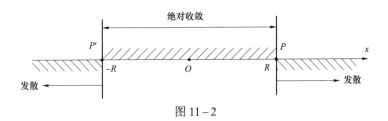

图 11-2

从上面的几何说明, 可以得到重要的推论如下.

推论 11-3 如果幂级数 $\sum_{n=0}^{\infty} a_n x^n$ 不仅在 $x=0$ 一点收敛, 也不是在整个数轴上都收敛, 则必存在一个完全确定的正数 R, 它具有这样的性质:

当 $|x| < R$ 时, 幂级数绝对收敛;

当 $|x| > R$ 时, 幂级数发散;

当 $x = R$ 与 $x = -R$ 时, 幂级数可能收敛也可能发散.

正数 R 通常叫作幂级数 $\sum_{n=0}^{\infty} a_n x^n$ 的收敛半径. 开区间 $(-R, R)$ 称为幂级数 $\sum_{n=0}^{\infty} a_n x^n$ 的收敛区间. 再由幂级数 $\sum_{n=0}^{\infty} a_n x^n$ 在 $x = \pm R$ 处收敛性就可以决定它的收敛域是 $(-R, R)$、$[-R, R)$、$(-R, R]$、$[-R, R]$ 这 4 个区间之一.

若幂级数的收敛域为 D, 则

$$(-R, R) \subseteq D \subseteq [-R, R]$$

即幂级数的收敛域是收敛区间与收敛端点的并集.

特别地, 如果幂级数 $\sum_{n=0}^{\infty} a_n x^n$ 仅在 $x=0$ 处收敛, 此时收敛域只有一点 $x=0$, 但为了方便起见, 规定此时收敛半径 $R=0$; 如果幂级数 $\sum_{n=0}^{\infty} a_n x^n$ 对一切 x 都收敛, 则规定收敛半径 $R = +\infty$, 此时收敛域为 $(-\infty, +\infty)$.

关于幂级数的收敛半径的求法, 有下列的定理.

定理 11-10 设幂级数 $\sum_{n=0}^{\infty} a_n x^n$ 的相邻两项的系数 a_n, a_{n+1} 满足 $\lim\limits_{n \to \infty} \left| \dfrac{a_{n+1}}{a_n} \right| = \rho$, 则收敛半径

$$R = \begin{cases} \dfrac{1}{\rho} & 0 < \rho < +\infty \\ +\infty & \rho = 0 \\ 0 & \rho = +\infty \end{cases}.$$

证 考察幂级数 $\sum_{n=0}^{\infty} a_n x^n$ 的各项绝对值所成的级数

$$|a_0| + |a_1 x| + |a_2 x^2| + \cdots + |a_n x^n| + \cdots,$$

这个级数相邻两项之比为

$$\left| \frac{a_{n+1} x^{n+1}}{a_n x^n} \right| = \left| \frac{a_{n+1}}{a_n} \right| |x|.$$

(1) 如果 $\lim_{n \to \infty} \left| \frac{a_{n+1}}{a_n} \right| = \rho$ $(0 < \rho < +\infty)$ 存在,根据比值审敛法,当 $\rho |x| < 1$ 时,即当 $|x| < \frac{1}{\rho}$ 时,级数 $\sum_{n=0}^{\infty} |a_n x^n|$ 收敛,从而级数 $\sum_{n=0}^{\infty} a_n x^n$ 绝对收敛;当 $\rho |x| > 1$ 时,即当 $|x| > \frac{1}{\rho}$ 时,级数 $\sum_{n=0}^{\infty} |a_n x^n|$ 发散,并且从某一个 n 开始有 $|a_{n+1} x^{n+1}| > |a_n x^n|$,因此,当 $n \to \infty$ 时,$|a_n x^n|$ 不趋于零,所以 $a_n x^n$ 也不趋于零,从而级数 $\sum_{n=0}^{\infty} a_n x^n$ 发散. 于是收敛半径 $R = \frac{1}{\rho}$.

(2) 如果 $\rho = 0$,对任何 $x \neq 0$ 都有 $\left| \frac{a_{n+1} x^{n+1}}{a_n x^n} \right| \to 0$ $(n \to \infty)$,所以级数 $\sum_{n=0}^{\infty} |a_n x^n|$ 收敛,从而级数 $\sum_{n=0}^{\infty} a_n x^n$ 绝对收敛. 于是 $R = +\infty$.

(3) 如果 $\rho = +\infty$,则对于除 $x = 0$ 外的其他一切 x 值,级数 $\sum_{n=0}^{\infty} a_n x^n$ 必发散,否则由定理 11-9 知,有点 $x \neq 0$ 使级数 $\sum_{n=0}^{\infty} |a_n x^n|$ 收敛. 于是 $R = 0$.

例 11-18 求幂级数 $\sum_{n=1}^{\infty} n! x^n$ 的收敛半径.

解 因为 $\rho = \lim_{n \to \infty} \left| \frac{a_{n+1}}{a_n} \right| = \lim_{n \to \infty} \frac{(n+1)!}{n!} = +\infty$,所以收敛半径 $R = 0$,即幂级数仅在 $x = 0$ 处收敛.

例 11-19 求幂级数 $\sum_{n=1}^{\infty} \frac{x^n}{2^n \cdot n}$ 的收敛半径和收敛区间.

解 因为 $\rho = \lim_{n \to \infty} \left| \frac{a_{n+1}}{a_n} \right| = \lim_{n \to \infty} \frac{2^n \cdot n}{2^{n+1} \cdot (n+1)} = \lim_{n \to \infty} \frac{n}{2 \cdot (n+1)} = \frac{1}{2}$,所以收敛半径 $R = \frac{1}{\rho} = 2$,收敛区间为 $(-2, 2)$.

例 11-20 求幂级数 $\sum_{n=1}^{\infty} \frac{(-1)^{n-1} x^{2n-1}}{2n-1}$ 的收敛半径和收敛域.

解 由于幂级数 $\sum_{n=1}^{\infty} \frac{(-1)^{n-1} x^{2n-1}}{2n-1}$ 的偶次项系数为零,故不能用定理 11-10 直接求收敛半径,下面基于定理 11-8 求收敛半径. 因为

$$\lim_{n\to\infty}\left|\frac{u_{n+1}}{u_n}\right|=\lim_{n\to\infty}\left|\frac{x^{2n+1}}{2n+1}\cdot\frac{2n-1}{x^{2n-1}}\right|=\lim_{n\to\infty}\frac{1-\dfrac{1}{2n}}{1+\dfrac{1}{2n}}|x^2|=|x^2|,$$

故当 $|x^2|<1$ 时，即当 $|x|<1$ 时，级数收敛；当 $|x^2|>1$ 时，即当 $|x|>1$ 时，级数发散. 所以此级数的收敛半径为 $R=1$，收敛区间为 $(-1,1)$.

当 $x=1$ 时，此级数变成交错级数 $\sum_{n=1}^{\infty}\dfrac{(-1)^{n-1}}{2n-1}$，由定理 11-6 知，此交错级数收敛；

当 $x=-1$ 时，此级数变成交错级数 $\sum_{n=1}^{\infty}\dfrac{(-1)^{3n-2}}{2n-1}=\sum_{n=1}^{\infty}\dfrac{(-1)^n}{2n-1}$，类似可知，此交错级数收敛. 所以此级数的收敛域为 $[-1,1]$.

例 11-21 求幂级数 $\sum_{n=1}^{\infty}\dfrac{(x-1)^n}{2^n\cdot n}$ 的收敛域.

解 令 $t=x-1$，则上述级数转化为级数 $\sum_{n=1}^{\infty}\dfrac{t^n}{2^n\cdot n}$，由例 11-19 可知，新级数的收敛半径为 $R=2$，则有 $|t|<2$，即原级数的收敛区间为 $-1<x<3$.

当 $x=-1$ 时，原级数变为交错级数 $\sum_{n=1}^{\infty}\dfrac{(-1)^n}{n}$，它为收敛级数；当 $x=3$ 时，原级数变为调和级数 $\sum_{n=1}^{\infty}\dfrac{1}{n}$，它为发散级数. 综上可知，原级数的收敛域为 $[-1,3)$.

三、幂级数的运算

性质 11-6 设有两个幂级数

$$\sum_{n=0}^{\infty}a_nx^n=a_0+a_1x+a_2x^2+\cdots+a_nx^n+\cdots,\quad x\in(-R_1,R_1)\ (R_1>0),$$

$$\sum_{n=0}^{\infty}b_nx^n=b_0+b_1x+b_2x^2+\cdots+b_nx^n+\cdots,\quad x\in(-R_2,R_2)\ (R_2>0).$$

则当 $|x|<R=\min\{R_1,R_2\}$ 时，有

$$\sum_{n=0}^{\infty}a_nx^n\pm\sum_{n=0}^{\infty}b_nx^n=\sum_{n=0}^{\infty}(a_n\pm b_n)x^n,$$

$$\left(\sum_{n=0}^{\infty}a_nx^n\right)\cdot\left(\sum_{n=0}^{\infty}b_nx^n\right)$$

$$=(a_0+a_1x+a_2x^2+\cdots+a_nx^n+\cdots)\cdot(b_0+b_1x+b_2x^2+\cdots+b_nx^n+\cdots)$$

$$=a_0b_0+(a_0b_1+a_1b_0)x+(a_0b_2+a_1b_1+a_2b_0)x^2+\cdots+(a_0b_n+a_1b_{n-1}+\cdots+a_nb_0)x^n+\cdots.$$

性质 11-7 幂级数 $\sum_{n=0}^{\infty}a_nx^n$ 的和函数 $S(x)$ 在收敛域 I 上连续.

性质 11-8 幂级数 $\sum_{n=0}^{\infty} a_n x^n$ 的和函数 $S(x)$ 在其收敛区间 $(-R, R)$ 内可导，并且有逐项求导公式

$$S'(x) = \left(\sum_{n=0}^{\infty} a_n x^n\right)' = \sum_{n=0}^{\infty} (a_n x^n)' = \sum_{n=1}^{\infty} n a_n x^{n-1} \quad (|x| < R),$$

即求导运算与求和运算可互换次序.

性质 11-9 幂级数 $\sum_{n=0}^{\infty} a_n x^n$ 的和函数 $S(x)$ 在其收敛区间 $(-R, R)$ 上可积，并且有逐项积分公式

$$\int_0^x S(x) \mathrm{d}x = \int_0^x \left(\sum_{n=0}^{\infty} a_n x^n\right) \mathrm{d}x = \sum_{n=0}^{\infty} \int_0^x a_n x^n \mathrm{d}x = \sum_{n=0}^{\infty} \frac{a_n}{n+1} x^{n+1}, \quad x \in (-R, R),$$

即积分运算与求和运算可互换次序.

综上所述，任何一个幂级数可在收敛区间内逐项求导与逐项积分，并且所得的结果仍是幂级数，其收敛半径不变.

例如，当 $|x| < 1$ 时

$$\frac{1}{1-x} = 1 + x + x^2 + \cdots + x^n + \cdots.$$

故在收敛区间 $(-1, 1)$ 内，该幂级数逐项求导得

$$\frac{1}{(1-x)^2} = 1 + 2x + 3x^2 + \cdots + (n+1)x^n + \cdots, \quad |x| < 1.$$

另外，在收敛区间 $(-1, 1)$ 内，该幂级数也可从 $x = 0$ 到 x 逐项积分得

$$\int_0^x \frac{1}{1-x} \mathrm{d}x = \int_0^x 1 \mathrm{d}x + \int_0^x x \mathrm{d}x + \int_0^x x^2 \mathrm{d}x + \cdots + \int_0^x x^n \mathrm{d}x + \cdots$$

$$= x + \frac{1}{2}x^2 + \frac{1}{3}x^3 + \cdots + \frac{1}{n+1}x^{n+1} + \cdots.$$

即

$$\ln(1-x) = -x - \frac{1}{2}x^2 - \frac{1}{3}x^3 - \cdots - \frac{1}{n}x^n - \cdots, \quad |x| < 1.$$

下面基于幂级数的运算性质和公式 $\frac{1}{1-x} = 1 + x + x^2 + \cdots + x^n + \cdots$ 求幂级数的和函数.

例 11-22 求幂级数 $\sum_{n=1}^{\infty} n x^n$ 的收敛域及和函数.

解 先求幂级数 $\sum_{n=1}^{\infty} n x^n$ 的收敛半径，因为

$$\rho = \lim_{n \to \infty} \left|\frac{a_{n+1}}{a_n}\right| = \lim_{n \to \infty} \frac{n+1}{n} = 1,$$

所以有收敛半径 $R = 1$，收敛区间为 $(-1, 1)$.

当 $x = -1$ 时，级数 $\sum_{n=1}^{\infty} n x^n$ 变为交错级数 $\sum_{n=1}^{\infty} (-1)^n n$，但 $\lim_{n \to \infty} u_n = \lim_{n \to \infty} n = \infty$，所以级数

$\sum_{n=1}^{\infty}(-1)^n n$ 发散；当 $x=1$ 时，级数 $\sum_{n=1}^{\infty}nx^n$ 变为级数 $\sum_{n=1}^{\infty}n$，$\lim_{n\to\infty}u_n = \lim_{n\to\infty}n = \infty$，所以级数 $\sum_{n=1}^{\infty}n$ 也发散. 故幂级数 $\sum_{n=1}^{\infty}nx^n$ 收敛域为 $(-1,1)$.

下面求该级数在收敛域为 $(-1,1)$ 内的和函数，设和函数为 $S(x)$，则

$$S(x) = x\sum_{n=1}^{\infty}nx^{n-1} = x\sum_{n=1}^{\infty}(x^n)' = x(\sum_{n=1}^{\infty}x^n)'$$

$$= x\left(\frac{x}{1-x}\right)' = \frac{x}{(1-x)^2}, \quad |x|<1.$$

例 11-23 求幂级数 $\sum_{n=0}^{\infty}\frac{x^n}{n+1}$ 的收敛域及和函数.

解 幂级数 $\sum_{n=0}^{\infty}\frac{x^n}{n+1}$ 的收敛半径 $R=1$，收敛区间为 $(-1,1)$.

当 $x=-1$ 时，级数 $\sum_{n=0}^{\infty}\frac{x^n}{n+1}$ 变为交错级数 $\sum_{n=0}^{\infty}\frac{(-1)^n}{n+1}$，此级数收敛；当 $x=1$ 时，级数 $\sum_{n=0}^{\infty}\frac{x^n}{n+1}$ 变为调和级数 $\sum_{n=0}^{\infty}\frac{1}{n+1}$，此级数发散. 故幂级数 $\sum_{n=0}^{\infty}\frac{(-1)^n}{n+1}$ 收敛域为 $[-1,1)$.

设所求幂级数的和函数为 $S(x)$，则

$$xS(x) = \sum_{n=0}^{\infty}\frac{x^{n+1}}{n+1} = \sum_{n=0}^{\infty}(\int_0^x x^n dx) = \int_0^x (\sum_{n=0}^{\infty}x^n)dx = \int_0^x \frac{1}{1-x}dx = -\ln(1-x).$$

当 x 不为零时，$S(x) = -\frac{1}{x}\ln(1-x) \ (0<|x|<1)$.

由于 $S(x)$ 在 $x=0$ 时连续，则 $S(0) = \lim_{x\to 0}S(x) = \lim_{x\to 0}\left[-\frac{1}{x}\ln(1-x)\right] = 1$，故和函数

$$S(x) = \begin{cases} -\dfrac{1}{x}\ln(1-x) & 0<|x|<1 \\ 1 & x=0 \end{cases}.$$

例 11-24 某足球明星与一足球俱乐部签订一项合同，合同规定俱乐部在第 n 年末支付给该明星或其后代 n 万元（$n=1,2,\cdots$），假定银行存款以 5%的年复利的方式计息，试问老板应在签约当天存入银行多少钱？

解 设 $r=5\%$ 为年复利率，若规定第 n 年末支付 n 万元（$n=1,2,\cdots$），则应在银行存入的本金总数为 $\sum_{n=1}^{\infty}n(1+r)^{-n} = \frac{1}{1+r} + \frac{2}{(1+r)^2} + \cdots + \frac{n}{(1+r)^n} + \cdots$，

为求这一常数项级数的和，先考虑幂级数 $\sum_{n=1}^{\infty}nx^n = x + 2x^2 + 3x^3 + \cdots + nx^n + \cdots$，该幂级数的收敛域为 $(-1,1)$，当 $r=\frac{1}{20}$ 时，$\frac{1}{1+r} \in (-1,1)$. 因此，若求出幂级数 $\sum_{n=1}^{\infty}nx^n$ 的和函数

$S(x)$，则 $S\left(\dfrac{1}{1+r}\right)$ 即为所求的常数项级数的和.

令 $S(x) = \sum\limits_{n=1}^{\infty} nx^n = x\sum\limits_{n=1}^{\infty} nx^{n-1}$，设 $\varphi(x) = \sum\limits_{n=1}^{\infty} nx^{n-1}$，则

$$\int_0^x \varphi(x)\mathrm{d}x = \int_0^x (\sum_{n=1}^{\infty} nx^{n-1})\mathrm{d}x = \sum_{n=1}^{\infty}\int_0^x nx^{n-1}\mathrm{d}x = \sum_{n=1}^{\infty} x^n = \dfrac{x}{1-x},$$

从而 $\varphi(x) = \left(\dfrac{x}{1-x}\right)' = \dfrac{1}{(1-x)^2}$，则

$$S(x) = \dfrac{x}{(1-x)^2}, \quad \sum_{n=1}^{\infty} n(1+r)^{-n} = S\left(\dfrac{1}{1+r}\right) = \dfrac{\dfrac{1}{1+r}}{\left(1-\dfrac{1}{1+r}\right)^2} = \dfrac{1+r}{r^2},$$

将 $r = \dfrac{1}{20}$ 代入，即得本金为 $S\left(\dfrac{1}{1+r}\right) = 420$（万元）.

习 题 11-4

1. 求下列幂级数的收敛半径、收敛区间和收敛域.

(1) $\sum\limits_{n=1}^{\infty} nx^n$；

(2) $\sum\limits_{n=1}^{\infty} (-1)^n \dfrac{x^n}{2^n \sqrt{n+1}}$；

(3) $\sum\limits_{n=1}^{\infty} \dfrac{x^n}{n!}$；

(4) $\dfrac{x}{1\times 3} + \dfrac{x^2}{2\times 3^2} + \dfrac{x^3}{3\times 3^3} + \dfrac{x^4}{4\times 3^4} + \cdots$；

(5) $x + \dfrac{2^2}{5}x^2 + \dfrac{2^3}{10}x^3 + \cdots + \dfrac{2^n}{n^2+1}x^n + \cdots$.

2. 求下列幂级数的收敛半径和收敛域.

(1) $\sum\limits_{n=1}^{\infty} 2nx^{2n-1}$；

(2) $\sum\limits_{n=0}^{\infty} (-1)^n \dfrac{x^{2n+1}}{2n+1}$；

(3) $\sum\limits_{n=1}^{\infty} \dfrac{2n-1}{2^n} x^{2n-2}$.

3. 求下列级数的和函数.

(1) $\sum\limits_{n=1}^{\infty} nx^{n-1}$；

(2) $\sum\limits_{n=0}^{\infty} \dfrac{x^{4n+1}}{4n+1}$.

4. 求级数 $x + \dfrac{x^3}{3} + \dfrac{x^5}{5} + \cdots$ 的和函数，并求级数 $\sum\limits_{n=1}^{\infty} \dfrac{1}{(2n-1)2^n}$ 的和.

第五节　函数展开成幂级数

上节讨论了幂级数的收敛域及和函数的性质,但在许多应用中需要研究相反的问题,即给定函数 $f(x)$,要考虑它是否能在某区间内"展开成为幂级数",也就是说,是否能找到一个幂级数,它在某区间内收敛,且其和恰好就是给定的函数 $f(x)$. 若能找到这样的幂级数,则可以说函数 $f(x)$ 在该收敛域内能展开成幂级数. 下面介绍函数展开成幂级数的条件和方法.

一、泰勒级数

在第四章第五节中指出,若函数 $f(x)$ 在点 x_0 处具有直到 $n+1$ 阶导数,则 $f(x)$ 可写成 n 阶泰勒公式

$$f(x) = f(x_0) + f'(x_0)(x-x_0) + \frac{f''(x_0)}{2!}(x-x_0)^2 + \cdots + \frac{f^{(n)}(x_0)}{n!}(x-x_0)^n + R_n(x),$$

其中

$$R_n(x) = \frac{f^{(n+1)}(\xi)}{(n+1)!}(x-x_0)^{n+1},$$

ξ 是 x 与 x_0 之间的某个值. 则在该邻域内 $f(x)$ 可以用 n 次多项式

$$p_n(x) = f(x_0) + f'(x_0)(x-x_0) + \frac{f''(x_0)}{2!}(x-x_0)^2 + \cdots + \frac{f^{(n)}(x_0)}{n!}(x-x_0)^n$$

来近似表达,并且误差等于余项的绝对值 $|R_n(x)|$. 如果 $|R_n(x)|$ 随着 n 的增大而减小,那么就可以用增加多项式 $p_n(x)$ 的项数来提高精度.

如果 $f(x)$ 在点 x_0 的某邻域内具有各阶导数 $f'(x), f''(x), \cdots, f^{(n)}(x), \cdots$,则有可能

$$f(x) = f(x_0) + f'(x_0)(x-x_0) + \frac{f''(x_0)}{2!}(x-x_0)^2 + \cdots + \frac{f^{(n)}(x_0)}{n!}(x-x_0)^n + \cdots,$$

其中的幂级数 $\sum_{n=0}^{\infty} \frac{f^{(n)}(x_0)}{n!}(x-x_0)^n$ 称为函数 $f(x)$ 的泰勒级数,上式也称为函数 $f(x)$ 在点 x_0 处的泰勒展开式. 显然,当 $x = x_0$ 时,$f(x)$ 的泰勒级数收敛于 $f(x_0)$,下面讨论泰勒展开式成立的条件.

定理 11-11　设函数 $f(x)$ 在点 x_0 的某一邻域 $U(x_0)$ 内具有各阶导数,则 $f(x)$ 在该邻域内能展开成泰勒级数的充分必要条件是在该邻域内 $f(x)$ 的泰勒公式余项 $R_n(x)$ 在 $n \to \infty$ 时极限为零,即

$$\lim_{n \to \infty} R_n(x) = 0 \quad (x \in U(x_0)).$$

证　(必要性) 设 $f(x)$ 在邻域 $U(x_0)$ 内能展开为泰勒级数,即

$$f(x) = f(x_0) + f'(x_0)(x-x_0) + \frac{f''(x_0)}{2!}(x-x_0)^2 + \cdots + \frac{f^{(n)}(x_0)}{n!}(x-x_0)^n + \cdots$$

对一切 $x \in U(x_0)$ 成立. 则 $f(x)$ 的 n 阶泰勒公式可写成

$$f(x) = s_{n+1}(x) + R_n(x),$$

其中 $s_{n+1}(x)$ 是 $f(x)$ 的泰勒级数的前 $n+1$ 项和，由 $f(x) = \sum_{n=0}^{\infty} \frac{f^{(n)}(x_0)}{n!}(x-x_0)^n$ 知

$$\lim_{n \to \infty} s_{n+1}(x) = f(x),$$

所以

$$\lim_{n \to \infty} R_n(x) = \lim_{n \to \infty}(f(x) - s_{n+1}(x)) = f(x) - f(x) = 0.$$

（充分性）设 $\lim_{n \to \infty} R_n(x) = 0$ 对一切 $x \in U(x_0)$ 成立. 由 $f(x)$ 的 n 阶泰勒公式有

$$s_{n+1}(x) = f(x) - R_n(x),$$

令 $n \to \infty$ 取上式的极限，得

$$\lim_{n \to \infty} s_{n+1}(x) = \lim_{n \to \infty}(f(x) - R_n(x)) = f(x),$$

即 $f(x)$ 的泰勒级数在 $U(x_0)$ 内收敛，并且收敛于 $f(x)$.

在定理 11-11 中，若在 $f(x)$ 的泰勒级数中取 $x_0 = 0$，则可得级数

$$f(0) + f'(0)x + \frac{f''(0)}{2!}x^2 + \cdots + \frac{f^{(n)}(0)}{n!}x^n + \cdots,$$

称此级数为函数 $f(x)$ 的麦克劳林级数.

函数 $f(x)$ 的麦克劳林级数是 x 的幂级数，如果 $f(x)$ 能展开成 x 的幂级数，则展开式一定是唯一的.

定理 11-12 如果 $f(x)$ 在 $x_0 = 0$ 的某一邻域内具有各阶导数且能展开成 x 的幂级数，则这种展开式唯一并且展开式是 $f(x)$ 的麦克劳林级数.

证 如果 $f(x)$ 在点 $x_0 = 0$ 的某邻域 $(-R, R)$ 内能展开成 x 的幂级数，即

$$f(x) = a_0 + a_1 x + a_2 x^2 + \cdots + a_n x^n + \cdots$$

对一切 $x \in (-R, R)$ 成立，则基于幂级数在收敛区间内可以逐项求导，有

$$f'(x) = a_1 + 2a_2 x + 3a_3 x^2 + \cdots + na_n x^{n-1} + \cdots,$$

$$f''(x) = 2!a_2 + 3 \cdot 2a_3 x + \cdots + n(n-1)a_n x^{n-2} + \cdots,$$

$$f'''(x) = 3!a_3 + \cdots + n(n-1)(n-2)a_n x^{n-3} + \cdots,$$

$$\vdots$$

$$f^{(n)}(x) = n!a_n + (n+1)n(n-1)\cdots 2 a_{n+1} x + \cdots,$$

$$\vdots$$

把 $x = 0$ 代入以上各式可得

$$a_0 = f(0), \ a_1 = f'(0), \ a_2 = \frac{f''(0)}{2!}, \ \cdots, a_n = \frac{f^{(n)}(0)}{n!}, \ \cdots.$$

这就表明函数的幂级数展开式是唯一的.

由函数 $f(x)$ 的展开式的唯一性可知，如果 $f(x)$ 能展开成 x 的幂级数，则这个幂级数就是 $f(x)$ 的麦克劳林级数.

下面进一步讨论把函数 $f(x)$ 展开为幂级数的方法.

二、函数展开成幂级数

若把函数 $f(x)$ 展开成 x 的幂级数,通常有直接展开和间接展开两种方法.

1. 直接展开法

把函数 $f(x)$ 直接展开成 x 的幂级数可按以下步骤进行:

第一步　求出 $f(x)$ 的各阶导数 $f'(x), f''(x), \cdots, f^{(n)}(x), \cdots$,如果 $f(x)$ 在 $x=0$ 处某阶导数不存在,则停止进行,函数 $f(x)$ 不能展开成 x 的幂级数;

第二步　求函数在 $x=0$ 处的函数值及其各阶导数值 $f(0), f'(0), f''(0), \cdots, f^{(n)}(0), \cdots$;

第三步　写出幂级数

$$f(0) + f'(0)x + \frac{f''(0)}{2!}x^2 + \cdots + \frac{f^{(n)}(0)}{n!}x^n + \cdots,$$

并求出收敛半径 R;

第四步　判断当 x 在收敛区间 $(-R, R)$ 内任意取值时余项 $R_n(x)$ 的极限

$$\lim_{n \to \infty} R_n(x) = \lim_{n \to \infty} \frac{f^{(n+1)}(\xi)}{(n+1)!} x^{n+1} \quad (\xi \text{ 在 } 0 \text{ 与 } x \text{ 之间})$$

是否为零. 若极限为零,则函数 $f(x)$ 在区间 $(-R, R)$ 内的幂级数展开式为

$$f(x) = f(0) + f'(0)x + \frac{f''(0)}{2!}x^2 + \cdots + \frac{f^{(n)}(0)}{n!}x^n + \cdots \quad (-R < x < R).$$

若极限不为零,幂级数虽然可能收敛,但它的和函数并不是函数 $f(x)$. 也就是说,函数 $f(x)$ 不能展开为 x 的幂级数.

例 11-25　将函数 $f(x) = e^x$ 展开成 x 的幂级数.

解　因为 $f^{(n)}(x) = e^x \ (n = 1, 2, \cdots)$,所以 $f^{(n)}(0) = 1$,则

$$\sum_{n=0}^{\infty} \frac{f^{(n)}(0)}{n!} x^n = \sum_{n=0}^{\infty} \frac{x^n}{n!} = 1 + x + \frac{x^2}{2!} + \cdots + \frac{x^n}{n!} + \cdots,$$

其收敛半径为 $R = +\infty$,收敛域为 $(-\infty, +\infty)$. 又因

$$|R_n(x)| = \left| \frac{e^{\xi}}{(n+1)!} x^{n+1} \right| < e^{|x|} \frac{|x|^{n+1}}{(n+1)!} \quad (\xi \text{ 在 } 0 \text{ 与 } x \text{ 之间}),$$

$e^{|x|}$ 为有限值, $\dfrac{|x|^{n+1}}{(n+1)!}$ 是级数 $\sum_{n=0}^{\infty} \dfrac{x^n}{n!} (x \in (-\infty, +\infty))$ 的一般项,所以对任意 x 上式均成立. 因此得展开式

$$e^x = 1 + x + \frac{x^2}{2!} + \cdots + \frac{x^n}{n!} + \cdots \quad (-\infty < x < +\infty).$$

例 11-26　将函数 $f(x) = \sin x$ 展开成 x 的幂级数.

解　由于 $f^{(n)}(x) = \sin\left(x + \dfrac{n}{2}\pi\right) (n = 1, 2, \cdots)$,所以有 $f(0) = 0, f'(0) = 1, f''(0) = 0, f'''(0) = -1, \cdots$ 即

$$f^{(2k)}(0) = 0 \text{ 和 } f^{(2k+1)}(0) = (-1)^k \quad (k = 0, 1, 2, \cdots),$$

则 $\sum\limits_{n=0}^{\infty} \dfrac{f^{(n)}(0)}{n!} x^n = \sum\limits_{k=0}^{\infty} (-1)^k \dfrac{x^{2k+1}}{(2k+1)!} = x - \dfrac{x^3}{3!} + \dfrac{x^5}{5!} - \cdots + (-1)^k \dfrac{x^{2k+1}}{(2k+1)!} + \cdots.$

因为 $\lim\limits_{k \to \infty} \left| \dfrac{u_{k+1}}{u_k} \right| = \lim\limits_{k \to \infty} \dfrac{(2k-1)!}{(2k+1)!} |x|^2 = \lim\limits_{k \to \infty} \dfrac{1}{2k(2k+1)} |x|^2 = 0$,

所以它的收敛域为 $(-\infty, +\infty)$.

由于 $|R_n(x)| = \left| \dfrac{\sin\left[\xi + \dfrac{(n+1)\pi}{2}\right]}{(n+1)!} x^{n+1} \right| \leqslant \dfrac{|x|^{n+1}}{(n+1)!} \to 0 \ (n \to \infty)$ 对任意 x 都成立，所以有展开式

$$\sin x = \sum_{k=0}^{\infty} (-1)^k \dfrac{x^{2k+1}}{(2k+1)!} = x - \dfrac{x^3}{3!} + \dfrac{x^5}{5!} - \cdots + (-1)^k \dfrac{x^{2k+1}}{(2k+1)!} + \cdots \quad (-\infty < x < +\infty).$$

2. 间接展开法

从以上例子可以看出，用直接展开法将函数展开成 x 的幂级数，需基于公式 $a_n = \dfrac{f^{(n)}(0)}{n!}$ 计算幂级数的系数，并考察余项 $R_n(x)$ 是否趋于零. 这种方法计算量较大，而且讨论余项极限是否趋于零较为复杂，因此，用直接展开法求一般函数的幂级数展开式比较困难. 下面给出一种比较简单的展开方法，即间接展开法. 此方法利用一些已知的函数展开式、幂级数的运算法则及变量代换等将所给函数展开成幂级数. 间接展开法不但计算简单，而且可以避免研究余项.

例 11 – 27 将函数 $f(x) = \cos x$ 展开成 x 的幂级数.

解 因为 $(\sin x)' = \cos x$，基于例 11 – 26 的结论可得

$$\cos x = (\sin x)' = \left[\sum_{k=0}^{\infty} (-1)^k \dfrac{x^{2k+1}}{(2k+1)!} \right]'$$

$$= \sum_{k=0}^{\infty} (-1)^k \dfrac{x^{2k}}{(2k)!} = + \dfrac{x^2}{2!} + \dfrac{x^4}{4!} - \cdots + (-1)^k \dfrac{x^{2k}}{(2k)!} + \cdots \ (-\infty < x < +\infty).$$

例 11 – 28 将 $\dfrac{1}{5-x}$ 展开成 $(x-2)$ 的幂级数，并求收敛域.

解 由于

$$\dfrac{1}{1-x} = 1 + x + x^2 + \cdots + x^n + \cdots \quad (-1 < x < 1),$$

所以

$$\dfrac{1}{5-x} = \dfrac{1}{3-(x-2)} = \dfrac{1}{3} \cdot \dfrac{1}{1 - \dfrac{x-2}{3}}$$

$$= \dfrac{1}{3} \left[1 + \dfrac{x-2}{3} + \left(\dfrac{x-2}{3}\right)^2 + \cdots + \left(\dfrac{x-2}{3}\right)^n + \cdots \right]$$

$$= \frac{1}{3} + \frac{1}{3^2}(x-2) + \frac{1}{3^3}(x-2)^2 + \cdots + \frac{1}{3^{n+1}}(x-2)^n + \cdots.$$

由于 $\left|\frac{x-2}{3}\right| < 1$，则有 $-1 < x < 5$，故收敛域为 $(-1, 5)$.

例 11-29 将函数 $f(x) = \frac{1}{x^2 + 5x + 6}$ 展开成 $(x+5)$ 的幂级数，并求级数 $\sum_{n=0}^{\infty} \left(\frac{1}{2^{n+1}} - \frac{1}{3^{n+1}}\right)$ 的和.

解 $f(x) = \frac{1}{x^2 + 5x + 6} = \frac{1}{(x+2)(x+3)} = \frac{1}{x+2} - \frac{1}{x+3}$，

由于

$$\frac{1}{x+2} = \frac{1}{(x+5) - 3} = -\frac{1}{3} \cdot \frac{1}{1 - \frac{(x+5)}{3}} = -\sum_{n=0}^{\infty} \frac{1}{3^{n+1}}(x+5)^n \quad (-8 < x < -2).$$

且

$$\frac{1}{x+3} = \frac{1}{(x+5) - 2} = -\frac{1}{2} \cdot \frac{1}{1 - \frac{(x+5)}{2}} = -\sum_{n=0}^{\infty} \frac{1}{2^{n+1}}(x+5)^n \quad (-7 < x < -3).$$

所以有

$$f(x) = \frac{1}{x^2 + 5x + 6} = \frac{1}{x+2} - \frac{1}{x+3} = -\sum_{n=0}^{\infty} \frac{1}{3^{n+1}}(x+5)^n - \left(-\sum_{n=0}^{\infty} \frac{1}{2^{n+1}}(x+5)^n\right) \quad (-7 < x < -3).$$

即

$$f(x) = \frac{1}{x^2 + 5x + 6} = \sum_{n=0}^{\infty} \left(\frac{1}{2^{n+1}} - \frac{1}{3^{n+1}}\right)(x+5)^n \quad (-7 < x < -3).$$

当 $x + 5 = 1$，即 $x = -4$ 时，由上式可得 $f(-4) = \frac{1}{2} = \sum_{n=0}^{\infty} \left(\frac{1}{2^{n+1}} - \frac{1}{3^{n+1}}\right)$，故级数和 $\sum_{n=0}^{\infty} \left(\frac{1}{2^{n+1}} - \frac{1}{3^{n+1}}\right) = \frac{1}{2}$.

3. 常用的幂级数展开式

（1）$\frac{1}{1-x} = 1 + x + x^2 + \cdots + x^n + \cdots \quad (-1 < x < 1)$；

（2）$e^x = 1 + x + \frac{x^2}{2!} + \cdots + \frac{x^n}{n!} + \cdots \quad (-\infty < x < +\infty)$；

（3）$\sin x = x - \frac{x^3}{3!} + \frac{x^5}{5!} - \cdots + (-1)^n \frac{x^{2n+1}}{(2n+1)!} + \cdots \quad (-\infty < x < +\infty)$；

（4）$\cos x = 1 - \frac{x^2}{2!} + \frac{x^4}{4!} - \cdots + (-1)^n \frac{x^{2n}}{(2n)!} + \cdots \quad (-\infty < x < +\infty)$；

（5）$\ln(1+x) = x - \frac{x^2}{2} + \frac{x^3}{3} - \frac{x^4}{4} + \cdots + (-1)^n \frac{x^{n+1}}{n+1} + \cdots \quad (-1 < x \leq 1)$；

（6）$(1+x)^m = 1 + mx + \dfrac{m(m-1)}{2!}x^2 + \cdots + \dfrac{m(m-1)\cdots(m-n+1)}{n!}x^n + \cdots$　$(-1 < x < 1)$.

另外，需要指出的是，假定函数 $f(x)$ 在开区间 $(-R, R)$ 内的展开式

$$f(x) = \sum_{n=0}^{\infty} a_n x^n \quad (-R < x < R),$$

如果上式的幂级数在该区间的端点 $x = R$（或 $x = -R$）仍收敛，而函数 $f(x)$ 在 $x = R$（或 $x = -R$）处有定义且连续，那么根据幂级数的和函数的连续性，该展开式对 $x = R$（或 $x = -R$）也成立.

习 题 11-5

1. 将下列函数展开成 x 的幂级数，并求展开式成立的区间.

（1）$f(x) = a^x \ (a > 0, a \neq 1)$；　　（2）$f(x) = \sin x^2$；

（3）$f(x) = \dfrac{1}{3-x}$；　　　　　　（4）$f(x) = (1+x)\ln(1+x)$.

2. 将函数 $f(x) = \cos x$ 展开成 $\left(x + \dfrac{\pi}{3}\right)$ 的幂级数.

3. 将函数 $f(x) = \dfrac{1}{x^2 + 4x + 3}$ 展开成 $(x-1)$ 的幂级数.

第六节　函数的幂级数展开式的应用

函数的幂级数展开式的应用是很广泛的，可用于近似计算、计算积分、解微分方程、表示非初等函数并用它进行一些运算和证明等.

一、近似计算

例 11-30　计算 e 的近似值，要求误差不超过 0.000 1.

解　由例 11-25 得到 e^x 的幂级数展开式

$$e^x = 1 + x + \dfrac{x^2}{2!} + \cdots + \dfrac{x^n}{n!} + \cdots \quad (-\infty < x < +\infty).$$

若在展开式中令 $x = 1$，则有

$$e = 1 + 1 + \dfrac{1}{2!} + \cdots + \dfrac{1}{n!} + \cdots,$$

如果取前 $n+1$ 项作为 e 的近似值，即

$$e \approx 1 + 1 + \dfrac{1}{2!} + \cdots + \dfrac{1}{n!}.$$

因为 $|R_7| = \dfrac{1}{8!} + \dfrac{1}{9!} + \dfrac{1}{10!} + \cdots < 0.000\,1$，故取 $n = 7$，即前 8 项值作为 e 的近似值，即

$$e \approx 1 + 1 + \frac{1}{2!} + \frac{1}{3!} + \frac{1}{4!} + \frac{1}{5!} + \frac{1}{6!} + \frac{1}{7!} \approx 2.718\,26.$$

例 11-31 利用 $\sin x \approx x - \dfrac{x^3}{3!}$ 计算 $\sin 9°$ 的近似值，并估计误差.

解 由近似式 $\sin x \approx x - \dfrac{x^3}{3!}$，令 $x = 9°$，得

$$\sin 9° = \sin \frac{\pi}{20} \approx \frac{\pi}{20} - \frac{1}{6}\left(\frac{\pi}{20}\right)^3,$$

因为 $|R_4| \leqslant \dfrac{1}{5!}\left(\dfrac{\pi}{20}\right)^5 < \dfrac{1}{120}(0.2)^5 < \dfrac{1}{300\,000} < 10^{-5}$，故

$$\sin 9° \approx 0.157\,079 - 0.000\,646 \approx 0.156\,433,$$

其误差不超过 10^{-5}.

例 11-32 计算 $\sqrt[5]{240}$ 的近似值，要求误差不超过 $0.000\,1$.

解 因为

$$\sqrt[5]{240} = \sqrt[5]{243 - 3} = 3\left(1 - \frac{1}{3^4}\right)^{\frac{1}{5}},$$

所以在二项式展开式中取 $m = \dfrac{1}{5}$，$x = -\dfrac{1}{3^4}$，得

$$\sqrt[5]{240} = 3\left(1 - \frac{1}{5} \cdot \frac{1}{3^4} - \frac{1 \cdot 4}{5^2 \cdot 2!} \cdot \frac{1}{3^8} - \frac{1 \cdot 4 \cdot 9}{5^3 \cdot 3!} \cdot \frac{1}{3^{12}} - \cdots\right).$$

$$|R_2| = 3\left(\frac{1 \cdot 4}{5^2 \cdot 2!} \cdot \frac{1}{3^8} + \frac{1 \cdot 4 \cdot 9}{5^3 \cdot 3!} \cdot \frac{1}{3^{12}} + \frac{1 \cdot 4 \cdot 9 \cdot 14}{5^4 \cdot 4!} \cdot \frac{1}{3^{16}} + \cdots\right)$$

$$< 3\left(\frac{1 \cdot 4}{5^2 \cdot 2!} \cdot \frac{1}{3^8} + \frac{1 \cdot 4 \cdot 9}{5^2 \cdot 3!} \cdot \frac{1}{3^{12}} + \frac{1 \cdot 4 \cdot 9 \cdot 14}{5^2 \cdot 4!} \cdot \frac{1}{3^{16}} + \cdots\right)$$

$$= 3 \cdot \frac{1 \cdot 4}{5^2 \cdot 2!} \cdot \frac{1}{3^8}\left[1 + \frac{1}{81} + \left(\frac{1}{81}\right)^2 + \cdots\right]$$

$$= \frac{6}{25} \cdot \frac{1}{3^8} \cdot \frac{1}{1 - \dfrac{1}{81}} = \frac{1}{25 \cdot 27 \cdot 40} < \frac{1}{2\,000}.$$

于是取近似值为

$$\sqrt[5]{240} \approx 3\left(1 - \frac{1}{5} \cdot \frac{1}{3^4}\right) \approx 2.992\,6,$$

其误差不超过 $0.000\,1$.

例 11-33 计算 $\displaystyle\int_0^1 \frac{\sin x}{x} \mathrm{d}x$ 的近似值，要求误差不超过 10^{-4}.

解 由于

$$\frac{\sin x}{x} = 1 - \frac{x^2}{3!} + \frac{x^4}{5!} - \frac{x^6}{7!} + \cdots \quad (-\infty < x < +\infty),$$

故

$$\int_0^1 \frac{\sin x}{x} dx = 1 - \frac{1}{3 \cdot 3!} + \frac{1}{5 \cdot 5!} - \frac{1}{7 \cdot 7!} + \cdots,$$

由于 $\frac{1}{7 \cdot 7!} < \frac{1}{3\,000} < 10^{-4}$,取前 3 项作为积分的近似值,可得

$$\int_0^1 \frac{\sin x}{x} dx \approx 1 - \frac{1}{3 \cdot 3!} + \frac{1}{5 \cdot 5!} \approx 0.946\,1,$$

其误差不超过 10^{-4}.

在定积分计算中,若某些函数的原函数不能用初等函数表示,例如 e^{-x^2},$\frac{\sin x}{x}$,$\frac{1}{\ln x}$,往往可以通过幂级数展开式来寻找这些定积分的近似值.

二、微分方程的幂级数解法

在求解微分方程时,若微分方程的解无法用初等函数或其积分形式表示时,需要寻找其他解法,常用的有幂级数解法.

为了求一阶微分方程初值问题

$$\begin{cases} y' = f(x,y) \\ y|_{x=x_0} = y_0 \end{cases}$$

的解,其中 $f(x,y)$ 是 $(x-x_0)$,$(y-y_0)$ 的多项式,即

$$f(x,y) = a_{00} + a_{10}(x-x_0) + a_{01}(y-y_0) + \cdots + a_{lm}(x-x_0)^l(y-y_0)^m.$$

可设所求的解 y 展开成 $x-x_0$ 的幂级数

$$y = y_0 + a_1(x-x_0) + \cdots + a_n(x-x_0)^n + \cdots,$$

其中 $a_1, a_2, \cdots, a_n$ 为待定的系数,把解 y 的幂级数代入 $f(x,y)$ 多项式中便可得到 $a_1, a_2, \cdots, a_n$ 的一个恒等式,比较两端 $x-x_0$ 的同次幂系数可确定出待定系数值,以这些数值为系数的级数在其收敛区间内的和函数就是所研究初值问题的解.

例 11-34 求微分方程 $y' = x + y^2$ 满足 $y|_{x=0} = 0$ 的特解.

解 初始条件为 $x_0 = 0$,$y_0 = 0$,故可设

$$y = a_1 x + a_2 x^2 + a_3 x^3 + a_4 x^4 + \cdots,$$

把 y 和 y' 的幂级数展开式代入微分方程可得

$$a_1 + 2a_2 x + 3a_3 x^2 + 4a_4 x^3 + \cdots = x + (a_1 x + a_2 x^2 + a_3 x^3 + \cdots)^2,$$

$$a_1 + 2a_2 x + 3a_3 x^2 + 4a_4 x^3 + \cdots = x + a_1^2 x^2 + 2a_1 a_2 x^3 + (a_2^2 + 2a_1 a_3)x^4 + \cdots,$$

比较等式两端 x 的同次幂系数可得

$$a_1 = 0, a_2 = \frac{1}{2}, a_3 = 0, a_4 = 0, a_5 = \frac{1}{20}, \cdots,$$

故所求特解的幂级数展开式的前几项为

$$y = \frac{1}{2}x^2 + \frac{1}{20}x^5 + \cdots.$$

习 题 11-6

1. 利用函数的幂级数展开式求下列各数的近似值.

(1) $\ln 3$（误差不超过 0.000 1）；

(2) $\sqrt{e}$（误差不超过 0.000 1）；

(3) $\sqrt[9]{522}$（误差不超过 0.000 1）；

(4) $\cos 2°$（误差不超过 0.000 1）.

2. 利用被积函数的幂级数展开式求下列定积分的近似值，要求误差不超过 0.001.

(1) $\int_0^1 e^{-x^2} dx$；

(2) $\int_0^{0.5} \frac{1}{1+x^4} dx$.

本 章 习 题

1. 根据级数收敛的性质判定下列级数的收敛性，若是收敛级数求其和.

(1) $\sum_{n=1}^{\infty} \left(\frac{1}{5}\right)^{n+1}$；

(2) $\sum_{n=1}^{\infty} (-1)^n n$；

(3) $\sum_{n=1}^{\infty} \frac{4^n n!}{n^n}$；

(4) $\sum_{n=2}^{\infty} \frac{1}{(2n-3)(2n-1)}$.

2. 讨论级数 $\sum_{n=1}^{\infty} \frac{(a-1)^n}{3^n}$ 的收敛性.

3. 判定下列级数的收敛性.

(1) $\sum_{n=1}^{\infty} (2n+3)$；

(2) $\sum_{n=1}^{\infty} \left(3^n - \frac{1}{2^n}\right)$；

(3) $\sum_{n=1}^{\infty} \left(\frac{1}{n} - \ln\left(1+\frac{1}{n}\right)\right)$；

(4) $\frac{1}{\left(1+\frac{1}{1}\right)} + \frac{1}{\left(1+\frac{1}{2}\right)^2} + \cdots + \frac{1}{\left(1+\frac{1}{n}\right)^n} + \cdots$；

(5) $\sum_{n=1}^{\infty} (n^{\frac{1}{n^2+1}} - 1)$；

(6) $\sum_{n=1}^{\infty} \frac{n^2}{4^n} \left(\sqrt{3+(-1)^n}\right)^n$.

4. 判定下列级数的收敛性. 若级数收敛，指出是绝对收敛还是条件收敛.

(1) $\sum_{n=1}^{\infty} (-1)^n \frac{n}{4^n}$；

(2) $\sum_{n=1}^{\infty} (-1)^n \ln \frac{n+1}{n}$；

(3) $\sum_{n=1}^{\infty}(-1)^{n-1}(2n-1)^2$;

(4) $\sum_{n=1}^{\infty}(-1)^n \dfrac{\sin\dfrac{\pi}{n+1}}{\pi^{n+1}}$.

5. 求下列幂级数的收敛半径和收敛域.

(1) $\sum_{n=1}^{\infty} n^3 x^n$;

(2) $\sum_{n=0}^{\infty}(-1)^{n+1}\dfrac{x^n}{3^n\sqrt{2n+1}}$;

(3) $\sum_{n=0}^{\infty}\dfrac{4n^2+4n+3}{2n+1}x^{2n}$;

(4) $\sum_{n=0}^{\infty}(-1)^n \dfrac{x^{2n+1}}{n \cdot 2^n}$.

6. 求下列级数的和函数.

(1) $\sum_{n=1}^{\infty} n(x-1)^n$;

(2) $\sum_{n=1}^{\infty}\dfrac{x^{2n+2}}{2n+1}$.

7. 将下列函数展成 x 的幂级数.

(1) $f(x) = x^2 e^{x^2}$;

(2) $f(x) = 3\sin^2 x - \cos x$;

(3) $f(x) = \dfrac{1}{x^2 - 3x + 2}$.

8. 将下列函数展成 $(x-1)$ 的幂级数.

(1) e^x ;

(2) $\dfrac{1}{2-x}$.

9. 将 $\dfrac{1}{x^2 + 3x + 2}$ 展成 $(x+4)$ 的幂级数.

参 考 文 献

[1] 陈庆华. 高等数学 [M]. 北京：高等教育出版社，1999.
[2] 顾静相. 经济数学基础：上册 [M]. 2 版. 北京：高等教育出版社，2004.
[3] 田玉芳. 高等数学：上册 [M]. 北京：清华大学出版社，2014.
[4] 田玉芳. 高等数学：下册 [M]. 北京：清华大学出版社，2014.
[5] 吴传生. 经济数学：微积分 [M]. 4 版. 北京：高等教育出版社，2020.
[6] 同济大学应用数学系. 高等数学：上册 [M]. 2 版. 北京：高等教育出版社，2001.
[7] 李铮，周放. 高等数学 [M]. 北京：科学出版社，2001.
[8] 周建莹，李正元. 高等数学解题指南 [M]. 北京：北京大学出版社，2002.
[9] 上海财经大学应用数学系. 高等数学 [M]. 上海：上海财经大学出版社，2003.
[10] 同济大学应用数学系. 微积分：上 [M]. 2 版. 北京：高等教育出版社，2003.
[11] 赵树嫄. 微积分 [M]. 5 版. 北京：中国人民大学出版社，2021.
[12] 徐建豪，刘克宁. 经济应用数学：微积分 [M]. 北京：高等教育出版社，2003.